现代数学教育技术及其应用

潘飚 编著

清华大学出版社

北 京

内 容 简 介

信息技术与数学学科教学的整合是时代发展的必然要求，也是未来教学的发展方向。学科教育技术能力作为现代教师必须具备的能力之一，一直是师范生学习和在职教师培训的重要内容。本书是为数学教育方向的大学本科生或研究生编写的教材，内容覆盖了现代数学教育技术概述、数学教学中常用的教学软件的介绍、信息技术整合于数学教学的相关理论、教育技术支持下数学多元表征学习、信息技术环境下数学问题发现，以及信息技术与数学教学整合的教学设计案例。

本书内容丰富，层次清晰，由浅入深，注重吸取现代教学理论与学习理论的思想，强调理论与实践的结合，是作者十多年教学研究与实践的总结，可作为高等师范院校全日制本科教学与应用数学专业、数学教育专业的教材；也可作为高等院校教育硕士相关专业的教材或参考书；还可作为中学数学教师继续教育的教材。

本书课件下载地址：http://www.tupwk.com.cn/downpage。

图书在版编目(CIP)数据

现代数学教育技术及其应用 / 潘飚　编著. —北京：清华大学出版社，2018（2022.7 重印）
ISBN 978-7-302-50003-2

Ⅰ. ①现…　Ⅱ. ①潘…　Ⅲ. ①数学教学—教育技术　Ⅳ. ①O1-4

中国版本图书馆 CIP 数据核字(2018)第 076800 号

责任编辑：王　定
封面设计：孔祥峰
版式设计：思创景点
责任校对：牛艳敏
责任印制：宋　林

出版发行：清华大学出版社
　　网　　址：http://www.tup.com.cn，http://www.wqbook.com
　　地　　址：北京清华大学学研大厦 A 座　　　**邮　　编**：100084
　　社 总 机：010-83470000　　　**邮　　购**：010-62786544
　　投稿与读者服务：010-62776969，c-service@tup.tsinghua.edu.cn
　　质 量 反 馈：010-62772015，zhiliang@tup.tsinghua.edu.cn
印 装 者：北京鑫海金澳胶印有限公司
经　　销：全国新华书店
开　　本：185mm×260mm　　**印　　张**：13.5　　**字　　数**：304 千字
版　　次：2018 年 6 月第 1 版　　**印　　次**：2022 年 7 月第 3 次印刷
定　　价：48.00 元

产品编号：077093-01

前言

PREFACE

随着人类社会步入信息时代，多媒体技术和网络技术在教学中得到广泛的运用，人们的教育观念、教学方式和教学方法正在发生变革。我国基础教育面临着新课程改革与现代信息技术有效应用两大挑战，这对学科教师提出了越来越高的要求。

为了保证教材内容的基础性与完整性，以及教材结构的系统性与严谨性，本书的内容与结构如下。

第 1 章主要对现代教育技术有关概念进行介绍，重点阐述信息技术与学科课程整合的发展过程、目标与内涵，以便读者了解信息技术与课程整合的历史与现状，明确信息技术与学科课程整合的理念。

第 2 章对中学数学课件制作中常用的教学软件进行介绍，结合作者十多年教学经验，系统地介绍了几何画板软件的功能及其应用。考虑到教学软件的共性以及教材的篇幅限制，对超级画板软件与 GeoGebra 软件的基本功能仅作概述，放在附录部分，主要突出它们与几何画板软件的区别，以便读者能在精通几何画板软件的基础上，触类旁通地把握其他教学软件。

第 3 章对信息技术整合于数学教学的密切相关理论进行介绍，结合最新的一些研究成果，为信息技术与数学课程教学的整合提供科学理论依据与具体的指导思想，也为后续理解信息技术与数学教学整合策略做准备。

第 4 章主要以多元表征学习的认知模型为指导，对数学多元表征学习过程中完整的五个认知过程与信息技术的整合方式进行分析，并结合教学实例阐述具体的整合策略。

第 5 章以数学问题发现认知过程为线索，从教与学的角度揭示了信息技术应用于三种不同情境(物理性情境、操作性情境和变式性情境)中的问题发现的策略，着重分析如何使用信息技术让学生能够产生“发现问题”的动机，以及信息技术的使用为什么有利于启发学生“发现问题”。

第 6 章精选典型的信息技术与数学教学整合的教学设计案例，以帮助读者更好地领会整合理论的思想与实施策略。

本书内容丰富，层次清晰，由浅入深，注重吸取现代教学理论与学习理论的思想，强调理论与实践的结合。本书的特色首先是在吸收信息技术与数学教学整合研究成果的基础上初步梳理出了整合技术的数学学科教学知识理论框架，为信息技术在数学课堂教学中应用提供理论依据；其次是在此基础上对数学教学过程的具体环节信息技术的融入提供了具体的教学策略与案例，使整合具备了可操作性；最后是提供许多典型的数学教学案例，并对设计意图特别是与整合相关部分的内容做了充分的阐述，以帮助读者领悟整合的策略。

本书是作者十多年教学实践与理论研究的总结，是在数学与应用数学专业本科与数学教育类研究生“现代数学教育技术”课程讲义的基础上形成的。由于作者水平有限，书中难免存在疏漏与瑕疵，恳请读者批评指正。

本书的完成得益于我的研究生协助，第 4 章、第 5 章中许多具体的整合策略与典型的案例是在课堂充分讨论的基础上分别由肖雪、黄雪芳整理制作而成。在编写过程中还参考了一些著作与研究论文，在引用他人研究成果时，均在书中进行了标注。在此谨向他们表示衷心的感谢！

本书是在福建师范大学数学与信息学院领导的关心、支持和帮助下完成的，该成果能得以顺利出版，得到了多方的大力支持。特别感谢清华大学出版社的王定、邵慧平编辑在本书的结构设计、文字编辑等方面所做的大量工作，还要感谢我的贤妻余红杨，从语文老师的角度对本书文字表达进行了认真的校对。正是他们的鼎力支持和辛勤耕作，本书才得以与读者见面。

编　者

2018 年 3 月

CONTENTS

第1章

教育技术概述

本章将对现代教育技术有关概念进行介绍，重点阐述信息技术与课程整合的发展过程、目标与内涵，以便读者了解信息技术与课程整合的现状，明确信息技术与课程整合的理念。

1.1 现代教育技术的概念

1.1.1 教育技术

根据美国教育传播与技术学会(the Association for Educational Communications and Technology，AECT)给出的界定，教育技术是指运用各种理论及技术，通过对教与学过程及相关资源的设计、开发、利用、管理和评价，实现教育教学优化的理论与实践(AECT，1994)。由此可以看出，其含义包括三个方面：一是教育技术的目的是追求教育的最优化；二是教育技术不仅涉及电影、电视、计算机等现代化教育媒体，还涉及教育过程和教学资源中所有可操作的要素，如教学人员、教育设施、教育活动等，同时还涉及多个学科如教育学、心理学、系统科学、传播学等方面的科学成果，以优化教学过程；三是教育技术的核心是用系统方法进行设计、开发、利用、管理和评价教学过程和教学资源。简单地说，教育技术就是教育中的技术，是人类在教育活动中采用的一切技术手段和方法的总和。

因此，对教育技术应作如下理解：教育技术是在先进的教育思想和教育理论的指导下，充分利用现代信息技术，通过对教与学过程和教与学资源的设计、开发、利用、管理和评价，以实现教育最优化的理论和实践。

1.1.2 现代教育技术

现代教育技术是指体现现代教育理论、学习理论以及现代信息技术手段的教育技术。但这样尚不能很好理解其含义，原因是对“现代”一词没有作出科学的解释和界定。在“教育技术”前加上“现代”一词，实际上是缩小了教育技术的外延。教育技术的历史悠久，伴随着教育的产生而产生；教育技术的范围很广，包括教育中的一切技术。因此，要弄清现代教育技术的含义必须先理解“现代”一词的含义。“现代”的中文意思为：现在这个时代。英文以 Modern 表示，其中文译义有两个：一是近代的、现代的；二是现代风格的、新式的、现行的、时髦的。综合起来，对现代教育技术的理解就有两种：一是指新出现的教育技术，它不包括传统的教育技术，重点突出一个“新”字；二是正在使用的教育技术，包括新出现的和传统的教育技术，重点突出“正在”两字。第一种解释似乎有些片面，因为有些传统的教育技术因其实用性强而仍在使用；第二种解释也不恰当，因为它把所有的教育技术都包含了，与教育技术并无二意，为什么加“现代”二字呢？“现代”一词在用于很多场合时具有“新式的、先进的、时髦的”意思，比如“四个现代化”“某某是现代派”等。人们在理解“现代”一词时大多认为是“新式的、先进的、时髦的”等意思。因此，对现代教育技术的理解还应回到第一种解释上来，即强调新的教育技术，也就是近几十年新出现的技术。

综上所述，现代教育技术是指以现代教育理论、学习理论为基础，以现代信息技术为主要手段的教育技术。这里的现代信息技术主要是指计算机技术、多媒体技术、电子通信技术、互联网技术、卫星广播电视技术、人工智能技术、虚拟现实仿真技术[1]。

现代数学教育技术是指以计算器、计算机为代表的现代电子技术(信息技术)在数学教育中的系统运用。

1.2 信息技术与课程整合的目标与内涵

1.2.1 信息技术教育应用发展概况

众所周知，自 1959 年美国 IBM 公司研究出第一个计算机辅助教学系统以来，信息技术在教育中的应用在发达国家大体经历了三个发展阶段。

1. 计算机辅助教学(Computer-Assisted Instruction，CAI)阶段

这一阶段大约是从 20 世纪 60 年代初至 80 年代中期。主要是利用计算机的快速运算、图形动画和仿真等功能辅助教师解决教学中的某些重点、难点，其中 CAI 课件大多以演示为主，这是信息技术教育应用的第一个发展阶段。在这一阶段，一般只提计算机教育(或计算机文化)，还没有提出信息技术教育的概念。

2. 计算机辅助学习(Computer-Assisted Learning，CAL)阶段

这一阶段大约是从 20 世纪 80 年代中期至 90 年代中期。此阶段逐步从辅助教为主转向辅助学为主，也就是强调如何利用计算机作为辅助学生学习的工具。例如，利用计算机收集资料、辅导答疑、自我测试及安排学习计划等，即不仅用计算机辅助教师的教，更强调用计算机辅助学生自主的学。这是信息技术教育应用的第二个发展阶段，在这一阶段，计算机教育和信息技术教育两种概念同时并存。

应当指出的是，我国由于信息技术教育应用起步较晚——20 世纪 80 年代初才开始进行计算机辅助教学的试验研究(1982 年有 4 所中学成为首批试点学校)，比美国落后了 20 年；加上我国教育界历来受“以教为主”的传统教育思想影响，往往只重教师的教，而忽视学生自主的学，所以尽管国际上自 20 世纪 80 年代中期以后信息技术教育应用的主要模式逐渐由 CAI 转向 CAL，但是在我国似乎并没有感受到这种变化。不仅从 20 世纪 80 年代初期到 90 年代中期是如此，甚至到了今天，我国绝大多数学校的信息技术教育应用模式仍然主要是 CAI。

[1] 卓发友. 正确理解现代教育技术的含义[J]. 电化教育研究，2002(5):9-11.

3. 信息技术与课程整合(Integrating Information Technology into the Curriculum，IITC)阶段

信息技术与各学科课程的整合是20世纪90年代中期以来，国际教育界非常关注、非常重视的一个研究课题，也是信息技术教育应用进入第三个发展阶段(大约从20世纪90年代中期开始至今)以后信息技术应用于教学过程的主要模式。在这一阶段，原来的计算机教育(或计算机文化)概念已完全被信息技术教育所取代。

1.2.2 信息技术与课程整合的目标

信息技术与课程整合，不是把信息技术仅仅作为辅助教或辅助学的工具，而是强调要利用信息技术来营造一种新型的教学环境。该环境应能支持情境创设、启发思考、信息获取、资源共享、多重交互、自主探究、协作学习等多方面要求的教学方式与学习方式——也就是实现一种既能发挥教师主导作用又能充分体现学生主体地位的以“自主、探究、合作”为特征的教与学方式(这正是基础教育新课程改革所要求的教与学方式)，这样就可以把学生的主动性、积极性、创造性较充分地发挥出来，使传统的以教师为中心的课堂教学结构发生根本性变革(教学结构变革的主要标志是师生关系与师生地位作用的改变)，从而使学生的创新精神与实践能力的培养真正落到实处[1]。这正是素质教育目标所要求的(1999年第三次全教会明确指出，必须贯彻“以培养学生的创新精神与实践能力为重点的素质教育”)。西方发达国家，尤其是美国则把信息技术与课程整合看成是培养21世纪人才的根本措施(见美国教育部2000年《教育技术白皮书》)。21世纪人才的核心素质则是创新精神与合作精神。这说明无论在我国还是在西方发达国家，都把信息技术与课程整合看作培养创新人才的重要途径乃至根本措施。可见，信息技术与课程整合所要达到的目标，就是要落实大批创新人才的培养。这既是我们国家素质教育的主要目标，也是当今世界各国进行新一轮教育改革的主要目标，这正是西方发达国家之所以大力倡导和推进信息技术与课程整合的原因所在。只有站在这样的高度来认识信息技术与课程整合的目标，才有可能深刻领会信息技术与课程整合的重大意义与深远影响，才能真正弄清楚为什么要开展信息技术与学科课程的整合。

1.2.3 信息技术与课程整合的内涵

通过以上对“信息技术与课程整合的目标”的分析，我们可以看到，对整合目标的确定，首先从分析信息技术与课程整合的性质、功能入手，在把握信息技术与课程整合本质特征的基础上再自然地(而非人为地)导出其目标。这一定义或内涵可以表述为：所谓信息技术与学科课程的整合，就是通过将信息技术有效地融合于各学科的教学过程，从而来营造一种新型教学环境。这一定义包含三个基本属性：营造(或创设)新型教学环境、实

[1] 何克抗. 信息技术与课程深层次整合的理论与方法[J]. 电化教育研究，2005(1): 7-9.

现新的教与学方式、变革传统教学结构。应当指出，这三个基本属性并非平行并列的关系，而是逐步递进的关系——新型教学环境的建构是为了支持新的教与学方式，新的教与学方式是为了变革传统教学结构，变革传统教学结构则是为了最终达到创新精神与实践能力培养的目标(即创新人才培养的目标)。可见，“整合”的实质与落脚点是变革传统的教学结构，即改变 “以教师为中心”的教学结构，创建新型的、既能发挥教师主导作用又能充分体现学生主体地位的“主导—主体相结合”教学结构。只有从这三个基本属性，特别是从变革传统教学结构这一属性去理解整合的内涵，才能真正地把握信息技术与课程整合的实质。由于“环境”这一概念含义很广(教学过程主体以外的一切人力因素与非人力因素都属于教学环境的范畴)，所以上述定义就信息技术在教育领域的应用而言，与把计算机为核心的信息技术仅仅看成工具、手段的CAI或CAL相比，显然要广泛得多、深刻得多，其实际意义也要重大得多。

CAI 主要是对教学方法与教学手段的改变(涉及教学环境和教学方式)，它基本上没有体现新的学习方式，更没有改变教学结构。所以它和信息技术与课程整合二者之间绝不能画等号。当然，在课程整合过程中，有时候也会将CAI课件用于促进学生的自主学习，所以“整合”并不排斥CAI。不过，整合过程中运用CAI课件是把它作为促进学生自主学习的认知工具与协作交流工具，这种场合的 CAI 只是整合过程(即信息技术应用于教育的全过程)中的一个环节、一个局部；而传统的以教师为中心的计算机辅助教学是把 CAI 课件作为辅助教师突破教学中的重点与难点的直观教具、演示教具，这种场合的CAI就是信息技术应用于教育的全部内容(而不是其中的一个局部或环节)。可见，这两种场合的CAI课件运用，即使不从其内涵实质而仅从其应用方式上来看，也是不一样的。

因此，必须依据上述三个基本属性来认识与理解信息技术与课程整合的内涵与实质才是比较科学的、全面的；而且也只有这样，才有可能在此基础上形成真正有效的、能实现深层次整合的具体途径与方法。从目前全球的发展趋势看，信息技术教育应用正在日渐进入第三个发展阶段，即信息技术与课程整合的阶段。由以上分析可见，在进入这个阶段以后，信息技术就不再仅是辅助教或辅助学的工具，而是要通过新型教学环境和教与学方式的建构，从根本上改变传统的以教师为中心的教学结构，使培养创新精神与实践能力的目标(即大批培养创新人才的目标)真正落到实处。正因为如此，大力倡导与推进信息技术与课程整合，目前已经成为全球教育改革的总趋势与不可逆转的潮流。

1.3 信息技术与数学课程整合的研究现状

如何运用信息技术环境来促进教育深化大幅提升各级各类学校的学科教学质量与效率的问题，不仅是中国教育信息化健康、深入发展的关键问题，也是当今世界各国教育信息化健康、深入发展的关键问题。从2003年12月召开的计算机教育国际大会(Intemational

Conference on Computers in Education，ICCE)的主题是“ICT 教育应用的第二浪潮(Second Wave) ——从辅助教与学到促进教育改革”，以及微软于 2004 年 11 月举办的信息化国际论坛中也强调要运用信息技术来促进教育改革并实现教育的蛙跳式发展，即可看到这种发展趋势。

1.3.1 国外信息技术与数学课程整合的研究状况

作为最早提出信息技术与课程整合的国家，英国历届政府都十分重视信息技术与课程整合的发展，并把信息技术作为数学教学的关键技能之一。1999 年的英国国家数学课程标准几乎在每个目标中都提到了信息技术的使用，其中强调“数学和信息技术的综合和交叉，信息技术可以被应用于数学教学中，并对学生的学习提供帮助，使数学知识和计算机知识相互支持与补充，并给学生提供适当的机会来发展应用信息技术学习数学的能力”。

英国的信息技术与课程整合在取得成绩的同时也出现了一些问题。英国课堂教学中运用信息交互技术，并不都是发展多媒体机房和演示型多媒体教室，而是大量利用了电子白板。英国教育部的调查数据表明，信息交互技术是提高数学教学质量的有效方式，交互白板不只是教师的演示工具，还是一项进行师生和生生交流的工具。然而，英国教育界普遍认为，拥有信息交互设备仅仅是一个条件，更重要的是如何有效地加以应用。计算机可以帮助教师把教学工作做得更好，但却不能完全取代教师。计算机应用方式，应该确保信息技术能够提高学生的数学思维水平。

美国在整合实践中取得了一些成绩。一方面，一些配套的结合信息技术使用的教材相应出台，如重点课程出版社出版的《发现的几何》一书，融二维几何与三维几何、坐标几何与向量几何于一体，学生在计算机上操作，使用配套的软件，通过对几何图形的构造、点击拖拉而呈现的动态功能，探索几何图形的性质与相关体系。另一方面，大量的研究也在美国蓬勃地开展起来。其中最有代表性的就是温特比尔特大学匹波迪教育学院的学习技术小组结合自己十多年的研究成果开发的贾斯珀系列课程(Jasper Solving Series)。它提供了大量的信息技术与数学课程整合的成功案例，有力地证明了在拟真的学习情境中可以有效地增强学生在实践中解决实际问题的意识和能力。美国信息技术与数学课程整合也存在着一些问题。在 1991 年和 1996 年举行的第二次和第三次国际教育成就测试中，美国学生数学测试平均成绩分别居 21 个总体中第 14 位和 41 个总体中第 28 位，均处于中下游位置。其主要原因之一就是“如何在数学教学中恰当运用新的信息技术，教师难以从原有课程标准中获得指导。”

在法国，1996 年新的课程计划中也提倡把信息技术整合到数学教学之中，其中明确提出“技术要真正整合到数学教学中去，并且声明了这种整合是必需的。”强调信息技术与数学教学整合的意义并不在于使用信息技术本身，而是在于通过使用信息技术来支持、完善和改变数学的学习。

法国约瑟夫傅立叶大学数学教育和计算机教育专家雷波德(Colette Laborde)教授在实证研究中取得了一些成绩，她采用 Cabri-gepmetry 几何软件在法国的中学开展整合研究。

她指出："动态的信息技术环境使空间几何图形的性质与几何教学之间的联系得到了强化，这可以用来设计教学任务，学生可以在这些任务里学到几何知识。"同时，她还指出："因为信息技术所带来的可能性和便利性，所以教师必须用一定时间来备课。"她认为，在教学中使用信息技术的原因有很多。

(1) 在信息技术发达的时代，年轻人使用网络和移动电话，并且喜欢在游戏网站上玩游戏。对于很多学生来说数学有些过时且脱离现实生活，因此数学教学不能忽略新的信息技术。

(2) 信息技术对于学数学和教数学来讲确实是有用的，它让数学现象变得可视化、可联系、可实验，即可以实现像专家一样做数学。这些在信息技术引进之前是受到限制的，只有有天赋的学生才能在脑子里想象得出抽象的数学对象和数学关系。而现在，更多的学生可以通过操作信息技术来实现这一过程。但雷波德教授也反复强调，当使用信息技术进行数学教学时，教师的作用是至关重要的，需要寻找数学与信息技术整合的切入点，并且在恰当的时间介入学生的学习过程中进行必要的指导，通过提问引导学生向更深的方面思考。因此，未来的数学教师必须要处理好这样的情况，即信息技术加深了知识并且引领学生提出更具有挑战性的问题。

1998 年 7 月，日本教育课程审议会发表的"关于改善教育课程基准的基本方向"的咨询报告中，提出了两个方面的要求：首先是在小学、初中、高中各个阶段的各个学科中都要积极利用计算机等信息设备进行教学(即将计算机为核心的信息技术与各学科的课程整合)；与此同时，要求在小学阶段的"综合学习时间"课上适当运用计算机等信息手段，在初中阶段则要把现行的"信息基础"选修课改为必修课，在高中阶段则开设必修的"信息"课(主要内容讲授如何运用计算机等设备去获取、分析、利用信息技术与中学数学课程整合研究的有关知识与技能)。此外，日本 1999 年公布的《高等学校学习指导要领》(以下简称《要领》)于 2003 年开始实施，其大纲中许多内容涉及信息技术在数学中的使用，包括用计算机处理统计资料、作图、简单的程序设计和算法。《要领》还把计算机数学指定为必修课，数学课程也提高了对计算机的要求。在"数学Ⅱ""数学 B""数学 C"中都提到了应用计算机，其中有统计资料的计算机处理、简单的程序设计和算法，还有用计算机画图的要求。

总体而言，信息技术与数学课程整合在国外已经有了理论和实践上的探索，各国都从课程标准高度明确了整合的必要性和重要性，并在实践中取得了一定的成绩，有力地推动了教育观念的更新和教学模式的改革。当然，这些成绩的取得与外国政府的大力支持以及经济的发达、科技的进步是分不开的。因此，我们要充分地借鉴和吸取国外在整合中的经验与教训，走出一条具有中国特色的整合之路。

1.3.2 国内信息技术与数学课程整合的研究状况

1995 年，教育部全国中小学计算机教育研究中心从美国引进了优秀教学软件——几何画板，随后几何画板得到广泛推广。1996 年，以几何画板软件为教学平台，研究中心开始组织“CAI 在数学课堂中的应用”研究课题。在教育部中小学计算机研究中心和北京市海淀区教委的支持下，海淀区几所中学组织了“数学 CAI 实验”课题组。该实验极大地推动了数学教学改革的深入发展。目前，几何画板与数学课程整合的研究已取得了巨大的成功，涌现出大量高水平的整合案例。其中南京师范大学附属中学的陶维林老师开设几何画板选修课，并将几何画板运用于数学课堂教学之中，取得了很好的教学效果，其代表作《几何画板实用范例教程》和《几何画板应用于解析几何教学》集中反映了他的研究成果。

为了适应信息化社会对中学数学教学提出的新要求，加速高中数学课程教材改革步伐，探索信息技术在数学课程中的作用和应用，课程教材研究所中学数学课程教材研究开发中心(人民教育出版社中学数学室)于 2001 年 10 月启动了“高中数学课程教材与信息技术整合研究”课题。该课题在《全日制普通高级中学教科书·数学》的基础上，通过改编的方式，编写了一套体现数学课程与信息技术整合思想的《普通高级中学实验教科书(信息技术整合本)·数学》，探索教师、学生和信息技术的互动方式，信息技术在改进学生数学学习方式和教师数学教学方式的应用，寻找以教材实验为平台的数学课堂教学改革和教师专业化发展的途径。2002 年，教育部基础课程教材发展中心启动了“Z+Z 智能教育平台运用于国家数学课程改革的实验研究”课题。因此，上海还进行了在中考中如何结合图形计算器进行数学考试的尝试。以上的国内研究加速了我国信息技术与数学课程整合的进程，说明了信息技术与数学课程整合得到了上至国家教育行政部门，下至一线数学教师的高度重视，同时也说明了信息技术与数学课程整合在我国已经进入了一个崭新的阶段。另外，通过大量阅读一线教师和学者们发表的研究论文不难发现，虽然研究者们达成了一定的共识(如信息技术在数学课堂教学中的使用可以激发学生的学习兴趣；信息技术为数学情境创设提供了有力支持；利用信息技术更能充分发挥学生的主体作用等)，但对于信息技术的使用仍然存在着一些问题(如利用信息技术创设数学问题情境多流于形式；课件只是起到板书作用，没有发挥应有作用；信息技术的使用与其他教学手段不能有效结合等)。因此，关于信息技术与课堂教学整合有效性的研究，将对现存问题的解决起到一定的指导与帮助作用。

1.4 信息技术与课程整合对深化教学改革的意义

《基础教育课程改革纲要》指出，要改变课程过于注重知识传授的倾向，改变课程实施过于强调接受学习、死记硬背、机械训练的现状，促进学生在教师的指导下主动地、富有个性地学习，这就要求转变教师的教学方式和学生的学习方式。传统的教学方式注重知识传授，强调接受学习，妨碍了学生主体地位的发挥，妨碍了学生创新精神和创新能力的培养，严重阻碍了学生个性的全面发展，不利于学生学习方式的转变。信息技术和数学教学整合要求教师和学生在课程教学中恰当地应用信息技术，其宗旨是要达到促进教师的教与学生的学的目标，这从根本上改变了传统意义上的教与学，改变了传统的教学模式，能够推动当前新课程改革的顺利进行，全面推进教育信息化进程。

1.4.1 促进教师教学方面的优势及必要性

首先，信息技术与数学教学整合有利于提高课堂教学效率。课程改革的核心环节是课程实施，而课程实施的基本途径是课堂教学。因此，提高课堂教学效率成为课程改革的重要目标之一。信息技术与数学教学整合可以更好地表现数学抽象与具体的关系、运动与变化的本质以及数形结合的特点。信息技术进入数学课堂可以加大课堂容量，使课堂教学更加紧凑；信息技术进入数学课堂可以解决黑板教学遇到的许多困难，节省了很多板书的时间，尤其是可以使静止的内容运动化，抽象的内容形象化。因此，信息技术进入数学课堂能够提高数学课堂教学效率，能够为数学教学活动的开展提供更加广阔的平台。

其次，信息技术与数学教学整合有利于变革教学方式。数学课堂教学引入信息技术可以克服传统教学中语言描述的局限性，通过图像、文字、动画、声音、视频等方式使教学手段变得更加丰富。数学课堂教学引入信息技术，可以使教师更好地创设探究情境，发挥学生的主体作用，可以促进教学组织形式和教学方法的多样化，使课堂教学更具开放性，最终实现多元化的教学目标。因此，信息技术与数学课堂教学整合，可以为新型教学模式的建构提供更加理想的条件。

1.4.2 促进学生学习方面的优势及必要性

首先，信息技术与数学教学整合有利于激发学生的学习兴趣。著名教育学家乌申斯基说过，没有丝毫兴趣的强制学习，将会扼杀学生探求真理的欲望。可见，学习兴趣对学生学习的重要作用。现代教育改革的理念之一是重视加强情感教育，情感教学重在以人为本，突出学生的主体地位。信息技术的特点之一就是能够激起学生注意，激发学生强烈的求知欲，提高学生的学习兴趣，使学生保持良好的学习状态。信息技术与数学教学的整合，营造了一个更加有利于发挥学生主体作用的学习环境，使学生在自主学习和合作学习中获得真实而愉悦的情感交流和情感体验，从而促使学生主动、自觉、高效地学习。

其次，信息技术与数学教学整合有利于转变学生的学习方式。数学教育改革的核心是转变学生的学习方式。传统的学习方式是把学生建立在人的客体性、受动性和依赖性的基础上的，忽略了人的主动性、能动性和独立性。现代学习方式是以弘扬人的主体性为宗旨，以促进人的可持续发展为目的。转变学生的学习方式就是要转变单一的、他主的和被动的学习方式，提倡和发展多样化的学习方式，特别要提倡自主、探索和合作的学习方式，把学习变成学生的主动性、能动性、独立性不断生成、张扬、发展和提升的过程，让学生成为学习的主人，使学生的主体意识、能动性和创造性不断得到发展，创新意识和实践能力不断得到提高。信息技术与数学教学整合使数学学习更具开放性和互动性，为构建个别化学习环境、营造协作式学习氛围搭建了基础平台，可以更好地培养学生的思维能力，培养学生发现问题、提出问题、探究问题、分析问题和解决问题的能力，培养学生合作与交流的能力，培养学生的创新精神和能力，为学生的终身学习和发展奠定坚实的基础。

1.5 数学教学软件区别于传统教具的优势

随着计算机技术的飞速发展以及人们对数学教学认识的深入，近几年国内外学者已开发出一定数量的用于数学教学的专用软件。随着在数学教学中应用的深入，人们对它们的关注越来越多。以下就常见的数学教学软件及在教学的应用过程中区别于传统教具的优势进行介绍。

1.5.1 可精确画出各种常用数学图形

几何画板、超级画板等数学教学软件是探索数学奥秘的强有力的工具，利用这些软件可以在设定的精度下精确做出各种神奇的图形，比如，制作各种几何图形、动态正弦波、各种函数曲线和数据图表等。教学中若使用常规工具(如纸、笔、圆规和直尺)画图，画出的图形一般不精确，只能得到大致的图像，很容易掩盖一些重要的几何规律。而使用几何画板，可以按照设定的精度，精确无误地画出几何图形。比如，用画点、画线工具画出一个三角形后，用度量工具度量三角形三个内角，相加一定是180°；用几何画板作出一个椭圆，椭圆曲线上任意一点到两焦点的距离之和一定是长轴长的2倍，此处的“精确”有两层含义，一层含义是对所做图形用度量工具度量时是精确的。另一层含义是两个图形之间的关系也是精确的，比如，两直线的垂直关系，直线与圆的相切关系等。

1.5.2 形象性，把数学抽象变为具体

利用几何画板等制作的数学课件，有利于激活学生的思维，向学生揭示知识发生和发展的过程，用形象生动的画面去帮助学生理解抽象、枯燥的数学概念、公式和法则，领会和把握知识之间的内在联系，从而帮助学生更好地掌握所学的知识。

上课时，当老师说“在平面上任取一点”时，在黑板上画出的点永远是固定的。而几何画板软件就可以让“任意一点”随意运动，使它更容易被学生理解。所以，可以把几何画板软件看成一块“动态的黑板”。

利用几何画板软件的运动按钮——“动画”和“移动”功能经过巧妙的组合后，所制

作出的点、线、面、体都可以在各自的路径上以不同的速度和方向进行动画或移动，可以产生良好、强大的动态效果，并且所度量的角度或线段的长度及其他的一些数值也可以随着点、线、面、体的运动而不断地发生变化，非常接近于实际，可以更好地达到数形结合，给学生一个直观的印象，起到良好的教学效果。这是其他教学手段不可能做到的，真正体现了计算机的优势。

又如，立体几何是在学生已有的平面图形知识的基础上讨论空间图形的性质；它所用的研究方法是以公理为基础，直接依据图形的点、线、面的关系来研究图形的性质。从平面图形到空间图形，从平面观念过渡到立体观念，无疑是认识上的一次飞跃。初学立体几何时，大多数学生不具备丰富的空间想象能力及较强的平面与空间图形的转化能力，主要原因在于人们是依靠对二维平面图形的直观来感知和想象三维空间图形的，而二维平面图形不可能成为三维空间图形的真实写照，平面上绘出的立体图形受其视角的影响，难以综观全局，其空间形式具有很大的抽象性。如两条互相垂直的直线不一定画成交角为直角的两条直线；正方体的各面不能都画成正方形等。这样一来，学生不得不根据平面图形去想象真实情况，这便给学生认识立体几何图形增加了困难。而应用几何画板等软件将图形动起来，就可以使图形中各元素之间的位置关系和度量关系惟妙惟肖，学生可以从各个不同的角度去观察图形。这样，不仅可以帮助学生理解和接受立体几何知识，还可以让学生的想象力和创造力得到充分发挥。

在讲解二面角的定义时，当拖动点 A 时，点 A 所在的半平面也随之转动，即改变二面角的大小，图形的直观变动有利于帮助学生建立空间观念和空间想象力；在讲棱台的概念时，可以演示由棱锥分割成棱台的过程，更可以让棱锥和棱台都转动起来，使学生直观掌握棱台的定义，并通过棱台与棱锥的关系由棱锥的性质得出棱台的性质，同时，让学生欣赏到数学的美，激发学生学习数学的兴趣；在讲锥体的体积时，可以演示将三棱柱分割成三个体积相等的三棱锥的过程，既避免了学生因空洞的想象而难以理解，又锻炼了学生用分割几何体的方法解决问题的能力。直观美丽的画面在学生学得知识的同时，给人以美的感受，创建一个轻松、乐学的氛围。

1.5.3 可画出动态数学图形，把数学实验引入数学

在传统教学中，动点并不动。用信息技术让学生在动态中观察，观察变动中不变的规律——问题的本质。几何画板等软件可以在图形运动中动态地保持几何关系，可以在变化的图形中发现恒定不变的几何规律。比如，用画点、画线工具画出一个三角形后，作出它的三条角平分线、中线、中垂线，用鼠标任意拖动三角形的顶点和边，可以得到各种形状的三角形。这个动态的演示，也可以用于验证“无论三角形如何变化，其三条中线总是交于一点”，真正体现几何的精髓：在不断变化图形中寻找不变的规律。但这在传统的板书教学中是难以完美展现的。而几何画板从对象关系出发的动态效果，能轻而易举地解决这一问题。它能给学习者提供实践数学的机会，能培养学习者独立思考的能力和创

新精神，它不仅是教师教学的帮手，更是学习者理解数学的工具。在学习组织中，学习者学会使用几何画板，就拥有了自主学习的工具。这使数形结合真正可以施行，为研究性学习提供平台。

【例 1-1】一元二次函数 $y=ax^2+bx+c(a\neq 0)$ 表达式中参数 a、b、c 的理解。

二次函数 $y=ax^2+bx+c(a\neq 0)$ 是中学数学中的重要函数之一，对其是否理解影响到后续不等式、数列等很多数学知识的学习。在二次函数的教学中，教师可以运用“几何画板”软件画出二次函数 $y=ax^2+bx+c(a\neq 0)$ 的图像，同时可以在几何画板中设置好参数 a、b、c，通过适当改变解析式中参数 a、b、c 的值，学生可以观察参数 a、b、c 对二次函数 $y=ax^2+bx+c(a\neq 0)$ 图像变化的影响，如图 1.1 所示。

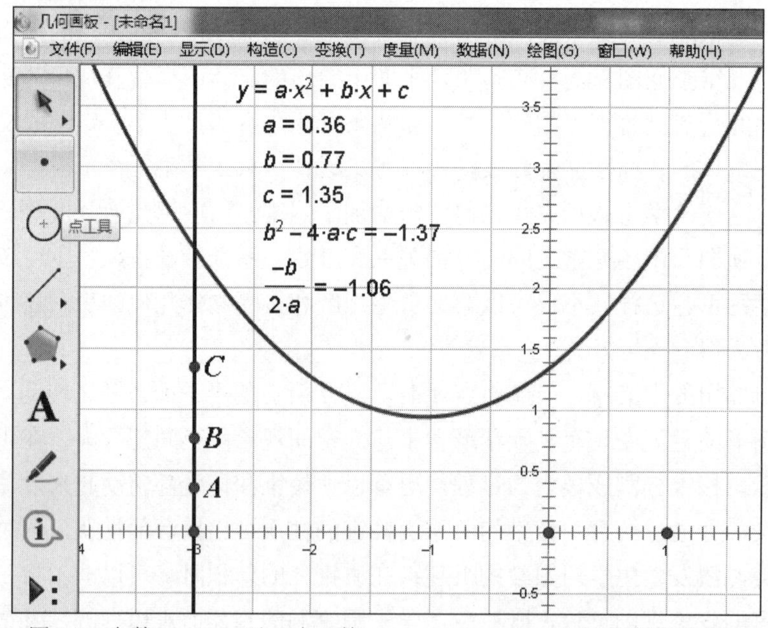

图 1.1 参数 a、b、c 对二次函数 $y=ax^2+bx+c(a\neq 0)$ 图像变化的影响

这样，学生可以形象直观地观察到参数 a、b、c 对函数图像的变化的影响，加深学生对二次函数的部分相关知识的理解和掌握，同时还能体会数学世界中的神奇。

1.6 本章习题

1. 什么是现代教育技术？
2. 信息技术与课程整合的目标是什么？
3. 信息技术与课程整合内涵包含哪些？
4. 数学教学软件区别于传统教具的优势有哪些？

第2章

数学教学软件——几何画板

众所周知，数学课件制作的基础之一是熟练掌握常用的数学教学软件。本章将对中学数学课件制作中广泛使用的几何画板软件进行介绍，剖析几何画板软件的重要功能，以便读者能熟练掌握课件制作技巧与方法。

2.1 几何画板软件及其基本功能介绍

几何画板(the Geometer's Sketchpad)软件，是美国 Key Curriculum Press 公司制作并出版的优秀教育软件，它的全名是几何画板——21 世纪的动态几何。1996 年，该公司授权人民教育出版社在中国发行该软件的中文版。同年，全国中小学计算机教育研究中心开始大力推广“几何画板”软件。因为软件小巧玲珑，数理性极强，且简单易学，国内大量数学教师和画板爱好者投入软件的使用开发中。目前，高中数学教材中的“信息技术运用”多是使用几何画板课例，可见几何画板对我国十年课改影响之大。

2.1.1 启动几何画板

启动几何画板的方法主要有以下几种。

(1) 单击桌面左下角任务栏的“开始”按钮，选择“程序”|“几何画板 5.05 中文版”命令，即可启动几何画板。

(2) 直接双击桌面上几何画板的快捷方式图标，即可启动几何画板。

(3) 双击任意一个已有的几何画板文档。

进入几何画板系统后的屏幕界面如图 2.1 所示。如果没有见到“工具箱”或者“文本工具栏”，可以在“显示”菜单中设置显示。

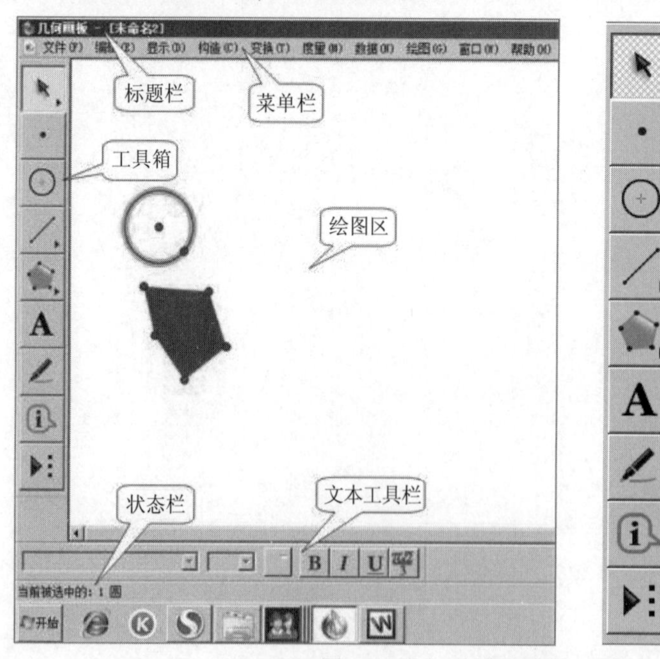

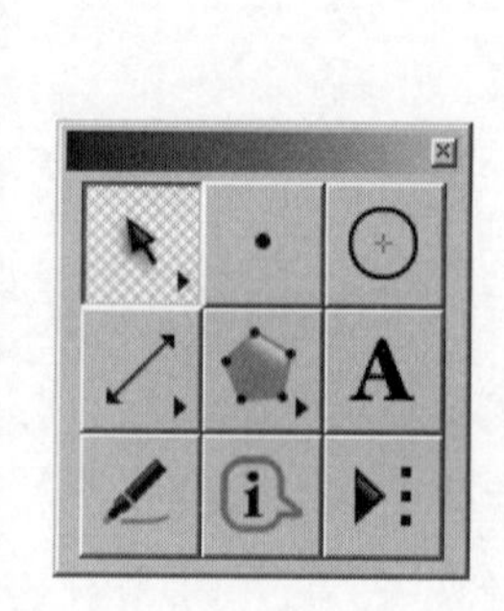

图 2.1　几何画板界面和工具箱

几何画板的窗口和其他 Windows 应用程序窗口类似，有“控制菜单”“最大/最小化”按钮以及“标题栏”。画板窗口的左侧是“画板工具箱”，画板的右侧和下侧有滚动条可以使小画板处理更大的图形。在几何画板中，当画面中有重叠对象时，“状态栏”能具体地显示当前选定对象或者工作状态。

2.1.2 几何画板的绘图工具

画板的左侧是画板工具箱，把光标移动到工具图标的上面，就会显示出工具的名称。

与一般的绘图软件相比，几何画板的工具比较少。几何画板的主要用途之一是绘制几何图形。而几何图形的绘制通常是用直尺和圆规，它们的配合几乎可以绘制所有的欧氏几何图形。因为任何欧氏几何图形最后都可归结为“点”“线”“圆”。这种公理化的作图思想，因为“三大经典作图难题”引起无数数学爱好者的极大兴趣，从而在数学历史上影响重大，源远流长。从某种意义上讲，几何画板绘图是欧氏几何“尺规作图”的一种现代延伸。几何画板把所有绘图建立在基本元素上的做法和数学作图思维中公理化思想是一脉相承的。

按住工具箱的边缘空白处，可随意将工具箱拖动到视觉窗口的任何位置，还可以调整工具箱边界改变工具箱的形状，如图 2.1 所示。凡是工具图标右边有小三角的，表示本工具是“一套”工具，还有下一级工具。图 2.1 从上到下 9 个工具依次如下。

- 箭头工具：包括“移动箭头”“缩放箭头”和“旋转箭头”三个工具。使用不同的箭头工具可以移动、缩放和旋转对象。
- 点工具：可以在绘图区任意空白地方或“路径”上绘点。“路径”可以是线段、射线、圆、多边形边界、扇形边界、轨迹、函数图像等(不能是迭代的图像)。在空白区域绘制的点，可以被拖动到绘图区域中的任意位置，故被称为自由点。路径上绘制的点只能在路径上移动，故称为半自由点。单击“点工具”，然后将鼠标移动到绘图区域中单击一下，就会出现一个点。
- 圆工具：以圆心和半径另一个端点绘制正圆。单击“圆工具”，然后将光标移动到画板窗口中按住鼠标左键确定圆心(或单击)，并移动到另一位置(起点和终点间的距离就是半径)再单击一下，就会出现一个圆。
- 直尺工具：包括绘制“线段”“射线”和“直线”三个工具。单击“线段直尺工具”，然后将光标移动到绘图区域中按住鼠标左键(或单击)，拖动鼠标到另一位置松开鼠标，就会出现一条线段。
- 多边形工具：可以绘制有芯无边框、有芯有边框和无芯有边框 3 种多边形。单击“多边形工具”，就可以通过在绘图区构造多边形的顶点绘制多边形，最后的一个顶点，需要双击(或者在多边形的第一个点上单击一下)才能完成绘制并释放多边形工具。
- 文本工具：可以输入文本、加标注(即说明性的文字)或给对象加标签。单击“文本工具”，会出现一个空心手形，在绘图区双击鼠标左键，或者按住左键直接在绘图区拖出虚线框，即可在里面输入文字。单击“文本工具”后，空心手用于拖出文本输入框，实心手用于单击绘图对象显隐对象标签，虚心手用于拖动对象标签，双击可修改标签。

- 标识工具：给绘制对象(包括轨迹和图像)加标注或者直接在绘图区写画。
- 信息工具：用来查看对象的属性和关系。
- 自定义工具：根据实际需要，使用画板制作的一些工具。几何画板 5.05 版本“自定义工具”中包含 781 个自定义工具。下级菜单包括：创建新工具、工具选项(制作自定义工具时设置选项)、显示脚本视图(看工具的制作过程和使用方法)、工具列表、选择工具文件夹(设定工具来源)等选项。使用时，按住三角图标 2 秒以上，右移鼠标，选择工具，然后在绘图区域中就可以使用选择的工具。当第二次还想使用这个工具时，单击一次自定义工具图标即可，不必再去寻找具体的工具位置。如果想使用其他自定义工具，将鼠标点到新的自定义工具选项，此时，鼠标自动释放前一个被选定的自定义工具，而携带新的自定义工具。

用几何画板绘制出的线段、直线、射线和圆，都有两个关键点。一方面构造它们只要两点就足够，另一方面，可以通过它们改变对象。例如，单击“移动箭头工具”，移动光标到线段的端点处(注意光标会变水平箭头)拖动鼠标，线段的长短和方向就会改变。

移动光标到线段的两个端点之间任何地方(光标成水平箭头)，单击选定线段，拖动鼠标，就可以平移线段。选定直线和射线的两个关键点以外的任意部分，也可以平移它们。

绘制圆和移动圆的方法与线段相同，圆的大小和位置也可以改变。圆是由两个点来决定的，鼠标按下去的第一个点为圆心，松开鼠标的点就是半径的另一个端点，为圆上的一点。改变这两个点中的任意一点位置都可以改变圆。选定圆的其他位置，拖动圆周，可移动圆。

在几何画板中的每个几何对象都对应一个“标签”。当在画板中绘制几何对象时，系统会自动给绘制的对象配标签。文本工具就是一个标签的开关，只需使用文本工具对区域中有标签的对象单击，标签就会没有。文本工具可以让几何画板中几何对象的标签显示或隐藏。

2.1.3 对象的选择、删除、拖动

前面的叙述已涉及对象的选取、拖动，几何画板虽然是 Windows 软件，但它有些选择对象的选择方式又与一般的 Windows 绘图软件不同，希望读者在学习过程中能注意到这一点，也希望通过本节的讲解，读者对此有比较系统全面的了解。

1. 选择

在进行所有选择(或不选择)之前，需要先单击画板工具箱中的“箭头工具”，使鼠标处于选择箭头状态。

- 选择一个：用鼠标对准画板中的一个点、一条线、一个圆或其他图形对象，单击鼠标就可以选中这个对象。图形对象被选中时，会加重表示出来。
- 再选另一个：当一个对象被选中后，再用鼠标单击另一个对象，新的对象被选中而原来被选中的对象仍被选中(选择另一对象的同时，并不需要按住 Shift 键，与一般的 Windows 软件的选择习惯不同)。
- 选择多个：连续单击所要选择的对象(注意：在单击过程中，不得在画板的空白处单击或按 Esc 键)。
- 取消某一个：当选中多个对象后，再单击需要取消的对象即可。
- 都不选中：如果在画板的空白处单击一下，那么所有选中的标记就都没有了，没有对象被选中。
- 选择所有：如果你单击了画板工具箱中的箭头工具，这时在编辑菜单中就会有一个选择所有的项；如果当前工具是画点工具，这一项就变成选择所有点，如图 2.2 所示；如果是画线工具或画图工具，这一项就变成选择所有线段(射线、直线)或选择所有圆。
- 选择父对象和子对象：选中一些对象后，选择“编辑”|“选择父对象”命令，如图 2.3 所示，就可以把已选中对象的父对象选中。类似地，也可以选择子对象。如果一个对象没有父对象，那么几何画板认为它自己是自己的父对象；同样，如果一个对象没有子对象，那么它自己是自己的子对象。所谓父对象和子对象，是指对象之间的派生关系。例如，线段是由两点派生出来的，因此这两点的子对象就是线段，而线段的父对象就是两个点。

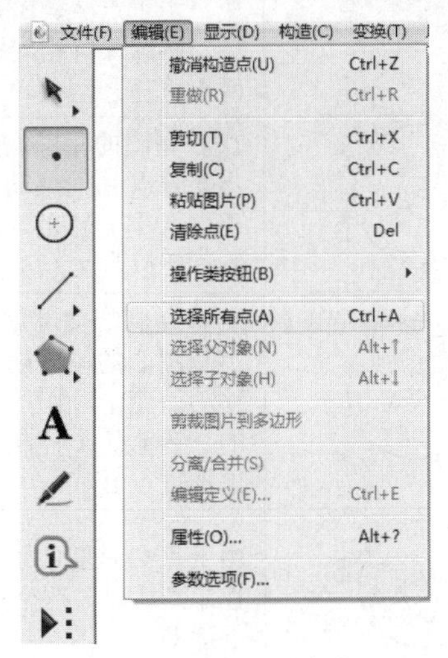

图 2.2　选择所有点

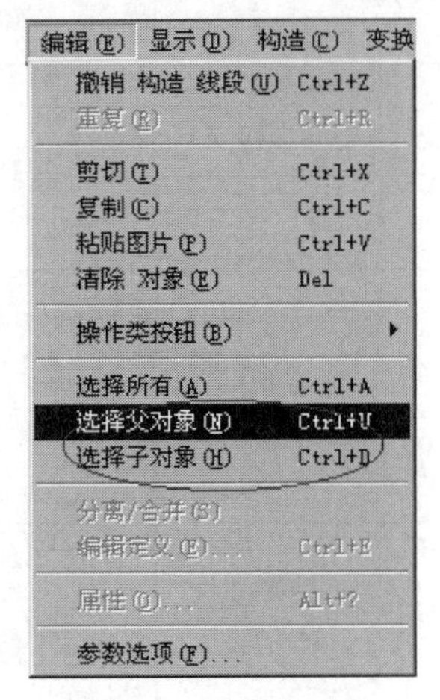

图 2.3　选择父对象

小技巧：

选择多个对象还可以用拖框的方式(和一般的软件相同)。

选择对象是为了对这个对象进行操作，所有的操作都只能作用于选中的对象上，也就是说，必须先选择对象，然后才能进行有关的操作。在几何画板中，对选中的对象可以进行的操作有：删除、拖动、构造、测量、变换等。下面将先介绍删除和拖动操作。

2. 删除

删除就是把对象(点、线或圆)从屏幕中清除出去。方法是：先选中要删除的对象，然后再选择“编辑”|“清除”命令，或按 Delete 键。这里需要注意，这时与该对象有关的所有对象均会被删除，和一般的 Windows 软件又不同，和数学思想倒很相近。

3. 拖动

用鼠标可以选择一个或多个对象，当用户用鼠标拖动已经选中的对象在画板中移动时，这些对象也会跟着移动。由于几何面板中的几何对象都是通过几何定义构造出来的，而且几何画板的精髓就在于在运动中保持几何关系不变，所以，一些相关的几何对象也会相应地移动。当拖动画板中的图形时，可以感受到几何画板的动态功能。注意，在拖动之前，应单击“移动箭头工具”，然后选定要移动的对象。

试一试： 按表 2.1 所示的步骤进行拖动操作，注意观察图形变化的情况。

表 2.1　拖动操作

序号	拖动前的图形	拖动操作	拖动后的图形	解　释
1	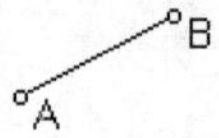 B A	向下拖动点 B	 A B	线段受点 B 控制，所以要随着运动
2	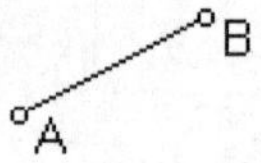 B A	拖动线段 AB	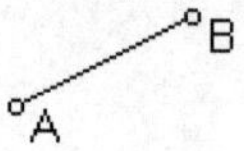 B A	线段的方向不变，位置发生改变，由于点 A、B 是线段的父母，必须保持相应关系，所以两点也随之运动
3	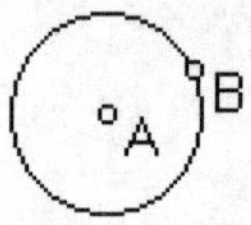 A B	拖动点 B	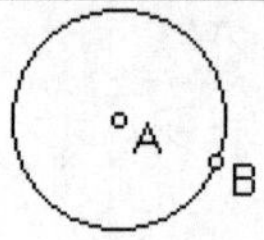 A B	点 B 是圆的父母，所以圆的大小随着点 B 的移动而变化。由于点 A 是自由的，不受点 B 控制，所以点 A 位置保持不变
4	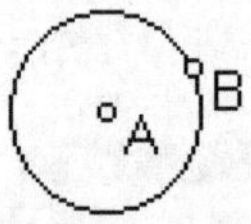 A B	拖动点 A	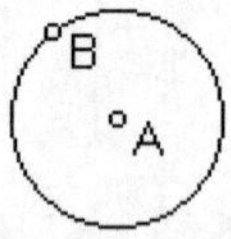 B A	点 A 是圆的父母，所以圆的大小和圆心的位置随着点 A 的移动而变化。由于点 B 是自由的，不受点 A 控制，所以圆总保持过点 B
5	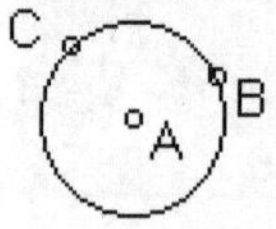 C B A	圆由 AB 两点定义，点 C 为圆上任意一点，拖动点 C	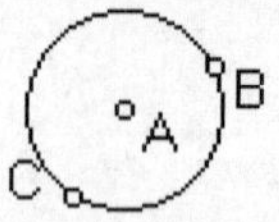 B A C	由于点 C 是圆的子女，受圆的控制，所以，这个点只能在圆上运动
6	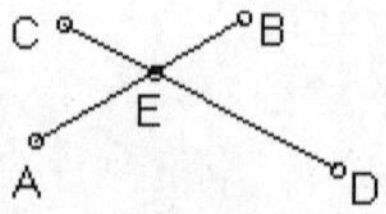 C B E A D	画两条相交线段，用选择工具画出它们的交点(注意状态条的提示)，之后拖动线段 CD	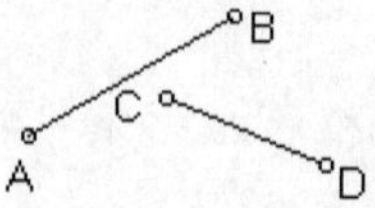 B C A D	当两线段不相交后，交点就不显示了(此时交点无数学意义)

4. 标签及其使用

在几何画板中的每个几何对象都对应一个标签。当你在画板中构造几何对象时，系统会自动给你画的对象配标签。

如何显示对象标签呢？前面我们已经介绍过使用“文本工具”对象显示标签，即用鼠标单击画板工具箱中的文本工具后，用鼠标(空心小手形状)对准某个对象变成黑色小手形状后单击，如果该对象没有显示标签就会把标签显示出来，如果该对象的标签已经显示就会把这个标签隐藏起来。有其他方式显示标签吗？有，那就是用菜单命令。

用鼠标选中一些没有显示标签的对象，选择“显示”|“显示标签”命令，如图 2.4 所示，可以显示这些对象的标签。如果所选中一些对象的标签都已经显示，那么单击这个菜单项后，这些对象的标签就会隐藏起来。

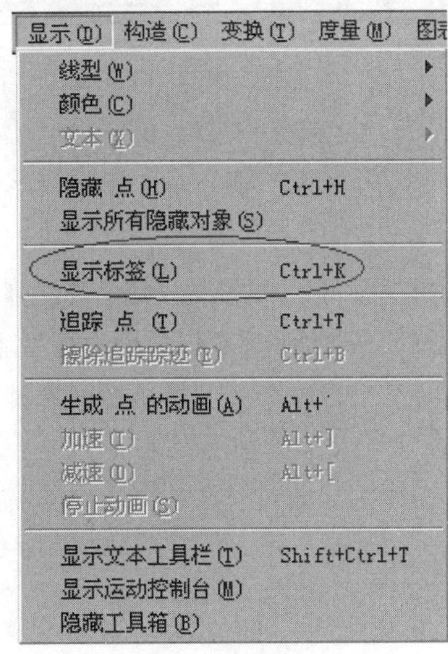

图 2.4　显示标签

标签的位置还可以适当移动：用鼠标选中“文本工具”或“箭头工具”后，如果用鼠标对准某个对象的标签，鼠标变成带字母的小手形状后，按下鼠标键拖曳鼠标，可以改变标签的位置。

标签可以根据我们的需要改变，如果用带字母的小手形状鼠标双击某一个标签，就会出现这个标签附着对象的属性框。可以根据需要，通过属性框随意改变标签的字体、字号、粗体、斜体、下画线、颜色等。标签可以是英文、汉字、数字等，还可以有下标。

【例 2-1】 让系统自动为所画的点标上标签。

(1) 选择“编辑”|“参数选项”命令，打开“参数选项”对话框。

(2) 选择“文本”选项卡，在“自动显示标签应用于”选项组中选择“所有新建的点”复选框，如图 2.5 所示。

(3) 单击“确定”按钮，即可让系统自动为所画的点标上标签。

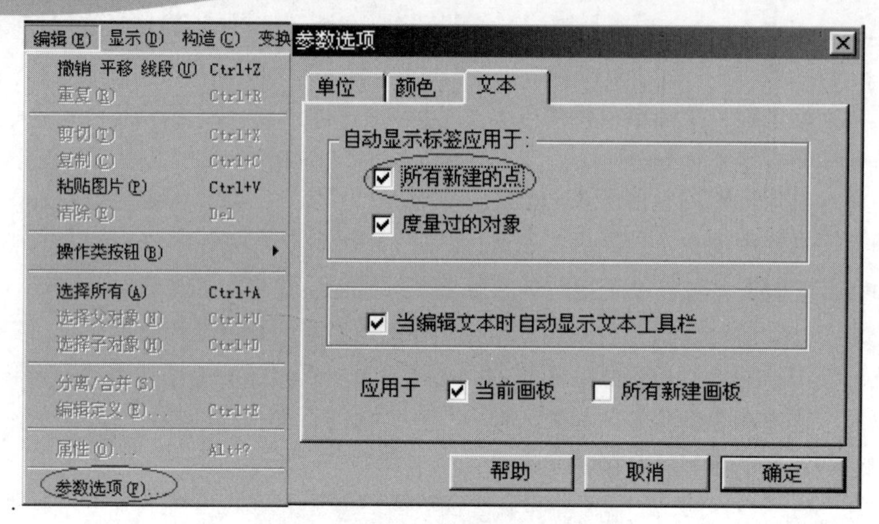

图 2.5 选择“所有新建的点”复选框

在用几何画板进行绘画时，可以用多种方法修改错误。一般来说，用户比较熟悉的方法是删除。但在删除对象时必须十分小心。因为如果删除一个对象，那么这个对象的子对象就会同时被删除。

建议使用撤消功能。可选择“编辑”|“撤消”命令取消刚刚绘制的内容，复原到前次工作状态，并可以一步一步复原到初始状态(空白画板，或者本次打开画板的状态)，该功能的快捷键是 Ctrl+Z。如果这时又不想撤消了，可以使用恢复功能，快捷键为 Ctrl+R。如果按 Ctrl+Shift+Z 键，则撤消命令就变成了全部撤消。

如果要删除一个对象而又不影响其他对象，可以采用隐藏的方法。具体操作方法是：先选中要隐藏的对象，然后选择“显示”|“隐藏对象(H)”命令或按快捷键 Ctrl+H，这是使用频率比较高的一个快捷键。

2.1.4 几何画板参数设置

“参数选项”是针对几何画板的一些基本设置，可以修改系统默认的一些属性，比如度量值的单位、画板的背景颜色、文本的字体属性、工具的基本选项等，这些属性修改对新建的对象有效。

选择“编辑”|“参数选项”命令，打开“参数选项”对话框，如图 2.6 所示。

1.“单位”选项卡

在“参数选项”对话框中，选择“单位”选项卡，可以修改数值的单位，如角度(单位为度、方向度或弧度)和距离(单位为厘米、英寸或像素。在 Windows 系统中，一个像素等于 1/96 英寸)，并且可以修改它显示的精确度(最高精确度值为十万分之一，最低精确度值为单位值 1)。修改以后，当前画板中所有的数值都会发生变化。“其它”(如坐标)等，不能设置单位，但可以设置精确度。

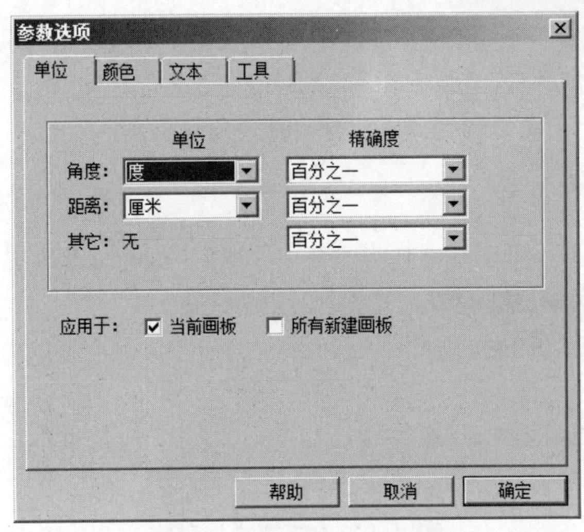

图 2.6 “参数选项”对话框

如果将角度的单位选为“度”，则度量的角度为[0°，180°]，以一个度量角度为变化参数旋转对象时，不能做 360°旋转。将角度单位选为“方向度”或者弧度，则度量的角度为[-180°, 180°]或者[-π, π]，角的方向是逆时针旋转。以一个度量角度为变化参数旋转对象时，可以做 360° 旋转。

角度的单位由“度”变为“弧度”时，绘图中某些特殊值会自动转换为 π 的倍数。

2.“颜色”选项卡

在“参数选项”对话框中，选择“颜色”选项卡，可以统一修改一些对象的颜色，如图 2.7 所示，包括背景色的修改。注意：选择“淡入淡出效果时间”复选框后，只有追踪一个对象由隐藏到显示的过程时，才可看到效果。通过调整淡入和淡出的速度，可改变对象踪迹消失的速度。在“显示/隐藏”操作类按钮的属性中，也有这项功能的选项。

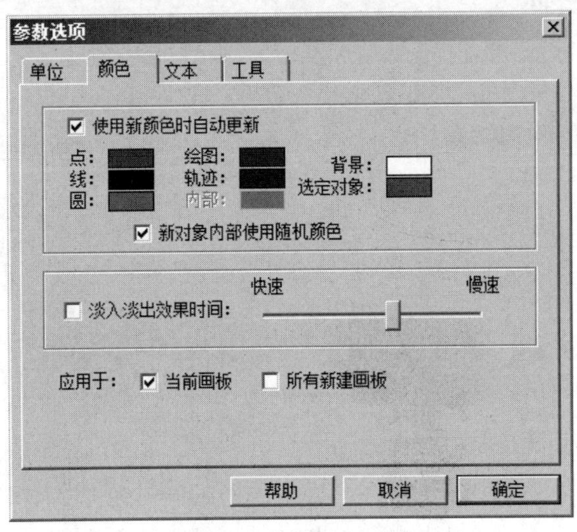

图 2.7 “颜色”选项卡

这里的背景是指绘图区域的背景，修改背景颜色会出现多彩的画板。但操作类按钮默认的文字背景颜色不能改变。“选中对象”颜色是指“选定对象”时，对象突出显示的颜色。只有新构造的“内部”，可以勾选“新对象内部使用随机颜色”。

3.“文本”选项卡

在“参数选项”对话框中，选择“文本”选项卡，如图 2.8 所示。

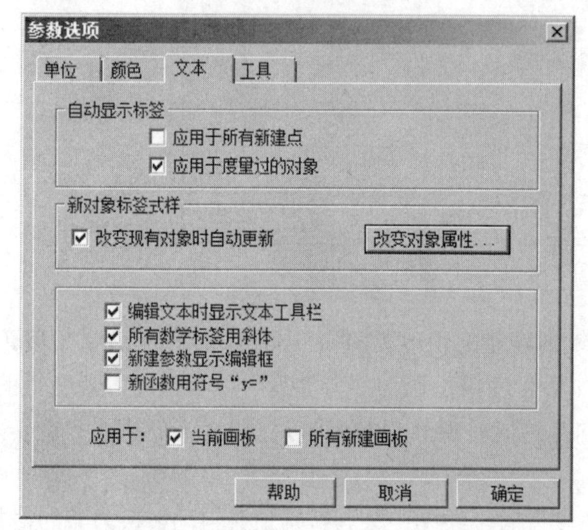

a = 1.00 有编辑框
b = 1.00 无编辑框

图 2.8 “文本”选项卡

“文本”选项卡分为三个部分，可根据需要在此对话框中进行设置。若不勾选“新建参数显示编辑框”，新建的参数将没有编辑框，这样的参数不能通过在编辑框中直接输入数字的方法修改参数大小。单击“改变对象属性”按钮，打开“文本样式”对话框，如图 2.9 所示。

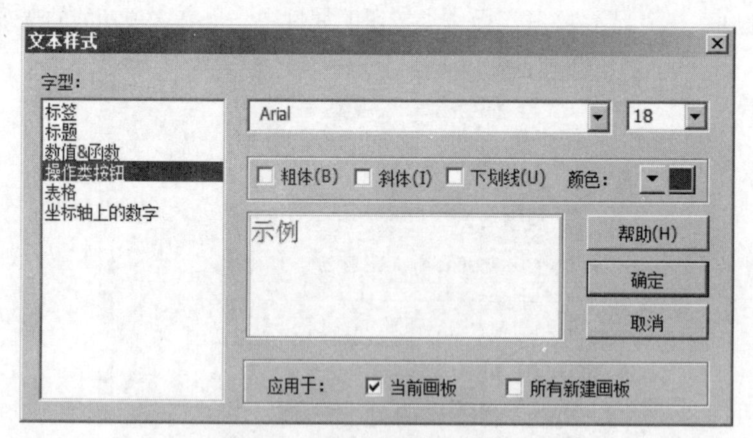

图 2.9 “文本样式”对话框

在“文本样式”对话框中，可以在“字型”列表框中选择文本对象，包括标签、标题(就是文本)、数值&函数、操作类按钮、表格、坐标轴上的数字等，然后设置相应文本对象的默认字体、字号、字型、颜色等，并能选择文本样式的应用范围，如“当前画板”或“所有新建画板”。

“操作类按钮”的“文本样式”中的颜色是指按钮标签文本颜色，不是按钮文本的背景颜色。在几何画板中，按钮文本的背景颜色不可修改。按钮标签文本的颜色通过“选定按钮”|“显示”|“颜色”来修改。

4.“工具”选项卡

在“参数选项”对话框中选择“工具”选项卡，可以修改工具箱中部分工具的属性，如图 2.10 所示。如果选中“双击取消选定”复选框，在绘图区域选定对象后，需要双击空白处才能取消其选定状态；如果不选中，则在绘图区域选定对象后，在空白处单击，就取消了选定状态。“选择能力”是指箭头光标选定对象的难易程度。标识工具笔迹和宽度有 6 种组合可选，在常规绘图中，“平滑曲线”和“绘图画笔”区别并不明显。多边形的默认透明度，可以直接修改数值设定。

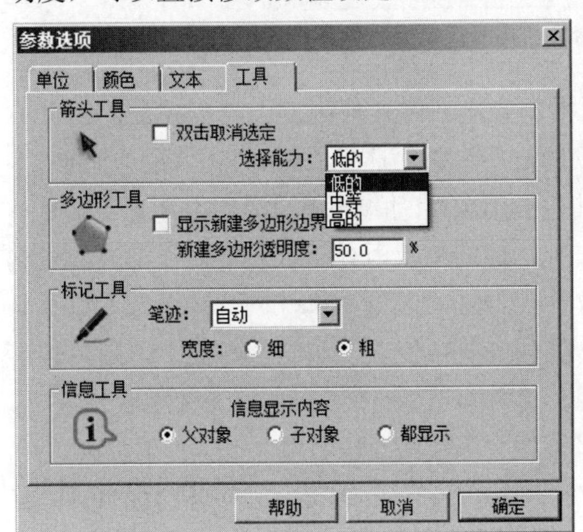

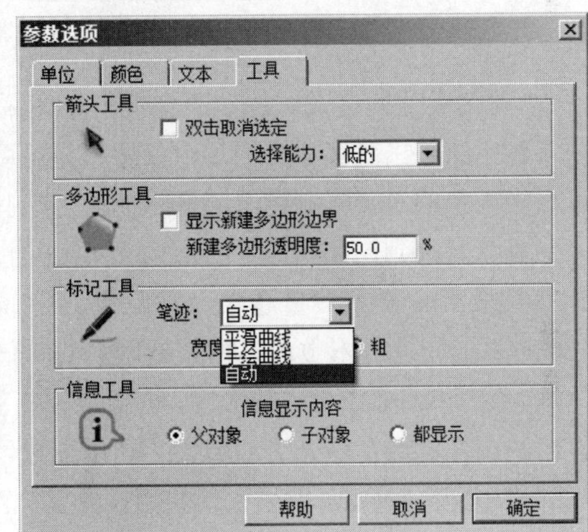

图 2.10　“工具”选项卡

多边形工具、信息工具在 2.1.2 节已做介绍，在此不再赘述。

5. 高级参数选项

单击“编辑”菜单，按住 Shift 键以后，“参数选项”变为“高级参数选项”，单击“高级参数选项”，出现图 2.11 所示对话框。

(1)“输出”选项卡

这里的“输出”主要是指将画板文件输出到其他软件使用，最常用到的是输出到 Word 中。如果勾选“输出直线和射线上的箭头”，在画板中选择的射线、直线的轨迹，粘贴到 Word 中后，会在屏幕视线结束的地方带有箭头，表示此线有方向和无限延伸。如果不勾选，直线复制到 Word 中，就是贯穿整个页面的线段。

“剪切/复制到剪贴板的格式”选项中“图元文件”是矢量图，不会因为放大而急剧粗

糙，“位图”是 bmp 格式文档。“图元文件”和“位图”在 Word 中没有明显差别。若在需要图元文件的软件中对插入图形进行编辑，会有较大区别。“剪切/复制到剪贴板的格式”设置，决定“文件”|“另存为”的文件格式和内容。

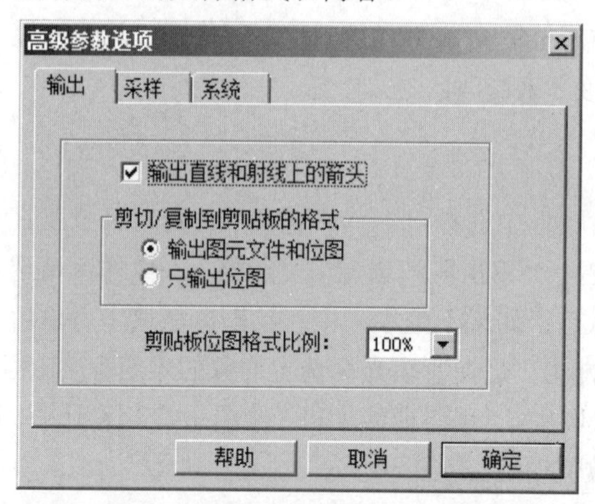

图 2.11 “高级参数选项”对话框

“剪贴板位图格式比例”决定输出绘图采样的大小。在几何画板中绘制完成的图可通过多种方法输出到其他文档，用鼠标选择可以选定的对象，选择“编辑”|“复制”命令，可以把选定的对象复制到系统剪贴板上，在其他应用软件(如 Word)的文档中选择“粘贴”命令就可以得到图片。这里的格式比例就是设置圈选的画板内容，以选定的样本数量复制到剪贴板上。样本数量越大，粘贴到其他软件中的图片就越精细和平滑(锯齿不明显)。“200%”是指“样本数量”扩大到原来的两倍再放到剪贴板上。如果在画板中选用了较小的值，到了 Word 中再去放大图，图像会很粗糙。系统默认是 100%输出，在大多数情况下，打印的图像已经足够光滑。增大“样本”数量会增大系统的负载。图 2.12 分别是 100%和 800%的比例在 Word 中放大后的比较，其光滑度明显不同。比较而言，使用 100%采样率复制粘贴到 Word 中的图，文件占用空间大小比截屏软件把画板图粘贴到 Word 中约小 1/3。

图 2.12 不同格式比例的效果比较

(2)“采样”选项卡

在“采样”选项卡中，一般都不需要改动，如图 2.13 所示，除非有特殊要求。“新轨迹的样本数量”在一般情况下，系统默认的轨迹样本数量已经足够使用，除非想绘制十分“光滑”的轨迹。提高样本数量会降低系统的反应速度，而且是大幅降低，如果系统 CPU、内存和显卡都不是很强大，保持较小的样本数量是明智的选择。如果在实际操作中绘制的轨迹等不够圆滑，可以选择图形，在右键菜单中选择 “属性”|“绘图”命令临时增加样

本数量。

如果在自定义工具的制作过程中，使用了一个特定的轨迹数量(非系统默认值)，当使用工具时，不会按照工具确定的轨迹采样数量绘制轨迹，而是执行系统默认设定的轨迹样本数量。

“新函数图像的样本数量”也是同样的道理，除非绘制的图像特别长。在实际绘图中，可以选择图形，在右键菜单中选择“属性”|“绘图”命令临时增加。

两个最大值若非特殊工作也不必修改，绘制分形图形是足够用的。

(3)“系统”选项卡

选择“系统”选项卡，将显示图 2.14 所示的选项区域。

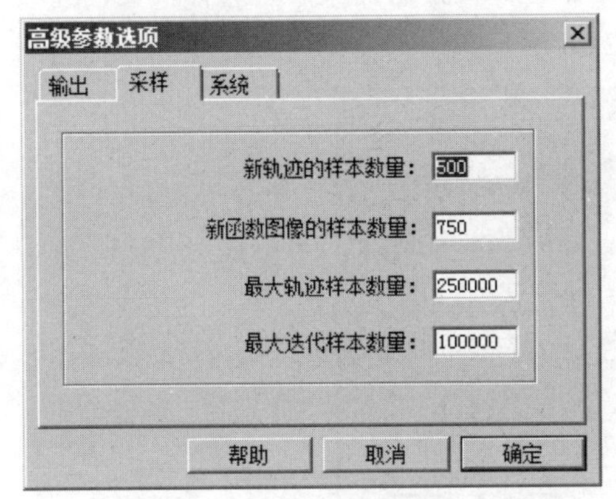

图 2.13 “采样”选项卡

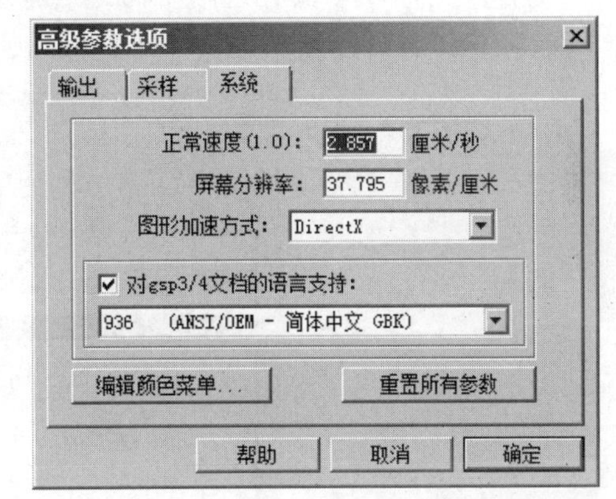

图 2.14 “系统”选项卡

在“系统”选项卡中，最常用的是“对 gsp3/4 文档的语言支持”，这使高版本的画板能够打开低版本的画板文件。针对几何画板 3.x 和 4.x 的作品，在 5.05 中文版本中直接选中作为默认值。但对于更早版本的几何画板文档，即使选中该语言支持，也无法保证能够打开文档。

“正常速度”“屏幕分辨率”和“图形加速方式”都是与系统有关的设置，修改其中的值会影响画板的计算和显示精度，建议不要修改。这里的“正常速度”对应“动画”和“移动”对象中的“中速”，就是每秒对象移动 2.858 厘米(9/8 英寸，不同的计算机分辨率此值显示略有不同)。如果修改了“屏幕分辨率”，坐标系单位长度在视觉上会改变，容易使几何画板作品在其他计算机或者软件中失真。

“编辑颜色菜单”可以根据自己的喜好修改颜色，也可以通过设置“显示”|“颜色”，或者修改文本工具栏中字体颜色下拉条中各种颜色选项卡的色谱来实现。

单击“重置所有参数”后会将几何画板恢复到出厂值，包括“参数选项”中的各种设置、自定义工具文件夹的指定，都会恢复到出厂值。而几何画板出厂时，没有选中“对 gsp3/4 文档的语言支持”选项。单击“重置所有参数”后，自定义工具全部失去，因为出厂没有指定工具文件夹，安装时默认的工具文件夹路径也是汉化后指定的。还可能导致几何画板文件中某些对参数值高度依赖的对象失效，比如三角函数图像，因此要慎用此功能。

2.1.5 文档选项

在文件菜单中，“文档选项”是很常用的一个命令。通过这个选项，可以在一个画板文件中增加、复制、修改、删除、调用多个文档页面，实现文件的多文档页面管理。当文档中有多个页面时，在绘图区域的最下方，水平滚动条的前方，会出现图 2.15 所示的页名称排列。

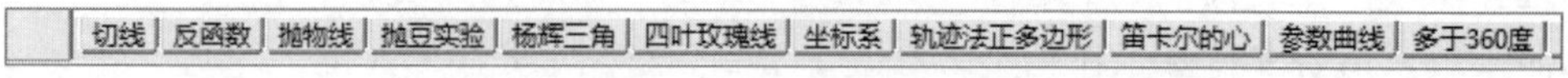

切线
反函数
抛物线
抛豆实验
杨辉三角
四叶玫瑰线
坐标系
轨迹法正多边形
笛卡尔的心
参数曲线
多于360度

图 2.15　页名称排列

选择“文件”|“文档选项”命令或者空白处右键，在弹出的菜单中选择“文档选项”命令，都可以打开“文档选项”对话框，如图 2.16 所示。

文档选项
视图类型(V):
页面
工具
单击可选增加页方式
页名称(P):
2
可以直接改页名称
增加页(A)
1
2
删除页(R)
显示页切换(T)
帮助(H)
取消
确定

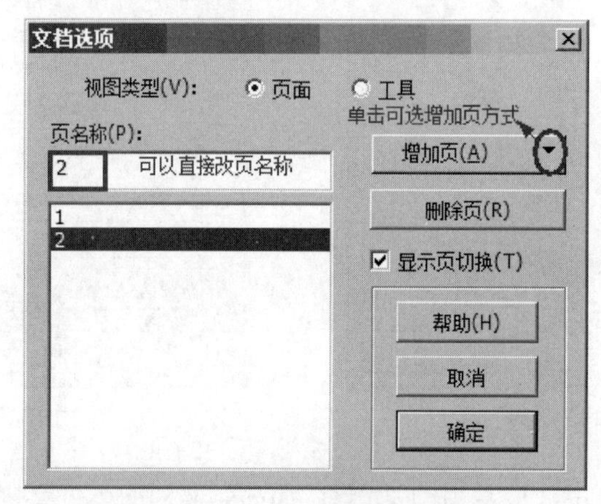

图 2.16　“文档选项”对话框

几何画板的文档有两种类型，一种是展示画板中各种对象，称为“常规文档”，打开后可以看到多个对象；另一种是关于自定义工具，称为“工具文档”，打开后即可调用工具。文档视图类型有“页面”和“工具”。“页面”主要管理常规文档视图，“工具”主要管理工具文档。

1. 页面视图

- 增加页：单击增加页，会出现两个选项，如图 2.17 所示，一个选项是“空白页面”，单击后在文档中会增加新的一页，系统默认新的页面的名称是 1，2，3，……页名称可以在“页名称”编辑框内修改，但页名称的字体和字型等不能修改；另一个选项是“复制”，单击后会列表显示当前文件中所有页和当前画板打开的其他文件的所有页，选定想要的页(可以是打开的其他 gsp 文档的页)，此时文档中会增加一个选定的页，其中内容与来源页一样(包括在源中隐藏的内容)，所以这个选项叫复制。

在图 2.17 中，能够复制的页可以是当前文档的第 1 页，也可以是“圆 1”文档(此文档只有一页，否则会出现向右的黑箭头)，还可以是“未命名 11”中的任意一页或者“所有页面”。单击后，当前文档页面自动复制来源页内容，并把页名称也引入当前文档的当前页。

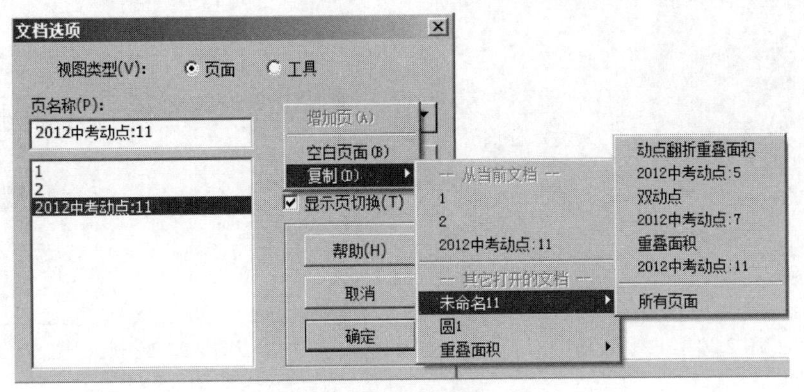

图 2.17　增加页

- 设置页切换：当选中“显示页切换”复选框时，在文件的左下角会出现如图 2.18 所示的页面切换界面。当取消选中时，下面的切换按钮就会消失。
- 改变页排列顺序：当鼠标进入页名称列表的区域，在页名称上滑过时，鼠标会变为斜向箭头且携带一个上下箭头，如图 2.19 所示。单击页名称，可以上下拖动页名称，页在文档中的排序也随之改变。

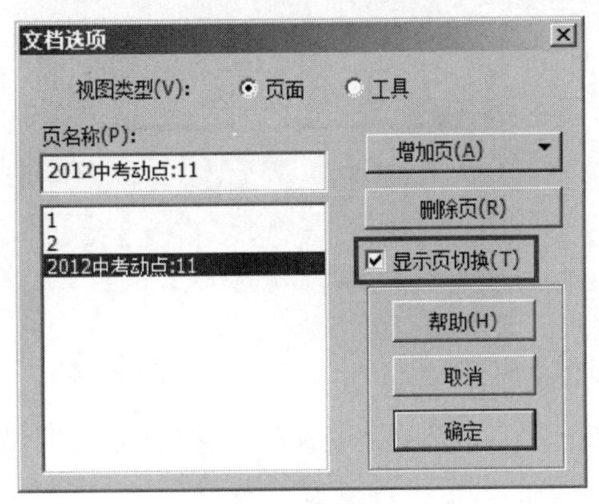

图 2.18　页面的切换

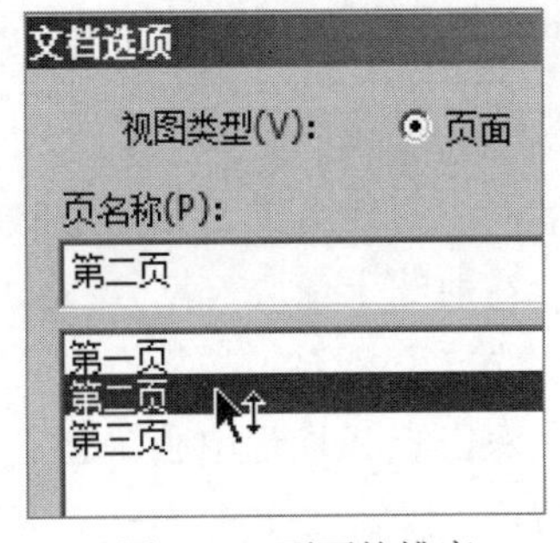

图 2.19　页面的排序

- 删除页：如果想要删除一页，只要选定一个页面，单击“增加页”下方的“删除页”按钮即可。含有多个页的文档，每个页中的参数和自定义变换，只在本页中有效，不能在这个文档的所有页全程生效。

2. 工具视图

选择“视图类型”|“工具”命令，可以看到图 2.20 所示界面。

当前打开文档不是工具文档时，选择“视图类型”|“工具”命令，就会出现图 2.20 所示界面；当前打开的文档是工具文档时，就会出现图 2.21 所示界面。

下面通过一个例子说明“工具视图”的用法。

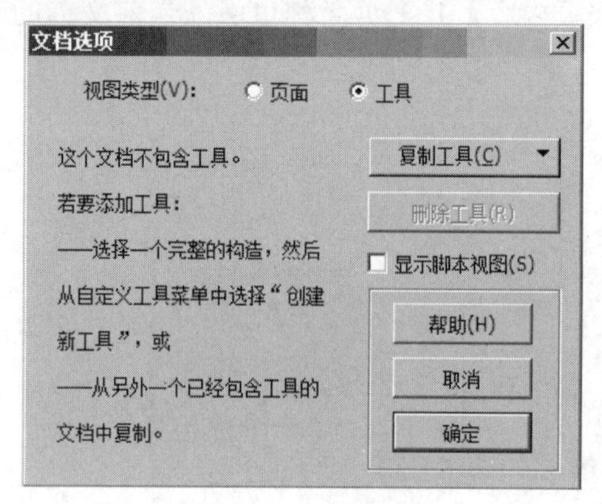

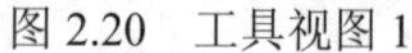
图 2.20　工具视图 1

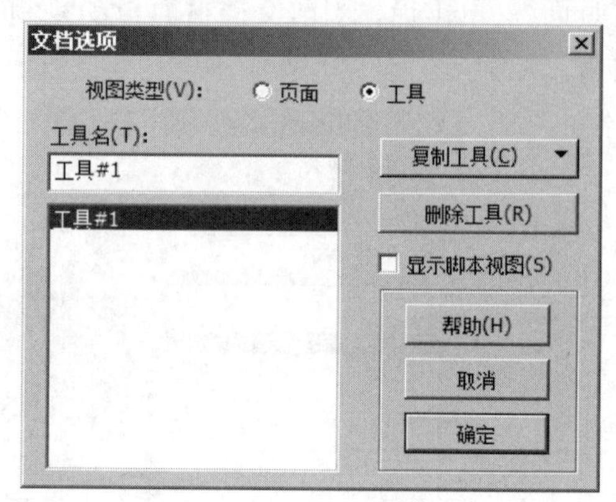

图 2.21　工具视图 2

【例 2-2】绘制满足要求的矩形。

要求：如图 2.22 所示，已知矩形 *ABCD*，长是宽的 2 倍，并且要求矩形长边处在水平状态。

(1) 在绘图区任意绘制一点 *A*，选定点 *A*，选择“变换”|“平移”命令，按极坐标方式平移 1 厘米，固定角度 0°，得到 *A'*，如图 2.23 所示。

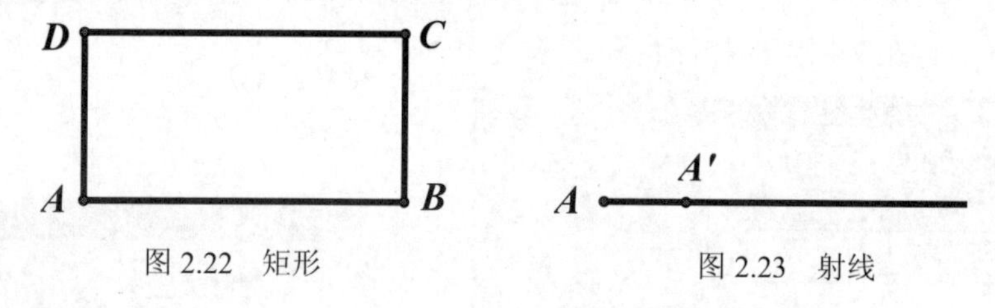

图 2.22　矩形　　图 2.23　射线

(2) 利用射线直尺工具，先单击点 *A*，再单击点 *A'*，得出一条射线。

(3) 在射线上任取一点 *B*，利用线段直尺工具连接 *AB*。

(4) 选定线段 *AB*，选择“构造”|“中点”命令(快捷键 Ctrl+M)。

(5) 双击点 *A* 标记中心，选定刚才构造的中点，选择“变换”|“旋转”|“90°”命令，得到点 *D*。

(6) 隐藏不必要对象，得到图 2.24 所示矩形。

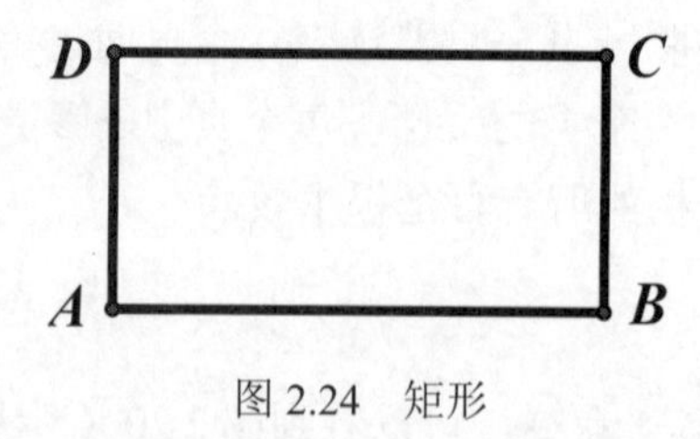

图 2.24　矩形

(7) 框选矩形，选择“自定义工具”|“创建新工具”命令，并修改工具名字为“矩形”。

(8) 显示所有隐藏，全选后删除。

(9) 选择“自定义工具”命令，选定刚才制作的矩形工具，如图 2.25 所示。在绘图区绘出图 2.26 所示矩形。

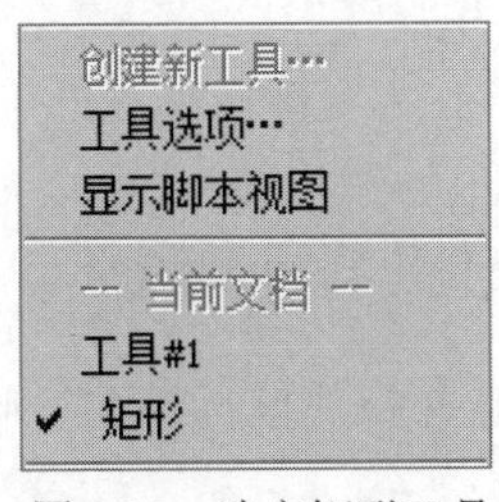

图 2.25　选定矩形工具

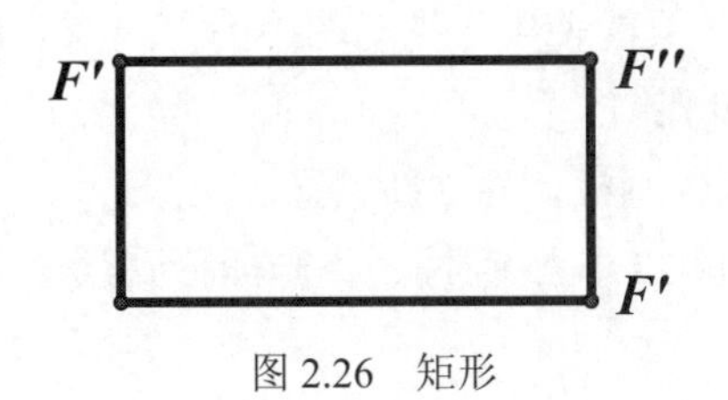

图 2.26　矩形

(10) 打开文档选项，选择“工具”，把矩形工具删除。

(11) 修改矩形的标签，得到矩形 $ABCD$。

以上过程是制作一个矩形工具，最后在第 10 步又将这个工具删除，只是绘制了一个有特殊意义的矩形。将这个工具文档保存，存放在几何画板指定工具文件夹中，重新打开几何画板软件，这个工具将会被系统调用。

使用自定义工具绘制的图形，所有在工具制作过程中被隐藏的对象，都不会通过“显示所有隐藏”被显示出来。这个工具可以重复使用。当想要知道一个文档的制作过程时，可以将文件制作成临时工具，然后，选择“自定义工具”|“显示脚本视图”命令，就能看到文档的制作过程。

2.2 绘制简单几何图形

利用工具箱中作图工具或选定确定图形的初始条件，通过构造菜单就能直接得到想要的图形，我们称为简单几何图形。

2.2.1 用绘图工具绘制简单几何图形

下面我们用绘图工具来画一些组合图形，希望通过范例的学习，能够熟悉绘图工具的使用和一些相关技巧。

【例 2-3】制作三角形。

(1) 制作结果

拖动三角形的顶点，可改变三角形的形状和大小，如图 2.27 所示。

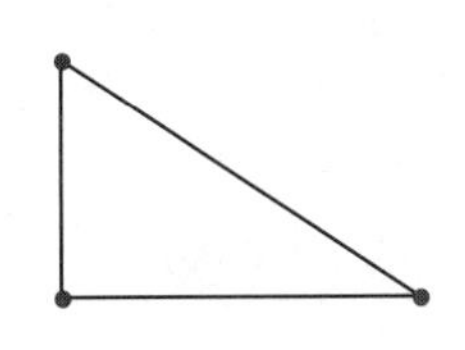
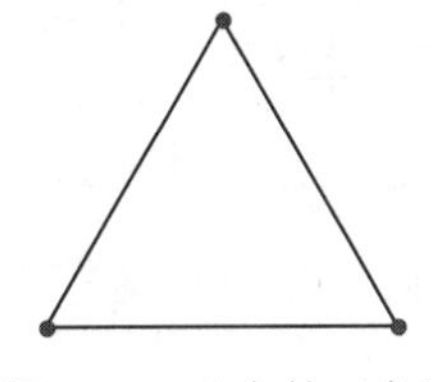
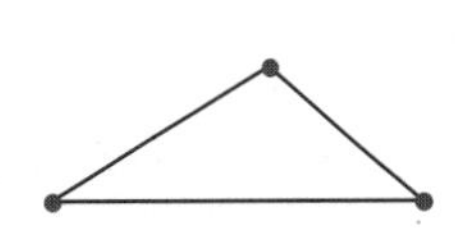

图 2.27　动态的三角形

这个三角形是动态的三角形，它可以被拖成图 2.27 所示的三角形任一种形式。

(2) 要点思路

熟悉直尺工具的使用，拖动图中的点改变其形状。

(3) 操作步骤

① 打开几何画板，建立新绘图。

② 单击直尺工具按钮，将光标移到绘图区，单击并按住鼠标拖动，画一条线段，松开鼠标。

③ 在原处单击鼠标并按住拖动，画出另一条线段，松开鼠标(注意光标移动的方向)。

④ 在原处单击鼠标并按住拖动，画出第三条线段，光标移到起点处松开鼠标(注意起点会变色)。

⑤ 将该文件保存为“三角形.gsp”。

【例 2-4】制作圆内接三角形。

(1) 制作结果

如图 2.28 所示，拖动三角形的任一个顶点，三角形的形状会发生改变，但始终与圆内接。

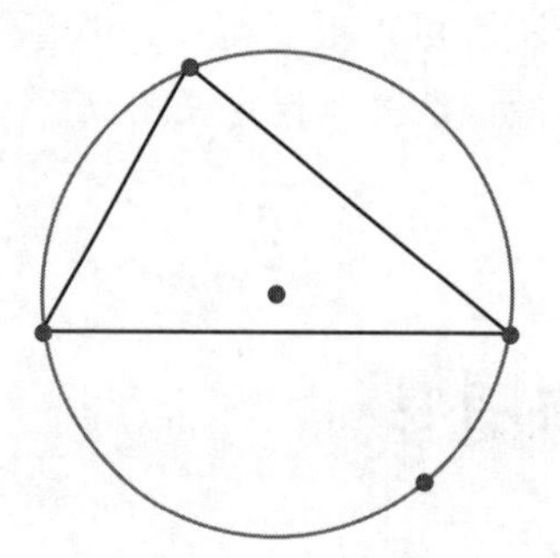

图 2.28　圆内接三角形

(2) 要点思路

学会使用直尺工具在几何对象上画线段。

(3) 操作步骤

① 打开几何画板，建立新绘图。

② 画圆：单击圆工具按钮，然后拖动鼠标，将光标移动到画板窗口中单击一下，按住并拖动鼠标到另一位置，松开鼠标，就会出现一个圆。

③ 画三角形：单击直尺工具按钮，移动光标到圆周上(圆会变淡蓝色)，单击并按住鼠标向右移动到圆周上松开鼠标；在原处单击并按住鼠标向左上方移动到圆周上松开鼠标；在原处单击并按住鼠标向左下方移动到圆周上线段起点处松开鼠标。

④ 将该文件保存为“圆内接三角形.gsp”。

注意：光标移动到圆上时，圆会变淡蓝色，注意状态栏的提示。

试一试：画一个过同一点的三个圆，并保存文件为“共点的三圆.gsp”。

【例 2-5】制作等腰三角形。

(1) 制作结果

拖动三角形的顶点，三角形形状和大小会发生改变，但始终是等腰三角形，这就是几何的不变规律。

(2) 要点思路

利用“同圆半径相等”来构造等腰三角形。

(3) 操作步骤

① 打开几何画板，建立新绘图。

② 画圆。

③ 画三角形：单击“直尺工具”按钮，移动光标到圆周上的点处(即画圆时的终点，此时点会变淡蓝色)，单击并按住鼠标向右移动到圆周上松开鼠标；在原处单击并按住鼠标向左上方移动到圆心处松开鼠标；在原处单击并按住鼠标向左下方移动到起点处松开鼠标。

④ 隐藏圆：按 Esc 键；取消画线段状态，单击圆周后，按 Ctrl+H 快捷键。

⑤ 将该文件保存为“等腰三角形 1.gsp”，如图 2.29 所示。

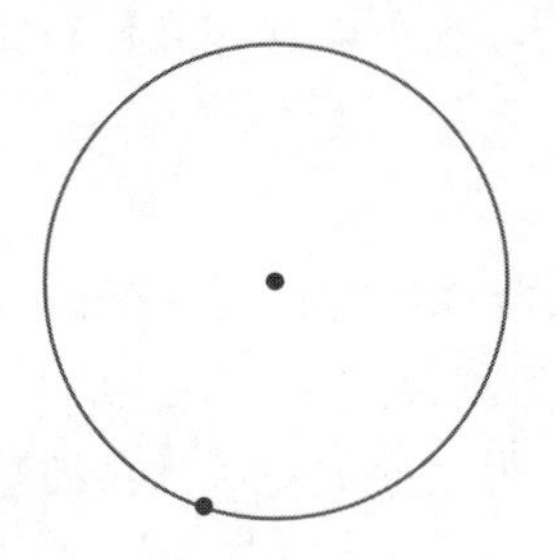
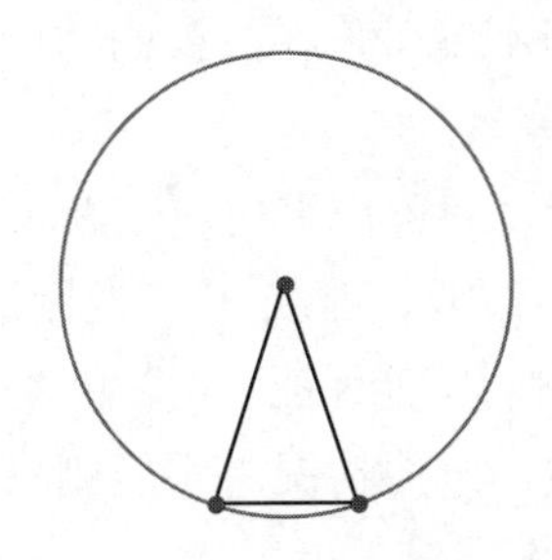
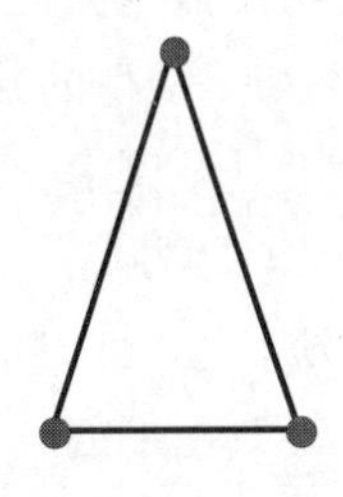

图 2.29 制作等腰三角形

【例 2-6】制作线段的垂直平分线。

(1) 制作结果

如图 2.30 所示，无论怎样拖动线段，竖直的线为水平线段的垂直平分线。

(2) 要点思路

学会使用直尺工具画线段和直线，学会等圆的构造技巧。

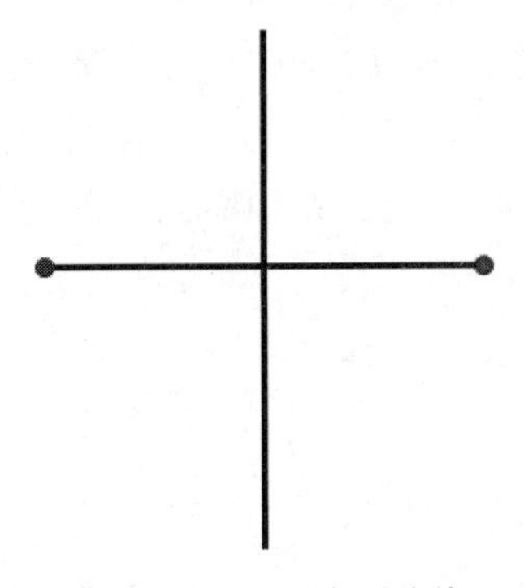

图 2.30 线段垂直平分线

(3) 操作步骤

① 打开几何画板，建立新绘图，画线段。

② 画等圆：单击圆工具按钮，然后拖动鼠标，将光标移动到画板线段的左端点单击一下，按住并拖动鼠标到线段的右端点，松开鼠标；在原处单击并按住鼠标向左拖动到起点(即开始构造圆的起点)松开鼠标。

③ 画直线：单击直线工具按钮，移动光标到两圆相交处单击，并按住鼠标拖动到另一个两圆相交处单击后松开鼠标(光标到两圆相交处，两圆会同时变为淡蓝色)。

④ 隐藏两圆及交点：按 Esc 键，取消画线段状态，单击圆周和交点后，按 Ctrl+H 快捷键。

⑤ 保存文件：将该文件保存为“垂直平分线.gsp”。

能否由上述作法联想到等边三角形的作法？从以上几个实例可知：

- 用几何画板绘制几何图形，首先必须考虑对象间的几何关系，不是基本元素(点、线、圆)的简单堆积。
- 点不仅可作在画板的空白处，也可以作在几何对象(除“内部”外)上。线段和圆的起点和终点也如此，即不仅可作在画板的空白处，也可以作在几何对象上，构造“点”与“线”的几何关系。
- 箭头工具不仅用于选择，还可用来构造交点。
- 在画点(或画圆、直线、线段、射线)时，光标移到几何对象(点和线)处，几何对象会变为淡蓝色，此时单击鼠标才能保证“点”和“点”重合，“点”在“线”上。
- 对于绘制图形的辅助线，一般情况下不能删除，否则相关对象都会被删除。只能按快捷键“Ctrl+H”隐藏。

2.2.2 用构造菜单制作简单图形

通过 2.1 节的学习，用“工具箱”中的工具作图，几乎可以作出所有欧氏几何图形，实质上和传统的尺规作图没什么两样(只不过计算机作出的图形是动态的，拖动点和线能保持几何关系不变，黑板上的图形是静态的，不能拖动)，但仅靠“工具箱”作图实在太慢了。例如，我们想要作一条线段的中点，仅用工具作图，想一想，通常要几步？

【例 2-7】用作图工具作一条线段 AB 的中点 C，通常需要以下几步。

用作图工具作线段的中点，几乎和传统的尺规作图一样，至少要经过 3 步。

(1) 作两圆及交点：分别以点 A、点 B 为圆心，AB 为半径画圆；用“选择工具”单击两圆相交处，作出两圆的交点 D、E。

(2) 作线段 DE：过两圆的交点作一条线段 DE。

(3) 作中点 C：用选择工具单击线段 AB 和 DE 相交处，得线段中点 C，如图 2.31 所示。

有没有更简单的方法呢？有，只要选中了线段，按下快捷键 Ctrl+M，计算机就构造好了中点。具体步骤如下。

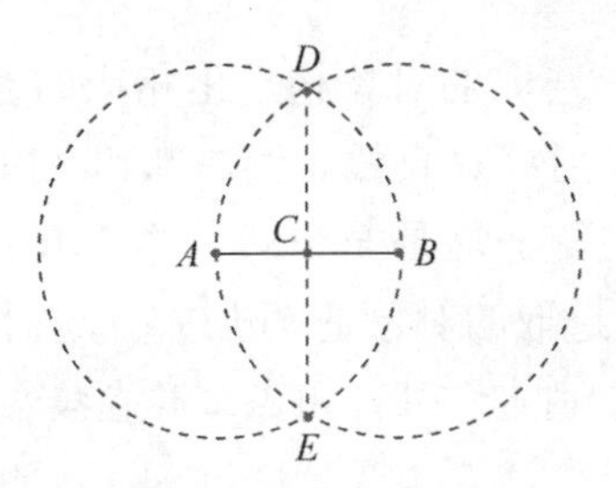

图 2.31　线段的中点

(1) 选取线段：用选择工具单击线段。

(2) 作中点：选择“构造”|“中点”命令，得到中点。

由上面的作法，可知用作图工具画出构成图形的基本元素(即“点”和“线”)，选取它们，用菜单命令或快捷键就能让计算机自动快速作出一些我们想要的基本图形，减少很多仅凭作图工具作图的重复劳动。

不妨先思考一下，中学数学教材里有关尺规作图的基本问题都有哪些？是不是有“作一条线段的中点”“作一个角的平分线”“过一点作已知直线的垂线(或平行线)”，几何画板也考虑到了这些，其实还不仅仅这些。

用鼠标选择“构造”菜单，让我们具体看一下弹出的“构造”菜单里都有哪些基本构造。如图 2.32 所示，四条菜单分隔线把构造菜单分为五组：点型、直线型(线段、直线、射线)、圆型(圆、圆弧)、内部、轨迹。它们是不是包括了我们常见的基本作图？但它们全都是灰色的，也就是说，此时还不能对计算机下达命令(即菜单命令此时无效)，因为你没有选取适当的点和线，具体操作看下面的叙述。

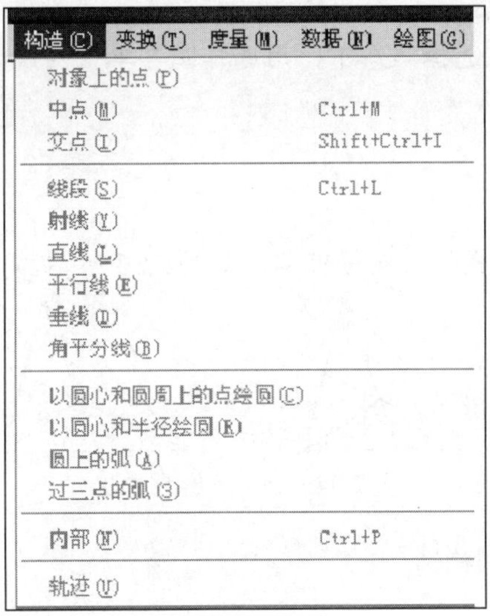

构造(C)　变换(T)　度量(M)　数据(N)　绘图(G)

对象上的点(P)
中点(M)　Ctrl+M
交点(I)　Shift+Ctrl+I

线段(S)　Ctrl+L
射线(Y)
直线(L)
平行线(E)
垂线(D)
角平分线(B)

以圆心和圆周上的点绘圆(C)
以圆心和半径绘圆(R)
圆上的弧(A)
过三点的弧(3)

内部(N)　Ctrl+P

轨迹(U)

图 2.32　构造菜单

1. 点的作法

对象上的点的作法：选定任何一个“对象”或多个“对象”，选择“构造”|“对象上

的点”命令，计算机将根据用户选取的对象构造出相应的点，点可以在对象上自由拖动。这里的对象可以是“线(线段、射线、直线、圆、弧)”“内部”“函数图像”等，但不能是“点”，点上当然不能再构造点。这是一个动态的菜单，选取的对象是“线段”，这时菜单显示的是“线段上的点”，选取的对象是“轨迹”，这时菜单显示的是“轨迹上的点”。

小技巧：一般情况下，除“内部”外，用点工具直接在对象上画出点(在画点状态下，用鼠标对准对象单击)，这样更快。

中点作法：选取一条线段，选择“构造”|“线段的中点”命令，计算机可以构造出所选线段的中点。

【例 2-8】作三角形的中线。

(1) 画三角形 *GHF*：如图 2.33 所示，用画线工具画一个三角形，用文本工具把三角形的顶点标上字母。

(2) 选定边 *GH*：用选择工具单击线段 *GH*。作线段 *GH* 的中点：选择“构造”|“中点”命令(或按快捷键 Ctrl＋M)。

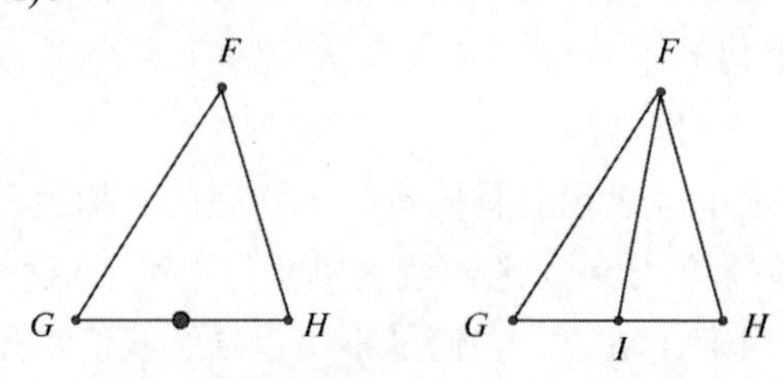

图 2.33　三角形的中线

(3) 连接 *FI*：用画线工具对准 *F* 点，拖动鼠标到 *I* 点后松开鼠标。

小技巧：一般情况，在选择状态下，用选择工具单击两线相交处，即得交点。不妨练习一下画三角形的重心。

- 画出一个三角形；
- 画出三角形的中线；
- 用鼠标直接单击中线相交处得重心，如图 2.34 所示。

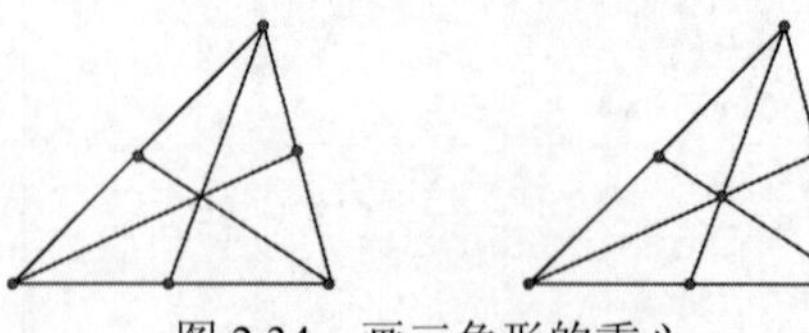

图 2.34　画三角形的重心

2. 线段、直线、射线的构造

想一想：线段、射线、直线的确定需要几点？不会忘记“两点确定一条线段(射线、直线)”吧！

作法：选取两点，选择“构造”|“线段”命令(或“射线”“直线”命令)，计算机就构造一条线段(或一条射线或直线)。

注意：

- 如选取的点是画射线，第一个点为射线的端点。
- 使用快捷键 Ctrl + L 能快速画线段，但也只能画线段。射线、直线没有快捷键。
- 如果是过两点画直线(或射线或线段)的话，在选取相应工具的状态下，用鼠标对准一个点，按下鼠标移动到另一点，松开就得直线(或射线或线段)。

【例 2-9】快速画中点四边形。

(1) 画出四点并选定：按住 Shift 键，用点工具画出四点。

(2) 顺次连接四点：按 Ctrl＋L 快捷键。

(3) 中点四边形：通过 Ctrl＋M 快捷键分别作出四边中点，再按 Ctrl＋L 快捷键顺次连接中点，得中点四边形，如图 2.35 所示。

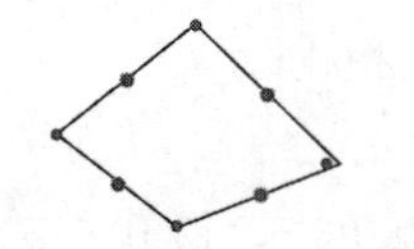
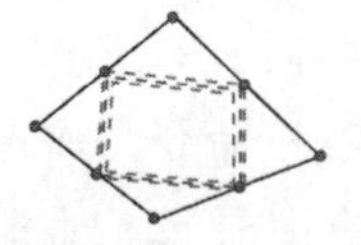

图 2.35　快速作中点四边形

3. 平行线或垂线的作法

过一点作已知直线(或线段或射线)的垂线或平行线，想一想，作垂线或平行线需要选定什么？选定一点和一条直线；或选定几点和一条直线；或选定一点和几条直线。单击“构造”菜单中的“平行线”“垂线”命令就能画出过已知点且平行或垂直已知直线的平行线或垂线。

【例 2-10】画平行四边形。

(1) 如图 2.36 所示，用画线工具画出平行四边形的邻边，并用文本工具标上字母。

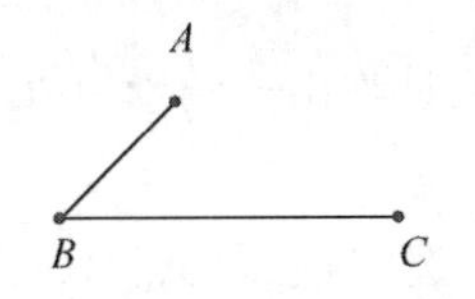

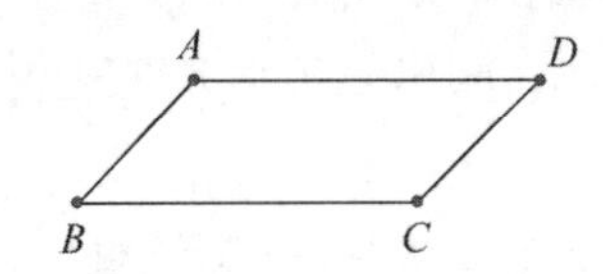

图 2.36　平行四边形

(2) 仅选取点 A 和线段 BC，单击菜单命令：“构造” | “平行线”，画出过 A 点且与线段 BC 平行的直线；同样画出另一条过点 C 且与线段 AB 平行的直线；在两条直线的相交处单击一下(注意：在选择状态下)得交点。

(3) 隐藏直线：选取两条直线，选择“显示” | “隐藏”命令，隐藏平行线(注意：可以使用快捷键 Ctrl＋H)。

(4) 连接 AD 和 CD(可以用画线工具或菜单命令)。

【例 2-11】作三角形的高。

(1) 如图 2.37 所示，画三角形 ABC。

(2) 作垂线：仅选定点 A 和线段 BC，选择“构造” | “垂线”命令画出过 A 点且垂直

BC 的直线；单击垂线和线段 BC 的交点处，得垂足点 D。

(3) 隐藏垂线：选定垂线后，按下快捷键 Ctrl+H。

(4) 连接 AD。

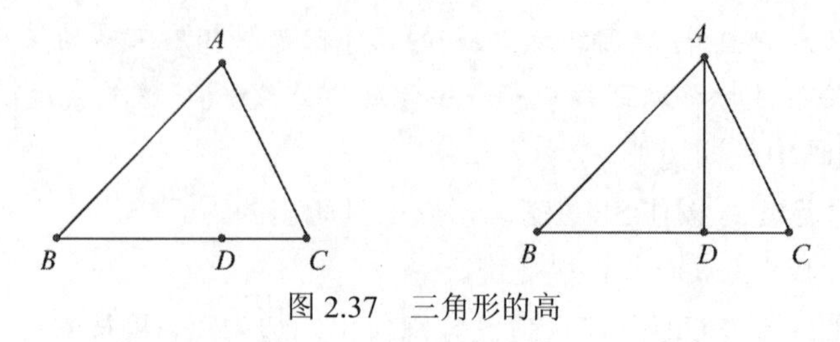

图 2.37　三角形的高

【例 2-12】直角三角形的画法。

(1) 如图 2.38 所示，画线段 AB，选中点 A 和线段 AB。

(2) 选择“构造”|“垂线”命令，作点 C。

(3) 作斜边：在画线段的状态下，对准 B 点单击，松开左键，移动光标到垂线单击。

(4) 隐藏垂线：选中垂线，按下快捷键 Ctrl+H。

(5) 连接 AC 两点。

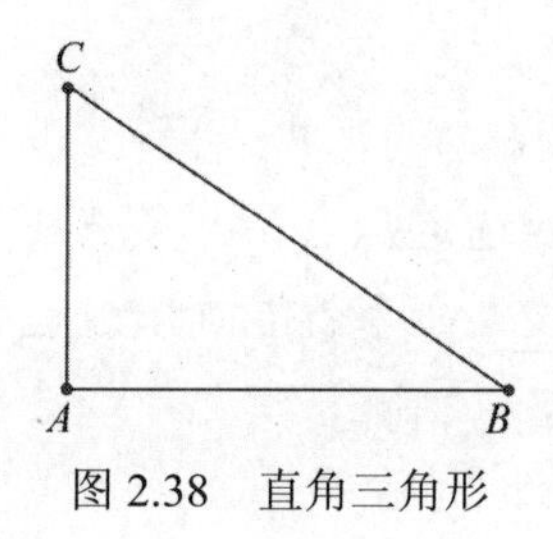

图 2.38　直角三角形

【例 2-13】三角形角平分线的画法。

(1) 如图 2.39 所示，画出三角形 ABC：用画线工具画出三角形 ABC，并用文本工具标上字母。

(2) 画出$\angle BAC$ 的平分线与线段 BC 的交点 D：选定点 B、点 A、点 C(注意，角的顶点一定要第二个选取)，选择“构造”|“角平分线”命令，在“选择状态”下用鼠标对准角平分线与线段 BC 的相交处单击。

(3) 隐藏角平分线：在选择状态下，先用鼠标在空白处单击一下后，单击角平分线，再按下快捷键 Ctrl＋H。

(4) 连接 A 点和 D 点：选定 A 点和 D 点后，选择“构造”|“线段”命令。

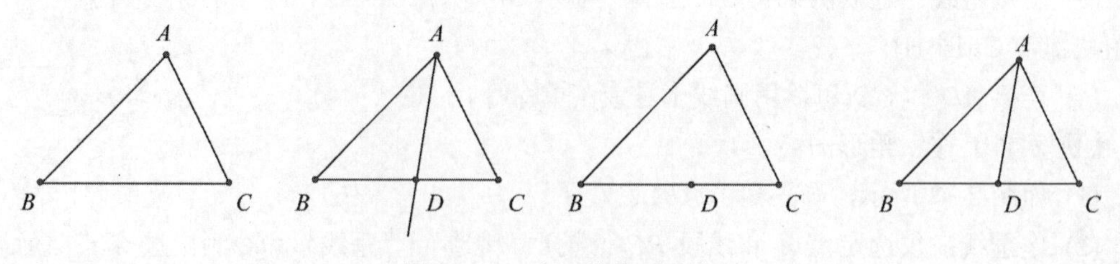

图 2.39　三角形的角平分线

4. 圆的绘制

绘制圆有以下两种方式。

(1) 选定两点(有顺序)：选定两点后，选择“构造”|“以圆心和圆周上点绘圆”命令，如图 2.40 所示，就可以构造一个圆，圆心为第一个选定的点，半径为选定两点的距离。效果和“画圆工具”相同。

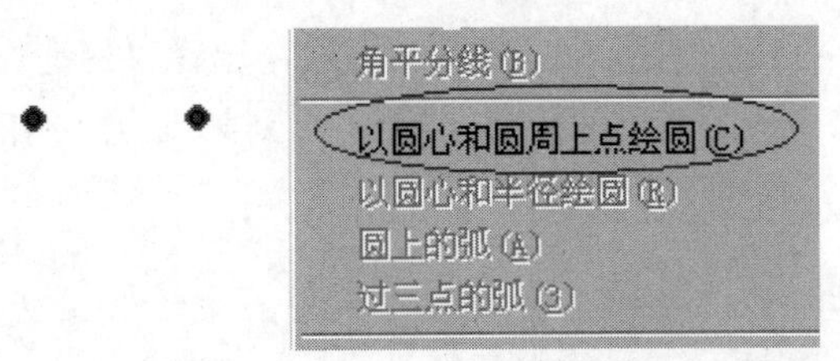

图 2.40　以圆心和圆周上点绘圆

(2) 选定一点和一条线段(没有顺序)：选定点和线段后，选择“构造”|“以圆心和半径绘圆”命令(如图 2.41 所示)就可以构造一个圆，圆心为选定点，半径为选定的线段的长度。

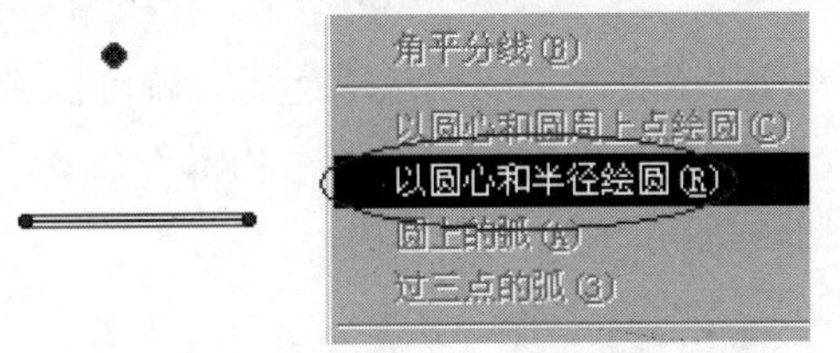

图 2.41　以圆心和半径绘圆

5. 弧的绘制

绘制弧方式有以下几种。

(1) 选定一个圆和圆上的两点(点有顺序)：选定一个圆和圆上的两点后，选择“构造”|“圆上的弧”命令，就可以绘出按逆时针方向从选定的第一点和第二点之间的弧，如图 2.42 所示。

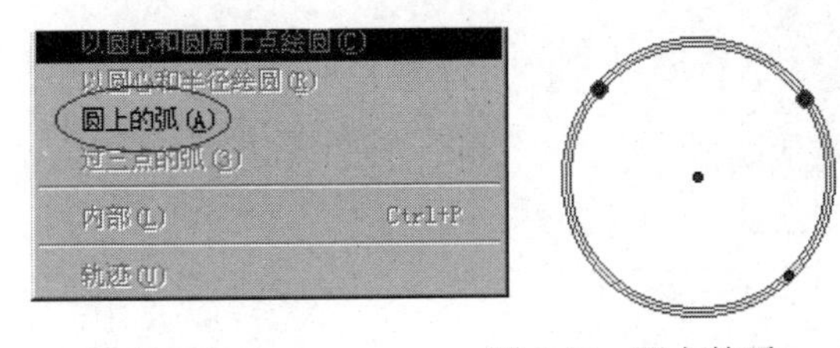

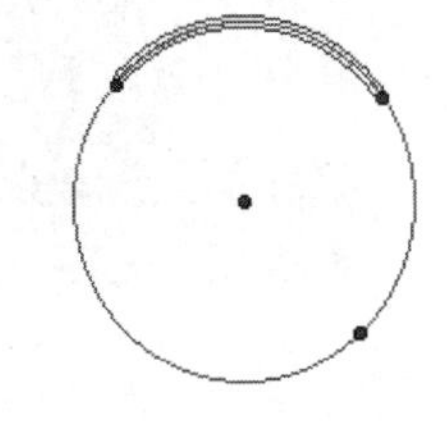

图 2.42　圆上的弧

(2) 选定特殊的三点(第一点为线段中垂线上的点，另外两点为线段的端点)：选定三点后，选择“构造”|“圆上的弧”命令，就可以绘出按逆时针方向选定的第二点和第三点之间的弧，第一个点为弧所在圆的圆心，如图 2.43 所示。

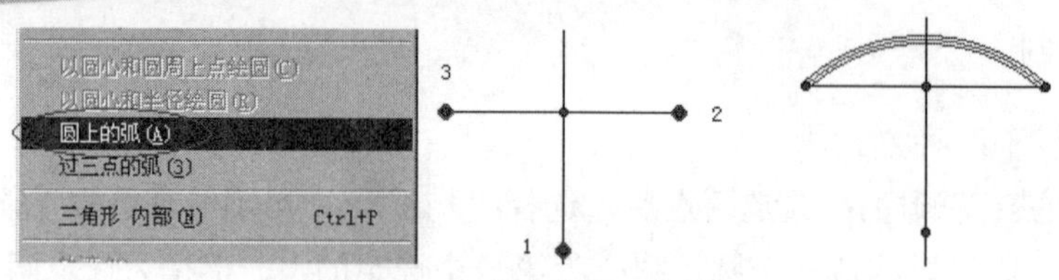

图 2.43　过特殊的三点的弧

(3) 选定不在同一直线上的三点：选定三点后，选择“构造”|“过三点的弧”命令，就可以绘出按逆时针方向从选定的第一点过第二点到第三点之间的弧，如图 2.44 所示。

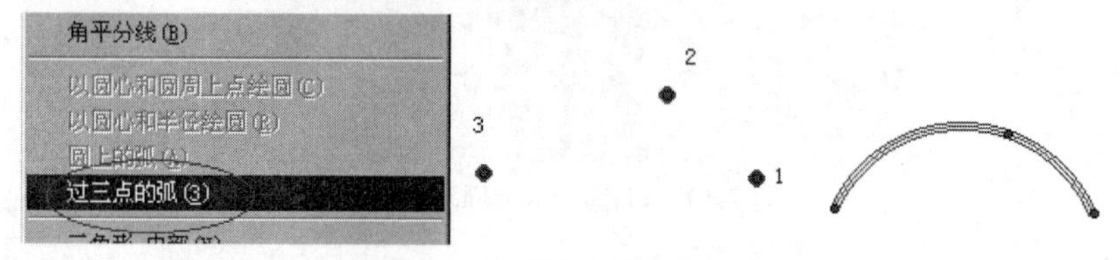

图 2.44　过不共线的三点的弧

6. 图形内部的构造

(1) 多边形内部的构造：选定三点或三点以上后，就可构造多边形内部。如三角形内部的构造：选定三点后，选择“构造”|“三角形　内部”命令，就可以绘出由这三点决定的三角形的内部，如图 2.45 所示。

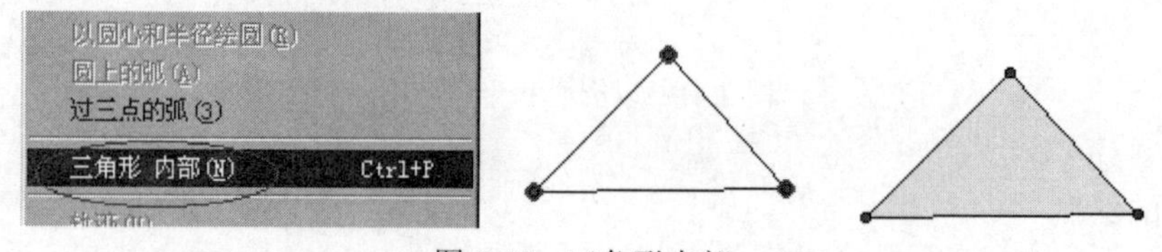

图 2.45　三角形内部

(2) 选定一个圆(或几个圆)：选定一个圆(或几个圆)后，选择“构造”|“圆内部”命令，就可以绘出这个圆的内部，如图 2.46 所示。

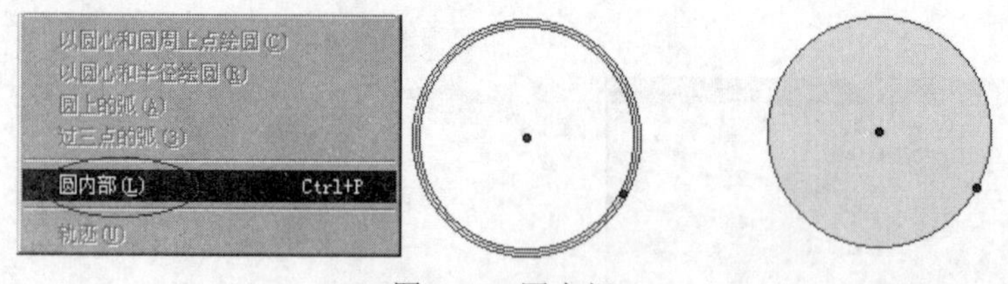

图 2.46　圆内部

(3) 扇形(弓形)内部的构造：选定一段弧(或几段弧)后，选择“构造”|“弧内部”|“扇形内部”命令或选择“构造”|“弧内部”|“弓形内部”命令，就可以绘出这段弧所对扇形或弓形的内部，如图 2.47 所示。

说明：这是一个动态的菜单，如选定的是四点，则此菜单显示的是“四边形的内部”；如选定的是五点，则此菜单显示的是“五边形的内部”；如选定的是圆，则此菜单显示的是“圆内部”；如选定的是弧，则此菜单显示的是“弧内部”。

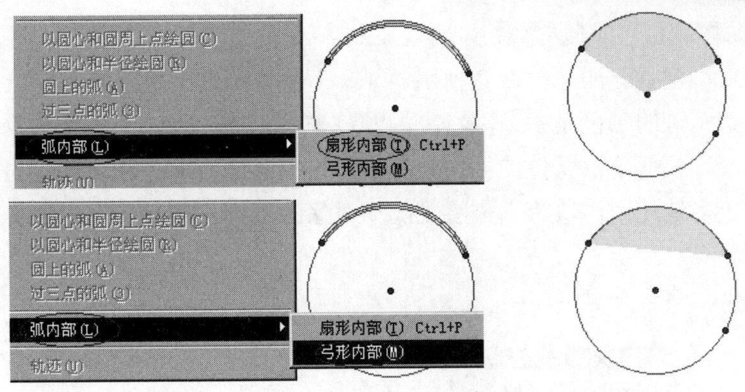

图 2.47 扇形(弓形)内部

注意：“内部”的快捷键是 Ctrl+P，但“弓形内部”没有快捷键。

2.3 绘制复杂几何图形

一个图形的形成如果需要考虑点或线的运动轨迹，而不是由工具箱或菜单简单选定确定图形的初始条件绘制而成，我们称为复杂几何图形。

2.3.1 运用“轨迹”命令作图

在理解轨迹之前，先要了解几何画板中的追踪对象和擦除追踪踪迹。

1. 追踪对象

在几何画板 5.x 中，“显示”菜单中有“追踪对象”和“擦除追踪踪迹”命令，这是几何中轨迹的基础。此菜单名称随对象不同而改变。

如图 2.48 所示，P 为圆上任意一点，当 P 在圆上运动时，线段 OP 中点 M 的轨迹是什么？选定 P 点，单击菜单选项“显示”|“生成点的动画”，可以观察到点 P 在圆上运动，M 也跟着运动。

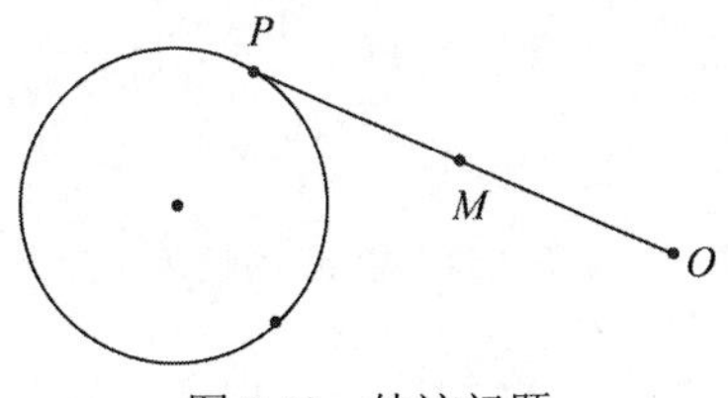

图 2.48 轨迹问题

要画出点 M 的轨迹，先单击“运动控制台”的停止按钮，让动画停下之后，选定 M 点，打开“显示”菜单，选定“追踪中点”或者仅选定 M 点后，按快捷键 Ctrl+T，跟踪点

M。再按“运动控制台”的播放按钮，可观察到点 M 的轨迹是一个圆，如图 2.49 所示。但这样的轨迹按 Esc 键就会清除掉或者使用“显示”菜单中的“擦除追踪踪迹”擦除，无法保存。这里追踪踪迹的颜色是由追踪对象的颜色来决定的。因此，可以修改点的颜色来改变踪迹的颜色。在几何画板软件的不断升级中，这样通过追踪对象来形成的对象轨迹，使用越来越少。更多地使用“轨迹”来绘制随动对象的轨迹，或者使用自定义变换来构造动态的对象轨迹。

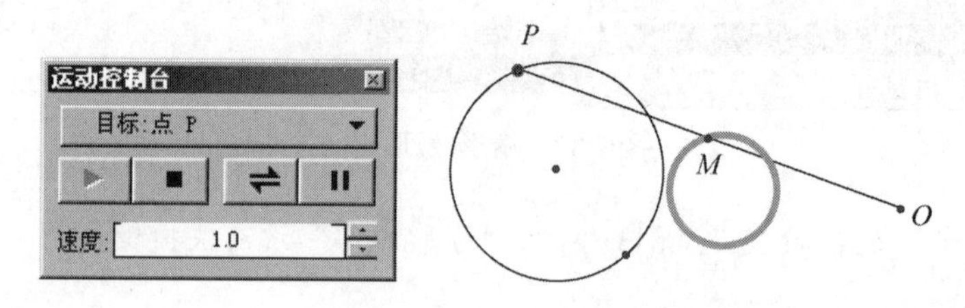

图 2.49　追踪 M 点的轨迹

2. 真正的轨迹构造

选定点 P 和点 M(没有先后)，选择“构造”|“轨迹”命令(注意：在作轨迹之前最好按 Esc 键清除掉 M 的暂时轨迹)，如图 2.50 所示。

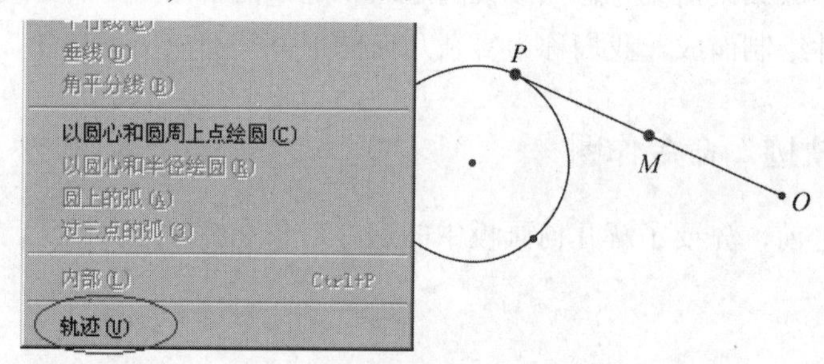

图 2.50　构造点 M 的轨迹

结果如图 2.51 所示。

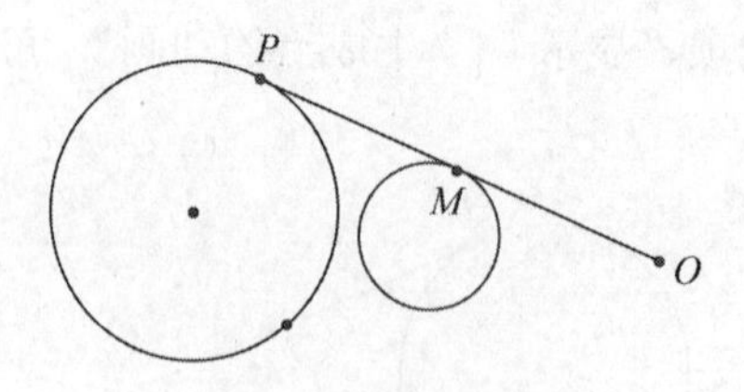

图 2.51　点 M 的轨迹

再按 Esc 键试试，看能否清除点 M 的轨迹？M 还可以是 OP 上任意一点，请试试？看它的轨迹是什么？

为了进一步理解轨迹制作过程，在此我们应明确如下几个概念。

- 轨迹：指满足一定约束条件的数学对象运动而形成的图像。图 2.52 所示为线段 OP 中点 M 的轨迹。

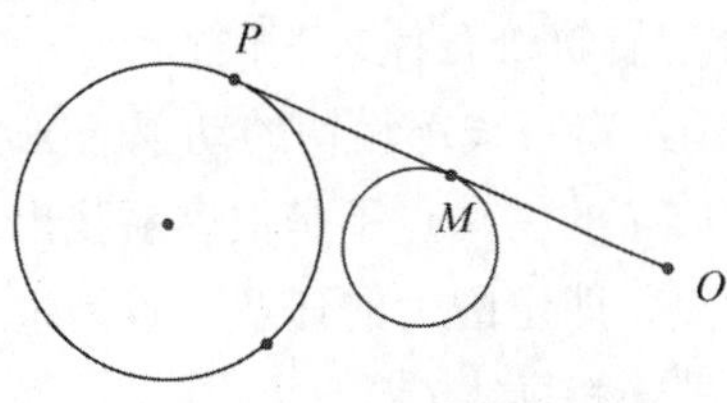

图 2.52　作点 M 轨迹

为了理解轨迹的制作过程，我们进一步来考查点的分类，几何画板环境下可以把点进一步分为自由点与非自由点。

- 自由点：无约束条件，在几何画板窗口可以随意拖动的点。如果用文本工具双击该点，查看弹出的对话框中对象，显示该点是一个独立的对象，无父对象。
- 非自由点：至少有一个约束条件，如果用文本工具双击该点，查看弹出的对话框中对象，显示该点有约束条件，父对象有至少一个或一个以上，如图 2.51 所示中点 P。

又可以根据点的约束条件(父对象)个数，进一步把非自由点分为半自由点(只有一个父对象)与固定点(有两个或两个以上父对象)。

数学图形往往可以由点(或线)在一定的约束条件下运动而形成，而轨迹(图形)上的点 M(或线)又可以由另外一些在某一路径上运动的点 P 唯一确定，我们称 P 为主动点，称 M(或线)为被动对象。

注意：主动点必须是一个点，它的运动路径可以是任意平面曲线，也可以是多边形的边界等。被动对象可以是点、线、圆、多边形、曲线等图形。

构造轨迹的前提条件是明确主动点与被动对象，如何正确选取主动点是轨迹构造成功的关键，而主动点的选择具有较大的灵活性，下面通过例子给予说明。

(1) 问题给出的图形中有明确的主动点与被动对象，且关系容易在图形中找出。

【例 2-14】如图 2.50 所示，P 为圆上任意一点，则线段 OP 中点 M 的轨迹是什么？

分析：我们很容易找出主动点 P 和被动对象 M。

【例 2-15】如图 2.53 所示，已知圆 A，点 C 是圆内一定点，在圆周上任取一点 D，连接 DA，DC，过 DC 的中点作垂线交直线 AD 于 E，求作 E 的轨迹。

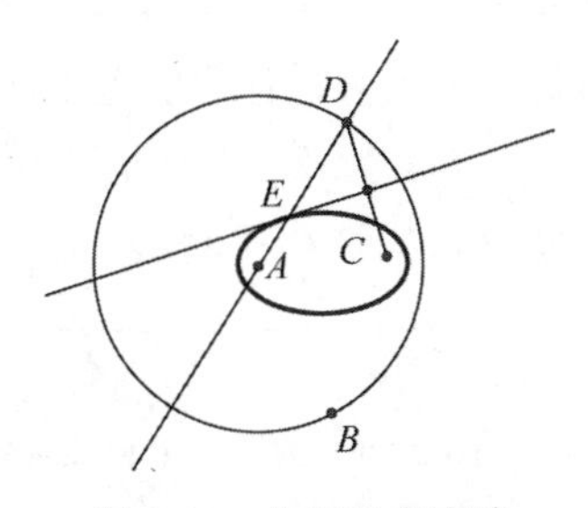

图 2.53　作垂线交直线

分析：显然点 E 由点 D 唯一确定，因此选定点 E 和点 D，选择“构造”|“轨迹”命令即可得到点 E 轨迹。

试一试：把点 C 拖到圆外，看轨迹有什么变化？

【例 2-16】 作出与已知定圆、定直线都相切的动圆的圆心的轨迹。

分析：本题中确定动圆圆心 I 的主动点不是很容易找出，通过分析动圆与定圆的关系发现可以选取定圆与动圆的切点，即定圆上的任意一点为主动点，构造步骤如下。

① 如图 2.54 所示，构造圆 A 和直线 CD。

② 在圆 A 上任取一点 G，构造直线 AG，交直线 CD 于 E，过点 G 作线段 AB 的垂线，交线段 CD 与 H 点。

③ 构造 $\angle EHG$ 的角平分线，交直线 AG 于点 I。

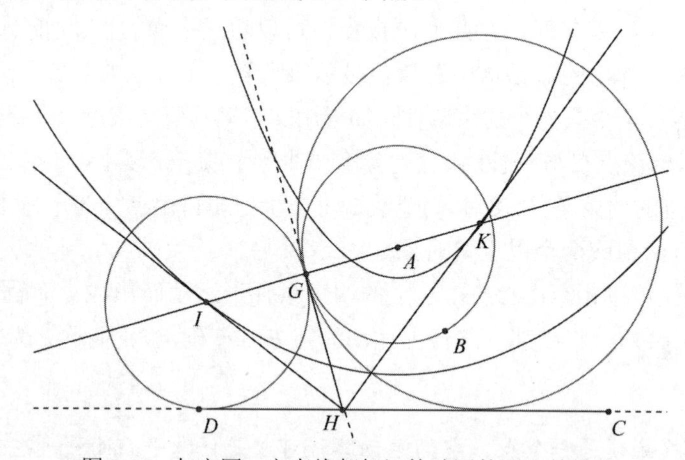

图 2.54　与定圆、定直线都相切的动圆的圆心的轨迹

④ 以 I 为圆心，IG 为半径作圆 I。

⑤ 选取主动点 G 和被动点 I，选择“构造”|“轨迹”命令，即得到曲线。

(2) 问题给出的图形中主动点与被动对象关系不明确。

有些轨迹问题在原始图形根本找不到主动点，此时需要通过分析在原始图形之外人为构造主动点。

【例 2-17】 根据双曲线的几何定义(平面上到两个定点的距离的差的绝对值等于定值的点轨迹)绘制双曲线。

分析：此题在原始图形中无法确定主动点，但根据问题的条件我们可以在直线上设置主动点控制轨迹上的点(被动点)到一个定点的距离，这样轨迹上的点到另一个定点距离也随之确定，步骤如下。

① 选择直线工具，按住 Shift 键，构造水平直线 AB，如图 2.55 所示。

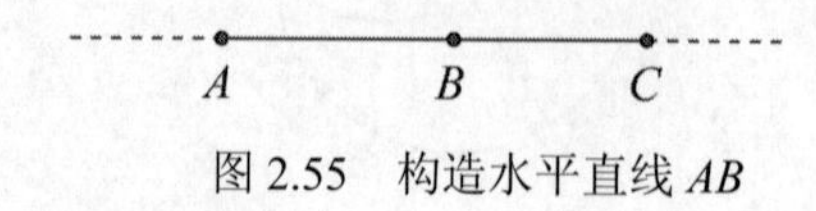

图 2.55　构造水平直线 AB

② 在直线上绘制一个点 C。

③ 选定点 A 和点 C，构造线段 AC；选定点 B 和点 C，构造线段 BC。

④ 在绘图区域内绘制两个点 F_1 和 F_2，使得 F_1、F_2 的距离大于 A、B 的距离。

⑤ 选定点 F_1 和线段 AC，选择“构造”|“以圆心和半径绘圆”命令构造圆。选定点 F_2 和线段 BC，选择“构造”|“以圆心和半径绘圆”命令构造圆，如图 2.56 所示。

⑥ 选定两个圆，选择“构造”|“交点”命令构造交点。交点的标签为 M 和 N。

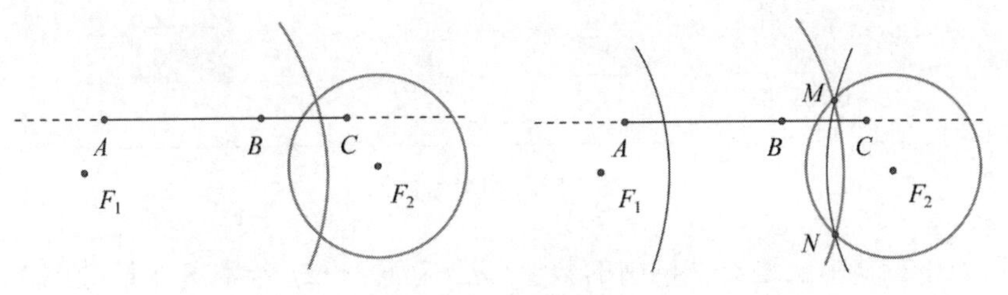

图 2.56　绘制双曲线

⑦ 选定点 C 和点 M，选择“构造”|“轨迹”命令，得到双曲线的上半部分；选定点 C 和点 N，选择“构造”|“轨迹”命令，得到双曲线的下半部分。

⑧ 选定两个圆，按 Ctrl+H 快捷键，隐藏圆，右键双曲线，在弹出的菜单中选择“属性”|“绘图”命令，提高采样率和取消箭头，双曲线构造完成。

3. 利用轨迹绘制曲线族

【例 2-18】系列同心圆的制作。

(1) 选择“数据”|“新建参数”命令，改标签为 a，数值为 1，单位为“厘米”，如图 2.57 所示。

(2) 在绘图区域中绘制一个点 O。

(3) 选定点 O 和参数 a，选择“构造”|“以半径和圆心绘圆”命令得到半径为 a 的圆。

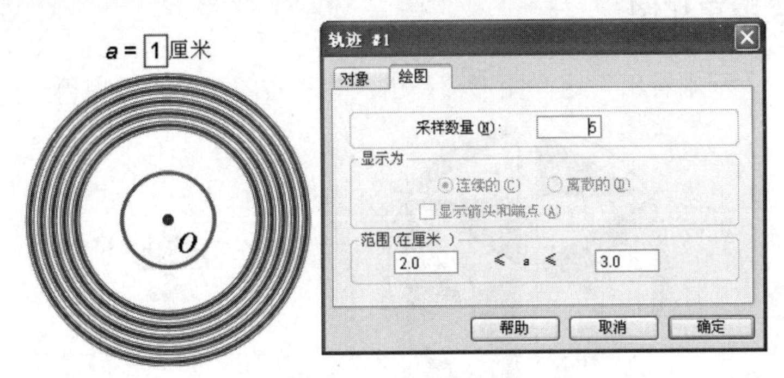

图 2.57　系列同心圆

(4) 选定参数 a 和圆，选择“构造”|“轨迹”命令。

(5) 修改轨迹对话框数值，结果为：绘制 5 个圆，圆的半径在 2 厘米到 3 厘米之间，如图 2.57 所示。

(6) 修改第一个图像和轨迹颜色，得到图 2.57 所示的同心圆。

【例 2-19】$y=ax^2$ 函数族的制作。

(1) 选择“数据”|“新建参数”命令，改标签为 a，数值为 1。

(2) 选择“绘图”|“绘制新函数”命令，在函数编辑器中输入“a*x^2”。其中，a 是单击绘图区域中的参数引入函数编辑器中的。

(3) 选定图像和参数 a，选择“构造”|“函数系”命令，如图 2.58 所示。

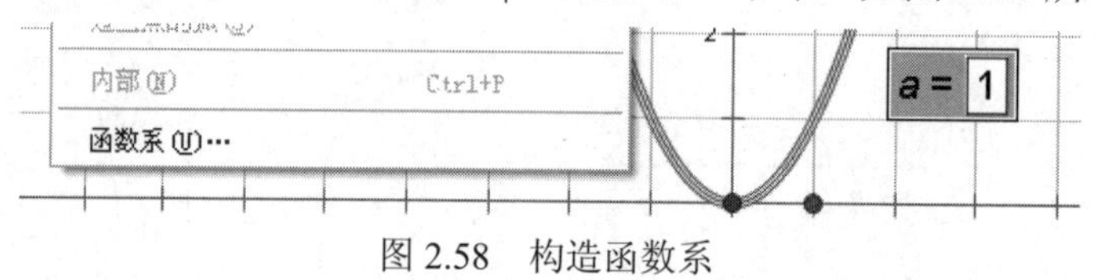

图 2.58 构造函数系

(4) 修改图 2.59 中轨迹对话框中的数值，范围为-2～2，绘制 8 个函数图像。这 8 个函数图像构成了一个函数系。

(5) 修改第一个图像和轨迹颜色，得到图 2.59 中函数族。

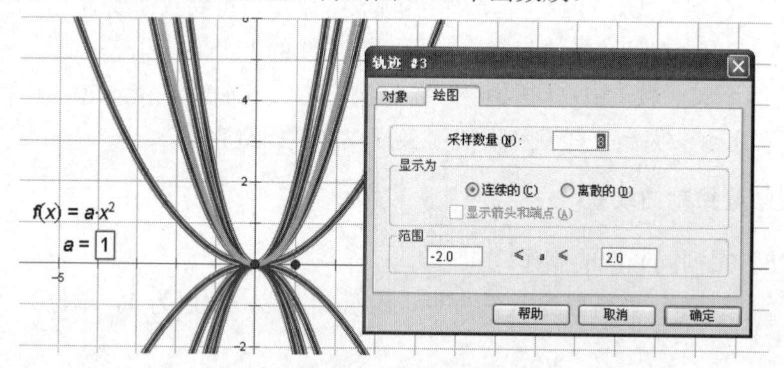

图 2.59 修改轨迹对话框和轨迹颜色

2.3.2 用变换菜单作图

观察图 2.60，不难看出，这个图形都是由一些基本图形经过变换得到的。

图 2.60 变换得到的图形

数学中所谓“变换”，是指从一个图形(或表达式)到另一个图形(或表达式)的演变。在几何画板中我们能对图形进行平移、旋转、缩放、反射、迭代等变换。

几何画板中实现图形变换有两种方法：一种方法是前面学习过的变换工具，另一种方法是现在介绍的变换菜单，如图 2.61 所示。

1. 平移对象

平移是指对于两个几何图形，如果它们所有的点与点之间可以建立起一一对应关系，并且以一个图形上任一点为起点，另一个图形上的对应点为终点作向量，所得的一切向量都彼此相等，那么，其中一个图形到另一个图形的变换叫做平移。平移是一个保距变换，又是一个保角变换。

几何画板中平移有以下 3 种方式。

(1) 按固定值平移

按固定值平移指按固定的角度方向与距离平移或按固定水平方向与垂直方向距离平移。

操作过程：选定平移对象，打开“变换”菜单，选择“平移”，打开图 2.62 所示对话框。

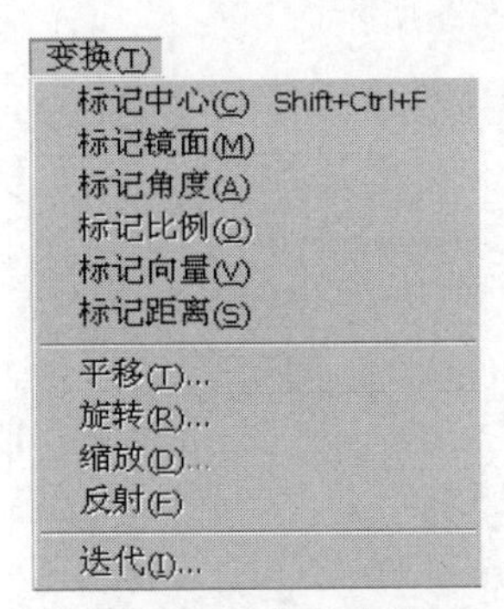

图 2.61　变换菜单

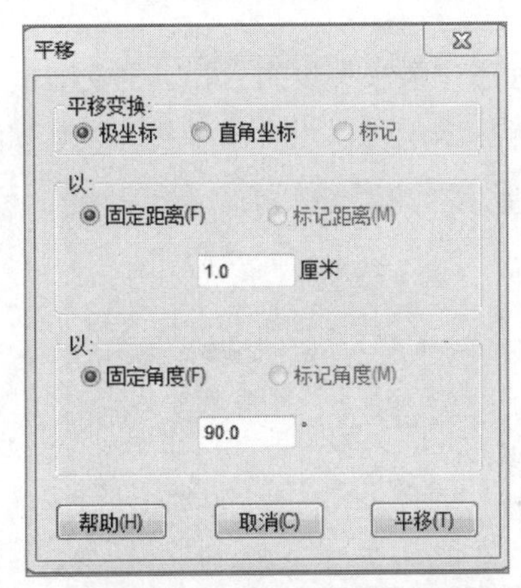

图 2.62　按固定值平移对话框

选择极坐标或直角坐标，输入固定值即可得到平移的结果。

(2) 按标记度量值或标记角度平移

为了灵活控制平移的距离与角度，可以在平移对象之前对平移的距离与角度进行标记，标记方式为选择距离值或角度值，利用变换/标记距离或变换/标记角度。这样平移得到图形可随标记值的变化而变化。

(3) 按标记的向量平移

向量是既有大小又有方向的量，用标记的向量平移能达到用一个点控制图形平移的目的。标记向量方式为选中两点，选择“变换”|“标记向量”命令即可标记一个向量。

【例 2-20】 将三角形 *ABC* 按给定的向量 *OP* 平移，如图 2.63 所示。

(1) 标记向量 *OP*。

(2) 选择三角形 *ABC*。

(3) 选择“变换”|“平移”命令，出现图 2.63 所示对话框。

(4) 单击平移得到按向量平移的结果，如图 2.63 所示。

在几何画板中，平移可以按三大类九种方法来进行，其中有些方法首先要标记角、距离或向量。

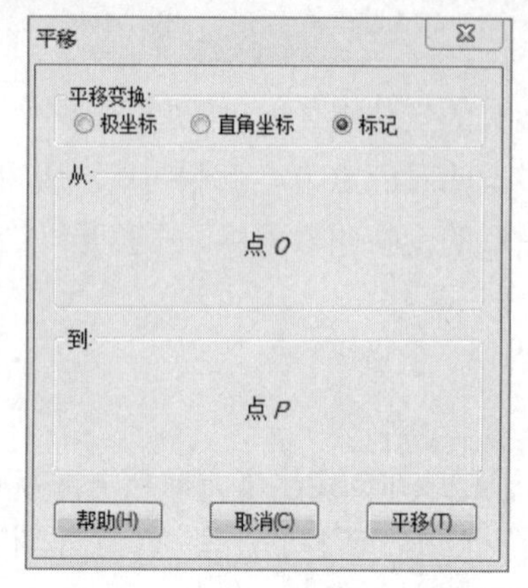

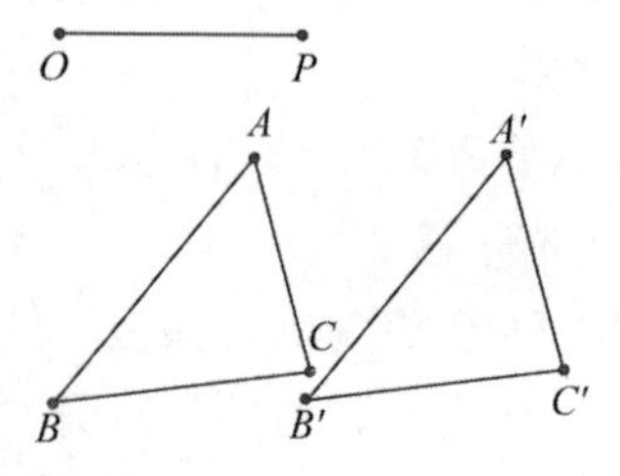

图 2.63　按标记的向量平移对话框

在极坐标系中最多可以组合出 4 种方法，如图 2.64(a)图所示。

在直角坐标系中可以组合出 4 种方法，如图 2.64(b)图所示。

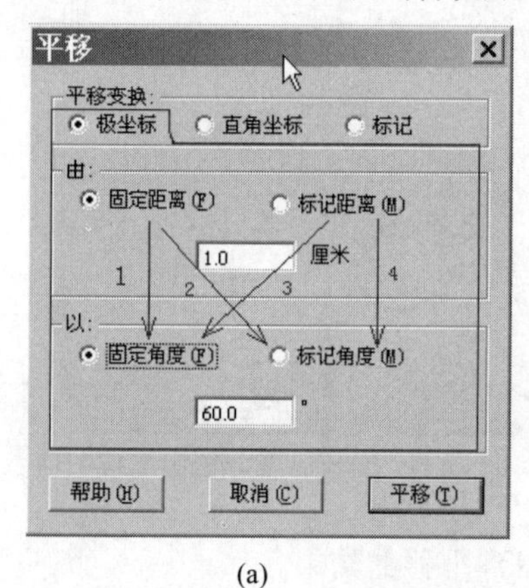

(a)

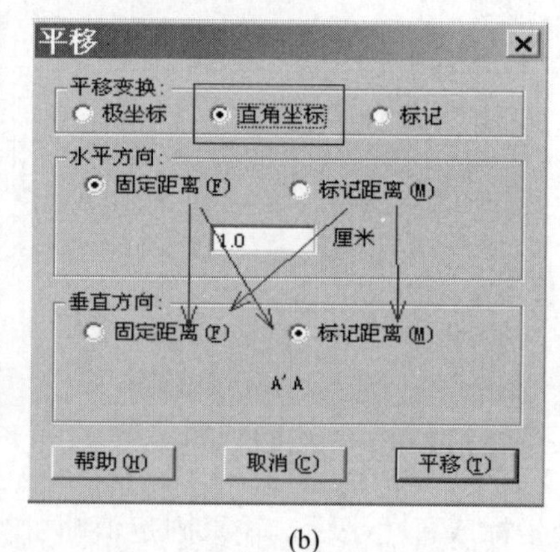

(b)

图 2.64　平移组合

按标记的向量平移有一种方法，如图 2.65 所示。

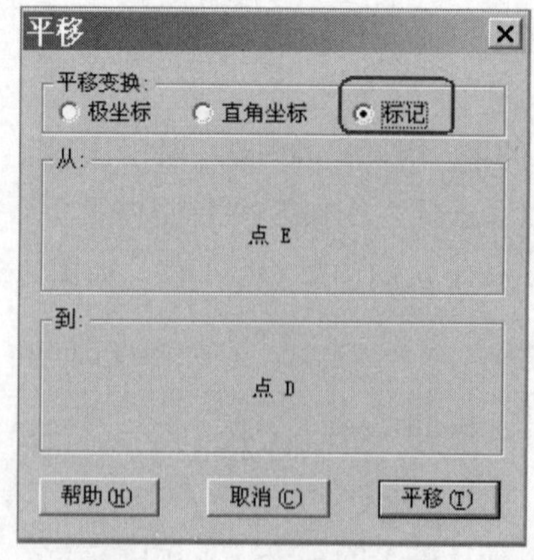

图 2.65　按标记的向量平移

【例 2-21】画一个半径为 $\sqrt{2}$ 厘米的圆。

(1) 制作结果

得到一个半径为 $\sqrt{2}$ 厘米的圆，无论如何移动位置，半径保持不变。

(2) 要点思路

根据勾股定理，让一个点在直角坐标系中按水平方向、垂直方向都平移 1 厘米，得到的点与原来的点总是相距 $\sqrt{2}$ 厘米，然后以圆心和圆周上的点画圆即可。

(3) 操作步骤

① 画一个点 A。

② 选取点 A，选择“变换”|“平移”命令，打开图 2.66(a)图所示对话框，设置固定值，平移后如图 2.66(b)图所示。

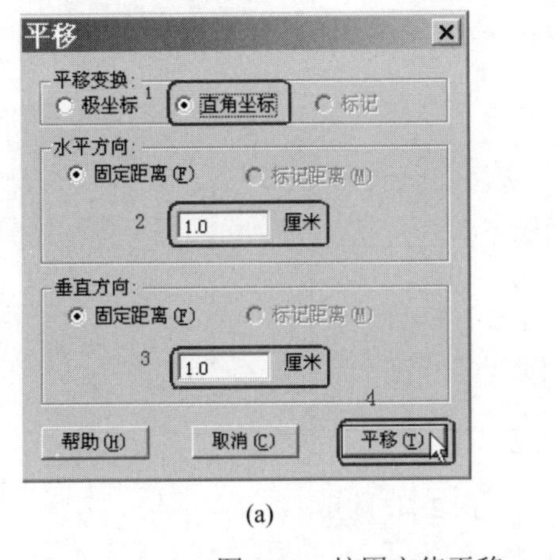

A'

A

(a) (b)

图 2.66　按固定值平移

③ 选中这两点(先选的为圆心)，选择“构造”|“以圆心和圆周上的点绘圆”命令。

④ 最后得到图 2.67 所示的圆，无论如何移动，圆的半径固定为 $\sqrt{2}$ 厘米。

【例 2-22】平行四边形的画法。

前面的构造菜单内容中，我们学习过根据平行四边形的定义，用构造平行线的方法来画一个平行四边形。这种画法在一般情况下是没有问题的，但如果想用来说明向量加法的平行四边形法则，你会发现当两个向量共线时，无法构造平行线的交点，因而就无法正确表示两个向量的和。

本例介绍根据标记的向量平移的方法来画平行四边形，这样的平行四边形可以正确演示向量加法的平行四边形法则。

(1) 新建一个几何画板文件。

(2) 用“画线段”工具和“文本工具”绘制图 2.68 所示的图形。

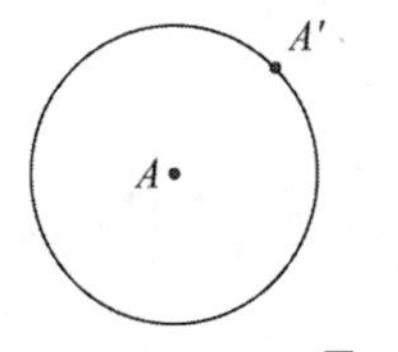

图 2.67　半径固定为 $\sqrt{2}$ 厘米的圆

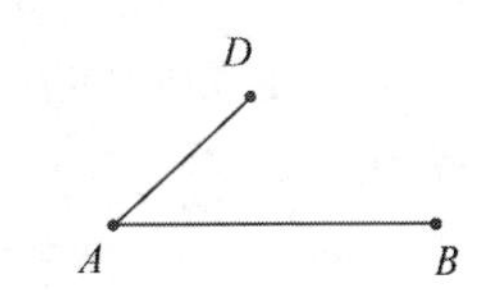

图 2.68　绘制平行四边形两边

(3) 用“选择工具”按顺序选取点 A、B，选择“变换”|“标记向量”命令标记一个从点 A 指向点 B 的向量。

(4) 确保只选中线段 AD 和点 D，选择“变换”|“平移”命令，设置线段 AD 和点 D 按向量 AB 平移，如图 2.69 所示。

(5) 作出第四条边，改第四顶点标签为 C，如图 2.70 所示。

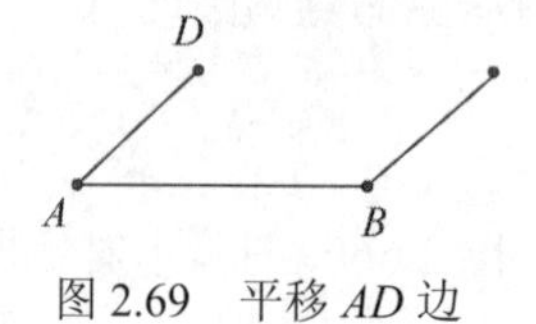

图 2.69　平移 AD 边

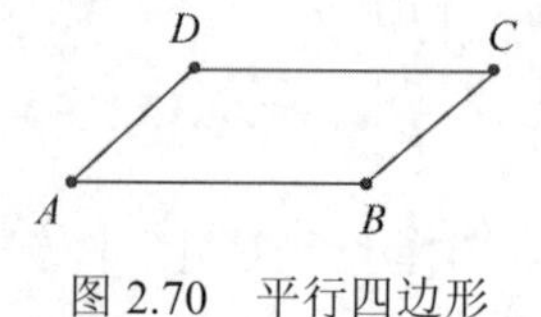

图 2.70　平行四边形

【例 2-23】绘制一个正四棱柱。

(1) 绘制平行四边形 $ABCD$，如图 2.71 所示。

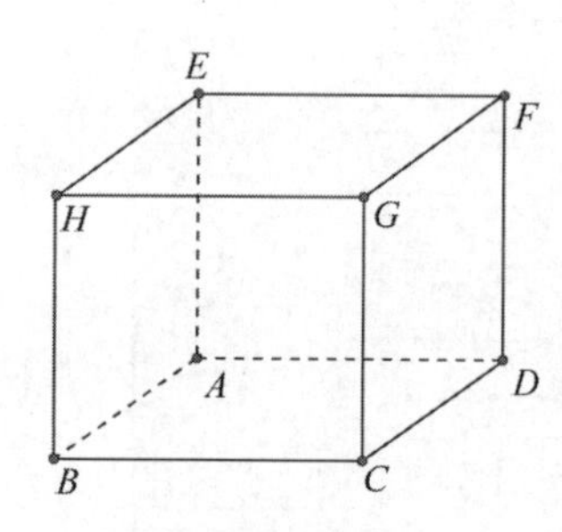

图 2.71　正四棱柱

(2) 作 BH 垂直 BC，标记向量 BH，将下底面 $ABCD$ 按向量 BH 平移，得到上底面 $EFGH$。

(3) 连接 AE、BH、CG、DF，将 AE、AD、AB 用虚线表示，得到的图形如图 2.71 所示。

2. 旋转对象

应用“变换”菜单中的“旋转”选项可以将一个或一个以上图形对象，以某一点为旋转中心旋转到指定角度的位置，旋转的方式有如下两种。

(1) 按固定的角度旋转

标记旋转中心，选择旋转的图形，选择“变换”|“旋转”命令，在对话框中直接输入固定角度值(正值为逆时针旋转，负值为顺时针旋转)。

(2) 按标记角度与标记角度度量值旋转

按“标记角度”旋转变换是按事先标记好的旋转中心和标记角度作旋转。其中标记角度的方法为依次选中一个角的三个顶点，选择“变换”|“标记角度”命令，也可以选中某角的度量值，选择“变换”|“标记角度”命令进行标记。

【例 2-24】绘制满足要求的正方形。

要求：画一个正方形，拖动任一顶点改变边长或改变位置，都能动态地保持图形是一个正方形。

(1) 如图 2.72 所示，画线段 *AB*。

(2) 用选择工具双击点 *A*，点 *A* 被标记为中心。

(3) 用选择工具选取点 *B* 和线段 *AB*，选择“变换”|“旋转”命令，在弹出的“旋转”对话框中设置角度值，如图 2.72 所示。

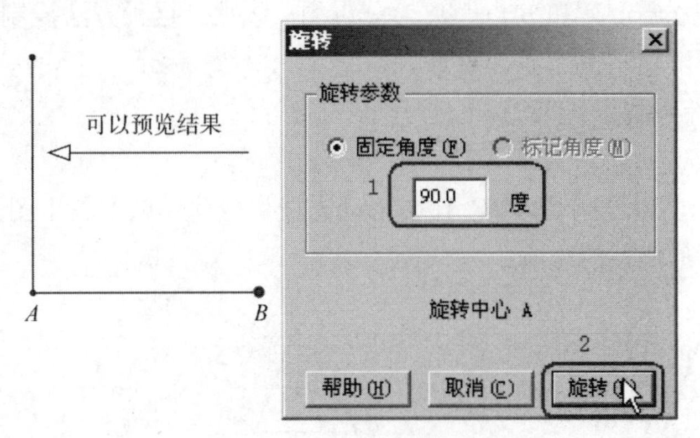

图 2.72 “旋转”对话框 1

(4) 双击点 *B*，标记新的中心。

(5) 用选择工具选取点 *A* 和线段 *AB*，选择“变换”|“旋转”命令，在打开的“旋转”对话框中作如图 2.73 所示的设置。

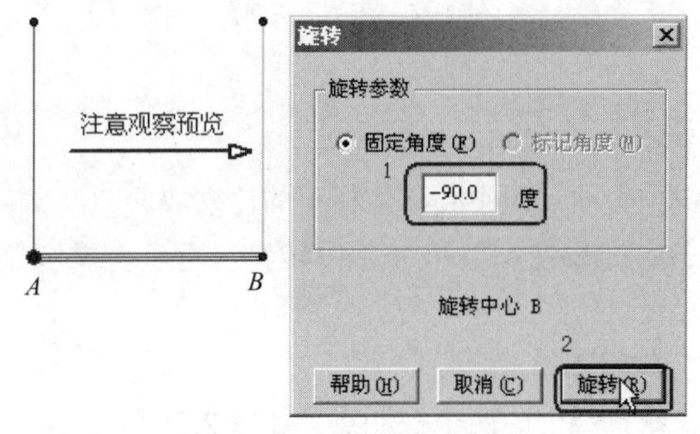

图 2.73 “旋转”对话框 2

(6) 连接旋转后的两个新顶点得第四边。

拓展应用：本例的方法可以用来作任意的正多边形，只要计算出正多边形的内角，旋转时按内角度数进行即可，但这并不是最方便的方法，具体请参阅 2.5.2 节中的深度迭代画正多边形。

3. 缩放对象

缩放是指对象关于“标记的中心”按“标记的比”进行位似变换。

其中标记比的方法有以下三种。

(1) 选中两条线段，选择“变换”|“标记线段比例”命令(此命令会根据选中的对象而改变)，标记以第一条线段长为分子、第二条线段长为分母的一个比。也可以事先不标记，

打开“缩放”对话框后依次单击两条线段来标记。

(2) 选中度量得到的比值或选中一个参数(无单位)，选择“变换” | “标记比值”命令，可以标记一个比。

(3) 依次选中同一直线上的三点 A、B、C，选择“变换” | “标记比”命令，可以标记以 A 和 C 点距离为分子，A 和 B 点距离为分母的一个比。这种方法控制比最为方便，根据方向的变化，比值可以是正、零、负等。

【例 2-25】绘制相似三角形。

(1) 制作结果

如图 2.74 所示，通过拖动点 F，让图形动态发生变化，以下三个图是 F 点所在三个不同位置对相似三角形位置的影响。

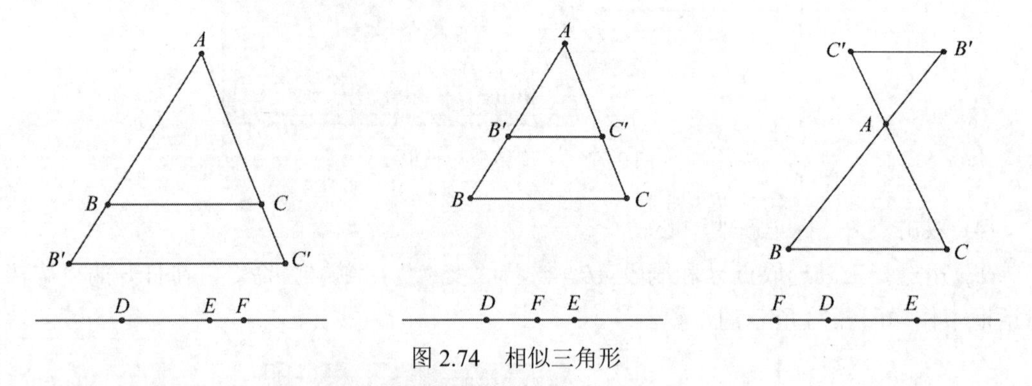

图 2.74　相似三角形

(2) 基本思路

① 由在同一直线上的三个点标记一个比。

② 让三角形以其中一个顶点为中心，按标记的比缩放。

③ 拖动比值控制点让图形在 A 型和 X 型中转变。

(3) 操作步骤

① 画三角形 ABC，如图 2.75 所示。

② 画一条直线，隐藏直线上的两个控制点，如图 2.75 所示。

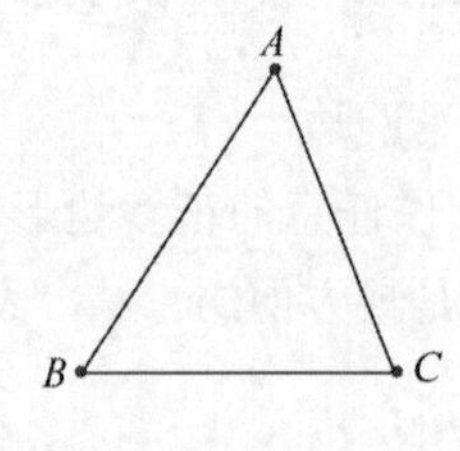

图 2.75　△ABC 和画一条直线

③ 在直线上画三个点 D、E、F，用选择工具依次选取点 D、E、F，由选择“变换” | “标记比例”命令，标记一个比，如图 2.76 所示。

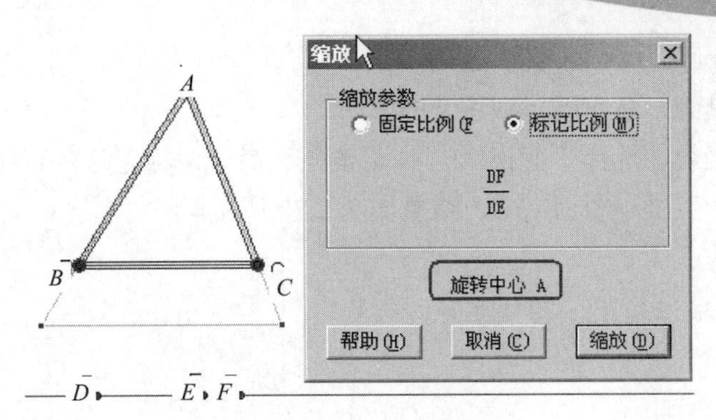

图 2.76 “缩放”对话框

④ 选取三角形的三边和三个顶点，选择“变换”|“缩放”命令，打开“缩放”对话框后参考图 2.76 所示的参数进行设置。

⑤ 单击点 *A*，确保对话框中的旋转中心为 *A*。

⑥ 拖动点 *F* 在直线上移动，可以看到相似三角形的变化，还可以通过度量相关的值来帮助理解。

4. 反射对象

反射是指将选中的对象按标记的镜面(即对称轴，可以是直线、射线或线段)构造轴对称关系。但并不是所有的对象都可以反射，例如，轨迹就不能反射。反射命令不会打开对话框，反射前必须标记镜面，否则即使能够进行反射，得到的结果一般不会是你想要的。

【例 2-26】绘制三角形的轴对称图形。

(1) 制作结果

如图 2.77 所示，从左到右演示了拖动三角形顶点改变其位置和形状，可以观察到动态保持的对称关系和相关性质。

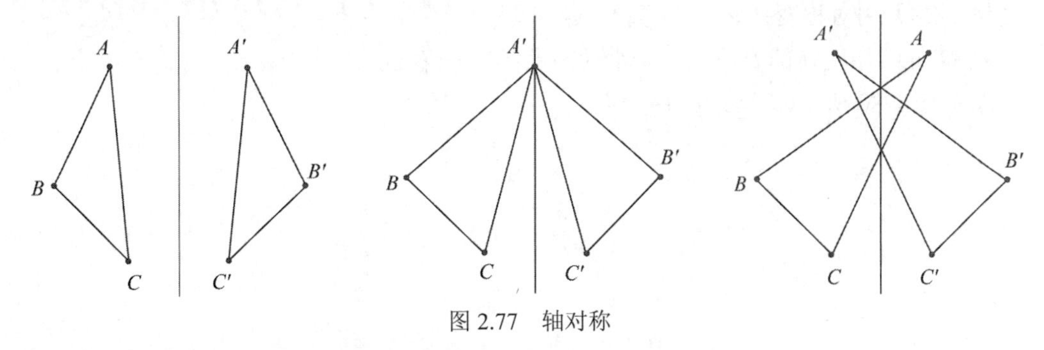

图 2.77 轴对称

(2) 基本思路

① 画一条直线并标记它为镜面。

② 在直线的一旁画一个三角形。

③ 选取这个三角形的全部，进行反射。

④ 拖动其中一个三角形的顶点改变它的形状和位置，可以观察到轴对称的相关性质。

(3) 操作步骤

① 用直线工具画一条直线，如图 2.78 所示。

② 选中这条直线，选择“变换”|“标记镜面”命令，标记这条直线为对称轴。

③ 在直线的一旁画一个△*ABC*，结果如图 2.78 所示。

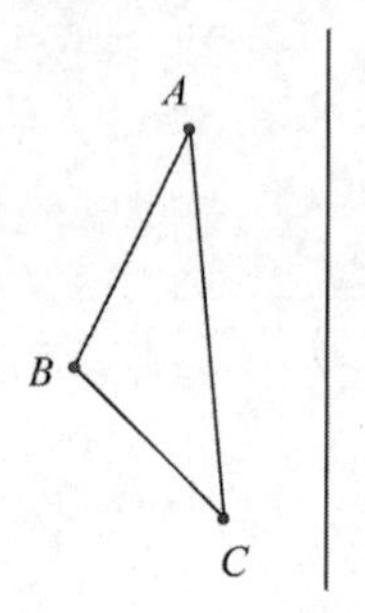

图 2.78　作对称轴

④ 选取△*ABC* 的全部，选择“变换”|“反射”命令，并用文本工具标记反射所得的三角形的顶点，如图 2.79 所示。

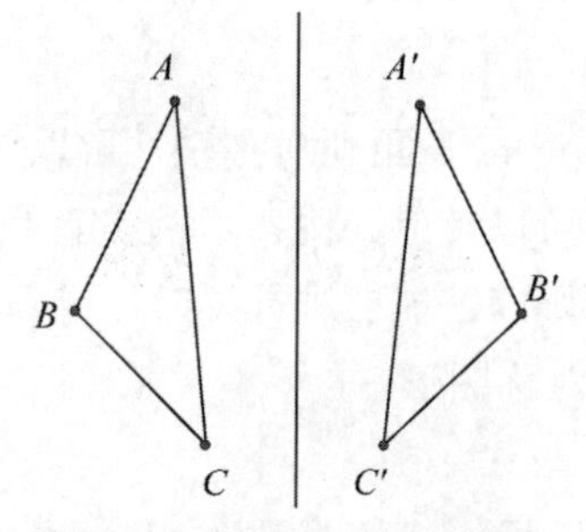

图 2.79　镜面反射作对称图形

【例 2-27】用对称变换画一个等腰三角形。

本例将介绍用变换的方法来画一个动态的等腰三角形。

(1) 如图 2.80 所示，作线段 *AB*、*AD*。

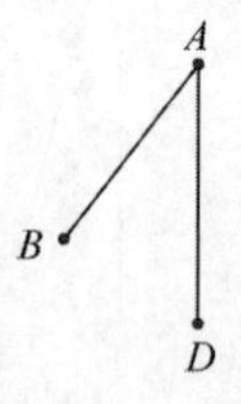

图 2.80　作线段 *AB*、*AD*

(2) 用箭头工具双击线段 *AD*，标记为镜面。

(3) 确保只选取了点 *B* 和线段 *AB*，选择“变换”|“反射”命令，如图 2.81 所示。

(4) 隐藏点 *D* 和线段 *AD*，按 Ctrl+H 快捷键，隐藏这两个对象。

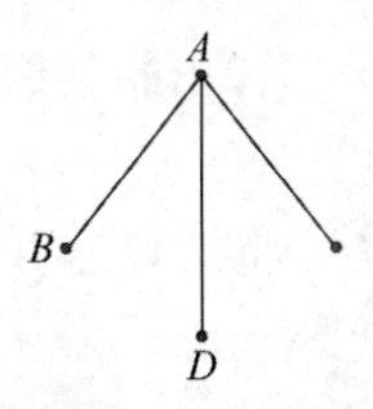

图 2.81　作 *AB* 对称图形

(5) 画出第三条边，并改第三个顶点的标签为 *C*，如图 2.82 所示。

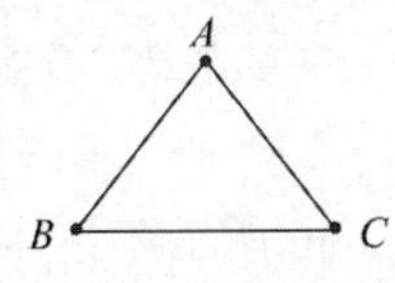

图 2.82　等腰三角形

任意拖动三个顶点之一，可以看到，无论形状如何改变，△ABC 始终是等腰三角形。

【例 2-28】利用反射和轨迹变化实现动态折叠变化。

(1) 制作结果

在矩形纸片 *ABCD* 中，要实现点 *B* 向点 *F* 移动，从而体现折纸(*CE* 为折痕)的动画过程。

(2) 基本思路

使用矩形工具绘制矩形 *ABCD*，依次选定点 *B*、*C*、*A*，选择“构造”|“角平分线”命令，再构造平分线与 *AB* 的交点 *E*。双击射线 *CE* 标记为镜面，选定点 *B*，选择“变换”|“反射”命令，得到点 *F*，如图 2.83 所示，整理图形。

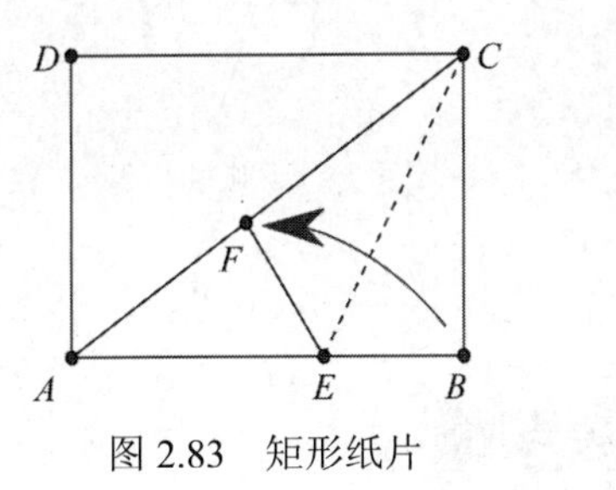

图 2.83　矩形纸片

(3) 操作步骤

① 隐藏边 *AB* 和 *BC*，保留点 *B*。

② 使用有芯无边框多边形工具绘制如图 2.84 所示的多边形。

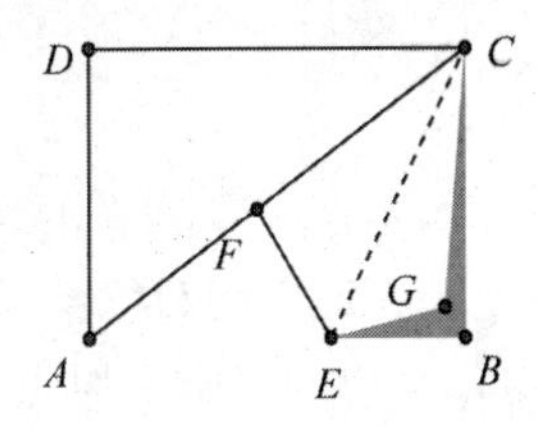

图 2.84　有芯无边框多边形

③ 选择多边形内部，右击鼠标，在弹出的菜单中选择“属性”|“透明度”命令，设置“显示边框”和“不透明”。

④ 在多边形边界上绘制一个点 *H*，将点 *G* 合并到点 *B*。

⑤ 隐藏多边形。

⑥ 选定点 *H*，选择“变换”|“反射”命令，得到点 *I*，连接线段 *HI*，在线段 *HI* 上绘制一个点 *P*，如图 2.85 所示。

⑦ 选定点 *H* 和点 *P*，选择“构造”|“轨迹”命令。移动点 *P* 有折叠轨迹出现。

⑧ 单击多边形工具，按快捷键 Ctrl+A 全选，选定多边形后快捷键 Ctrl+H 隐藏，选定线段 *HI*、线段 *EF*、点 *B*、点 *H* 隐藏，连接 *AE*。在轨迹的拐角处绘制点 *B*，修改轨迹为蓝色。拖动点 *P*，折叠效果明显，如图 2.86 所示。

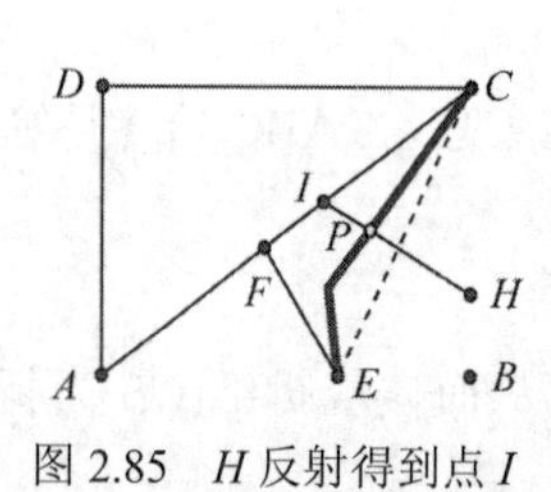

图 2.85　*H* 反射得到点 *I*

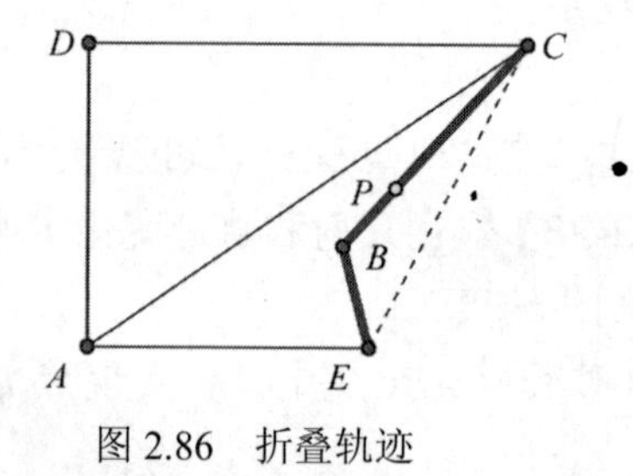

图 2.86　折叠轨迹

此方法用于弧的折叠效果更为明显，如图 2.87 所示。

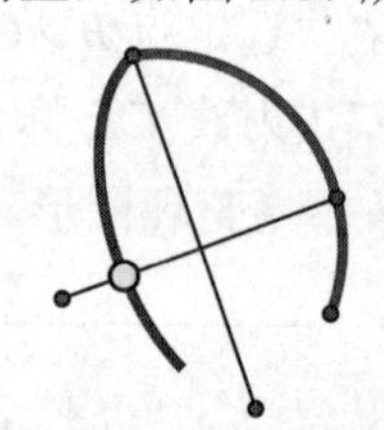

图 2.87　弧的折叠

2.4 坐标和函数图像

2.4.1 系统坐标系

1. 定义坐标系

在没有选定任何对象的情况下，选择“绘图”|“定义坐标系”命令，在绘图区会产生一个坐标系。如果选择“绘图”命令，选定不同对象会有不同选择。

(1) 选定一个点，打开绘图菜单，会出现“定义原点”，现在产生的坐标系的原点由选定的点来决定。

(2) 选定一个线段或带距离单位的参数和一个点，打开绘图菜单，显示“定义单位长度”命令，选择该命令，选定的点变为坐标原点，长度数值变为坐标系的单位长度。

(3) 选定两条线段或两个带距离单位的参数和一个点，打开绘图菜单，会出现“定义单位长度”，选择该命令，选定的点变为坐标原点，坐标系是一个矩形的坐标系，x 轴和 y 轴的单位长度不一样，先选的线段或参数作为 x 轴的单位长度。

(4) 选定一个圆，打开绘图菜单，显示“定义单位圆”命令，坐标系会随圆半径改变而改变单位长度。

当新建一个坐标系以后，此时要想再建一个坐标系，可以选定一个点，选择“绘图”|“定义原点”命令或者按照以上描述选定对象，选择“绘图”|“定义单位长度”命令，建立新坐标系。

2. 标记坐标系

如果绘图区域中存在多个坐标，系统一次只能在一个“活跃”的坐标系中绘制图像，这时需要通过“标记坐标系”来“激活”一个坐标系。选定想要“激活”坐标系的原点(不同方法绘制的坐标系，原点选定的方法会不同)，选择“绘图”|“标记坐标系”命令，自原点出现一小段动画，显示标记坐标系成功，就可以在这个坐标系中进行绘制函数图像或绘点等操作。同样，可以标记其他坐标系，在其他坐标系中进行相关操作。

3. 网格样式

系统默认的坐标系是方形网格(x、y 轴的单位长度相同)，可以通过“网格样式”自行修改坐标系网格样式。如图 2.88 所示，第一个“极坐标网格”，选定后会出现极坐标形式的网格。默认的极坐标系只有一个单位点。如果系统设置完“矩形网格”，再选“极坐标网格”，极坐标系会有两个单位点，出现椭圆极坐标如图 2.89 所示。第二个“方形网格”，x、y 轴单位长度相同，所以只有一个单位长度点，在 x 轴上。第三个是“矩形网格”，有两个单位点，此时 x、y 轴单位长度可以不相同，在 x、y 轴上有两个单位点。最后一个是“三角坐标轴”，选定“极坐标网格”后，再选“三角坐标轴”，可以得到 x 轴与 y 轴上的数字样式都是 π 的倍数。如果选定“方形网格”或“矩形网格”，再选“三角坐标轴”，此时只有 x 轴上的数字样式是 π 的倍数。

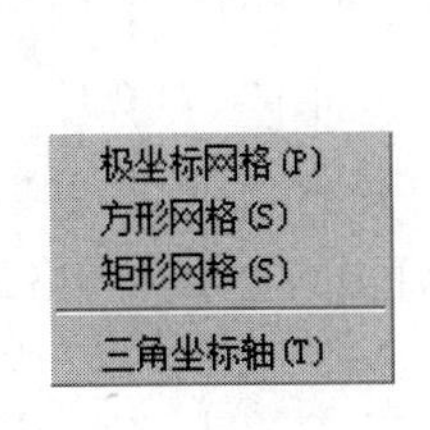

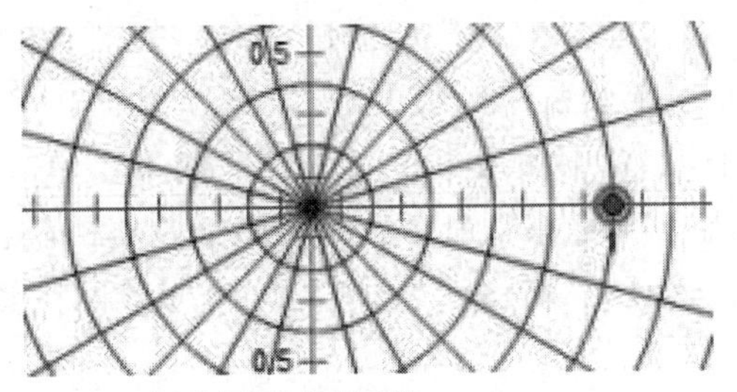

图 2.88　极坐标形式的网格

“三角坐标轴”对于绘制自变量为弧度的函数很方便。在选择“三角坐标轴”的同时，系统自动将默认的“角度”单位改为“弧度”。如果一定要在非“三角坐标轴”的坐标系中绘制

自变量为弧度的函数，可以选择“编辑”|“参数选项”|“角度”命令，修改单位为“弧度”。

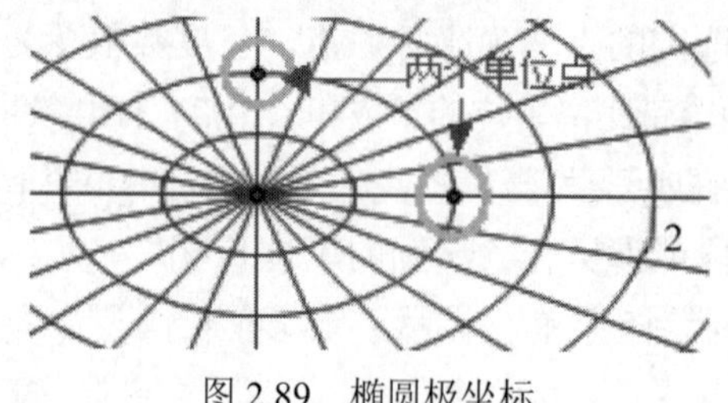

图 2.89　椭圆极坐标

修改坐标轴数字样式，可以右击选定的坐标轴，在弹出的菜单中选择“属性”命令，修改包括刻度数字样式在内的多种属性，如图 2.90 所示。

选定坐标轴，可以修改坐标轴的颜色和线型；调出文本工具栏，可以修改刻度数字文本的所有属性。如果坐标刻度颜色与背景颜色相同，则隐藏了刻度。自定义坐标系隐藏刻度由单独的菜单项控制。

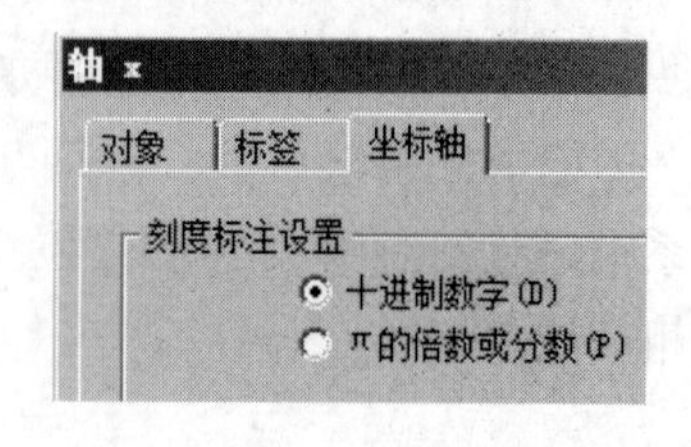

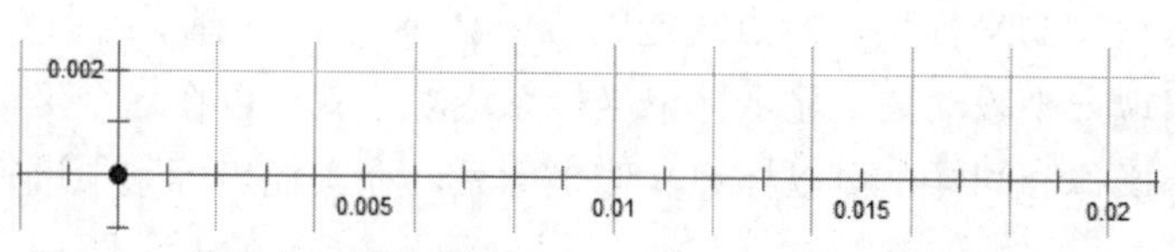

图 2.90　修改坐标轴数字样式

拖动单位点，系统会自动在原点和单位点之间增加新的分度值，最小可以精确到千分位。

如果在绘制函数图像或点前没有定义坐标系，系统会自行创建坐标系。如果需要三角坐标轴，系统也会提示是否改成三角坐标轴。自定义工具如蚂蚁坐标系的坐标轴刻度不能实现“十进制数字”和“π 的分数和倍数”自由转换，需要选择“三角坐标系”绘制专门刻度的坐标系。

4. 显示网格

“显示网格”菜单是根据绘图区域中的情况智能操作的命令。如果绘图区域中没有坐标系，可以单击“显示网格”选项建立坐标系。如果绘图区域中有坐标系或者绘制函数图像或绘点后，坐标系都会默认显示网格，此时，单击“绘图”菜单，显示“隐藏网格”命令并单击，就会隐藏坐标系的网格。如果在单击“绘图”菜单时，按住 Shift 键，会出现“隐藏/显示坐标系”命令。系统默认网格的颜色是灰色的，可以单击网格的节点处选定网格，选择“编辑”|“颜色”命令修改网格颜色。注意，网格线径不可调。

5. 格点

同“显示网格”一样，可以直接单击“格点”新建坐标系。此时，坐标系会出现很多点，如果不需要，可以单击“隐藏网格”将格点隐藏。格点也可以修改颜色，选定格点，

选择“编辑”|“颜色”命令修改格点颜色。如果想要网格样式，只要取消“格点”复选框的选中状态即可。

6. 自动吸附网格

选中“自动吸附网格”复选框后，当使用点工具绘点时，点自动吸附到网格节点或格点上，实现精确绘制。但在几何画板中，绘制的点只是自动吸附在整数坐标单位的点上。当横坐标轴使用 π 的整数倍标注时，不能吸附在横坐标是 π 整数倍的点上，而是仍然吸附到横纵坐标均为整数的点上。在极坐标中，整点是 r 为整数、θ 为 15°倍数的点。对于使用自定义工具绘制的坐标系，当自定义坐标系与系统坐标系网格对应时，自动吸附网格功能也有效。

2.4.2 根据数值绘制对象

1. 在轴上绘制点

这是一个动态的菜单，选定不同的对象，选项会自行改变。单击“在轴上绘制点”，默认的是 x 轴。只需单击任意一个路径，它会自动改变。例如，选定一个圆，它会变成“在圆上绘制点”(如图 2.91 所示)；选定一个三角形，它会变成“在三角形上绘制点”；选定一个多边形，它会变成“在多边形上绘制点”等。选定三角形内部，“在三角形上绘制点”对话框会变为如图 2.91 所示，点“绘制”会在三角形边上绘制一个点。如果选定弓形或者扇形，会出现“在弓形/扇形上绘制点”，此时使用点值绘制的点，是在弓形或者扇形的边界上的点。弓形的边界包括弧和弦，扇形的边界包括弧和两条半径。

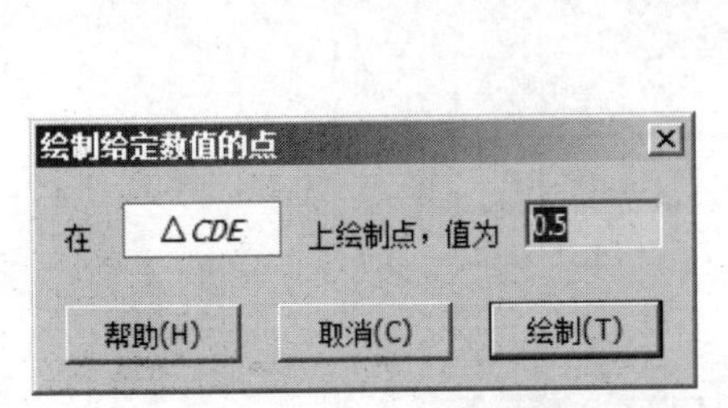

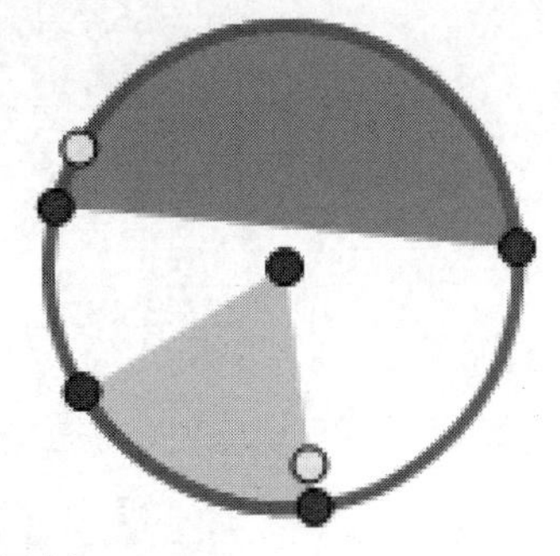

图 2.91　在路径上绘制点

在路径上绘制的点，都是以“点的值”来绘制的。点值是确定的值，点就是固定的。当输入点值的框高亮时，可以直接单击绘图区中的参数或度量值，它们会自动进入数值输入框。如果这个数值是一个动点的点值，因为点和值都在变化，根据变化的参数绘制的点也是动态的，就实现了绘制的点随主动点运动。如果这个变化的数值暂时超出路径的点值范围，会出现图 2.92 所示的提示框。

比较而言，选定对象，选择“构造”|“对象上的点”命令，构造出可以在对象或者边界上自由移动的点。

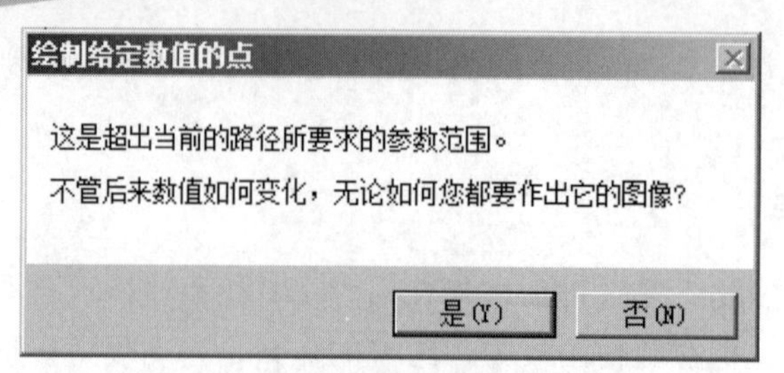

图 2.92　数值超出路径的点值范围

2. 绘制点

选定两个数值或选定两个变量，选择“绘图”|“绘制点”命令，会在坐标系中绘制出一个点，先选的作为横坐标。也可以先选择“绘图”|“绘制点”命令，直接输入横、纵坐标。对于变量，当输入框打开时，可以直接用鼠标单击绘图区中的数值或计算值完成输入。要在输入框中输入数值 π，可以按键盘上的 p 键。

3. 绘制表中数据

此功能激活的前提是选定画板表格。选择“绘图”|“绘制表中数据”命令，打开对话框后，系统默认前两列数值作为横、纵坐标。可以单击 x、y 的下拉菜单选择相应的变量作为横、纵坐标，如图 2.93 所示。选好横、纵坐标后，再选定相应的坐标系样式，单击“绘制”按钮，就会出现一系列点。对于迭代产生的表格，也可以绘制表中数据。还可以用鼠标直接右击绘制的表格，然后单击“绘制表中数据”直接打开这个对话框。

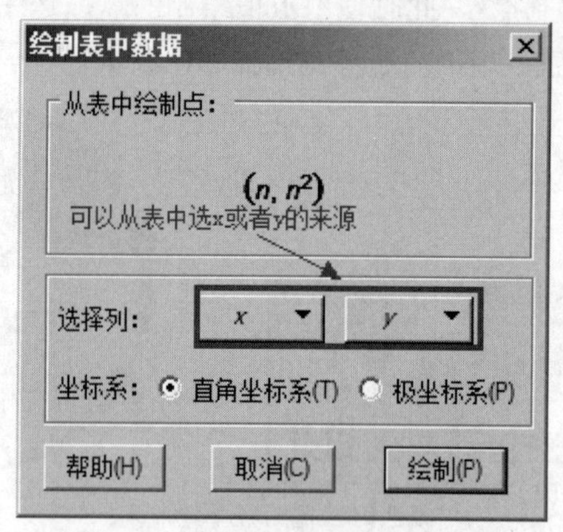

图 2.93　“绘制表中数据”对话框

2.4.3　绘制函数图像

1. 绘制简单的函数

(1) 直接利用绘图菜单

选择“数据”|“新建函数”命令，得到的只有函数解析式；选择“绘图”|“绘制新函

数”命令，在函数编辑器中输入函数解析式后，在绘图区域不仅产生函数解析式，而且还可以绘制出函数图像。选择“数据”|“新建函数”命令，得到的函数解析式，如果右击这个解析式，在弹出的菜单中选择“绘制函数”命令，也可以绘制出这个函数图像。

选定函数图像，右击鼠标，在弹出的菜单中选择“属性”命令，打开对话框，设置其中的“绘图”参数，如图 2.94 所示。

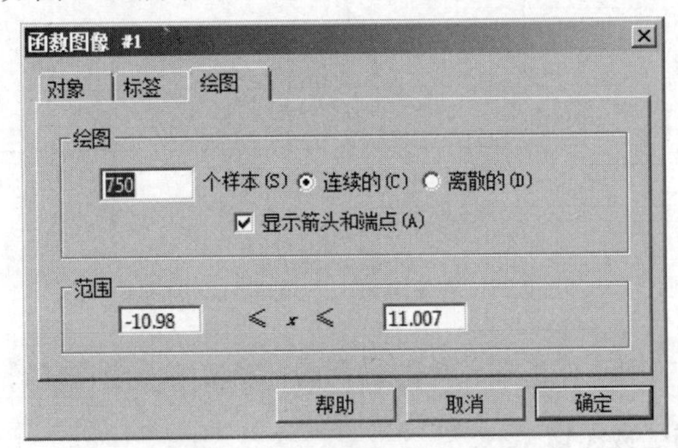

图 2.94　“函数图像”对话框

这是系统默认图像的属性。例如，想要一个定义在区间[0, 3]的函数图像，可以在“范围”文本框内直接修改得到，但不能设置开区间。此时图像会带有箭头，在绘图区域中选定箭头，用鼠标拖动，会改变图像的范围。如果不想要箭头，可以取消图 2.94 中的“显示箭头和端点”的选中状态。

“样本”数量决定图像的“平滑”程度，平滑与否还和图像的长度有关。如果“样本”是离散的，那么图像就是散点，不连续。

几何画板可以绘制出所有的基本初等函数[1]和初等函数，但不能绘制出所有的函数。比如分段函数、狄里赫利(dirichlet)函数等。对于多值函数，比如椭圆、圆等，也不能直接输入解析式而绘制函数图像。

另外，几何画板绘制的函数图像也有着明显的弱点，它不能绘制孤立的点和表示开区间的端点。解决图像开区间只能手动绘制与坐标系底色同色的点。

为了解决绘图菜单中函数功能的限制，可以考虑更广泛的绘制函数方法。

(2) 应用轨迹方法

把函数看成满足一定条件的点运动而形成的轨迹，由函数的表达式 $y=f(x)$，我们可以在 x 轴上设置主动点控制横坐标 x，再通过计算绘制出被动点(x, y)。应用轨迹菜单就可以作出函数图形。

【例 2-29】绘出函数 $y=\sin x+\cos x$ 在区间[−2，5]上的图像。

(1) 在 x 轴区间[−2，5]上任取一点 P 作为主动点，并度量 P 的横坐标 x_p。

(2) 将 x_p 代入表达式 $y=\sin x+\cos x$，计算出 P 点纵坐标 y_p。

(3) 绘制点 $Q(x_p,\ y_p)$；

[1] 基本初等函数包括常数函数、幂函数、指数函数、对数函数、三角函数和反三角函数 6 种。

(4) 以 P 作为主动点，Q 为被动点绘制轨迹，如图 2.95 所示。

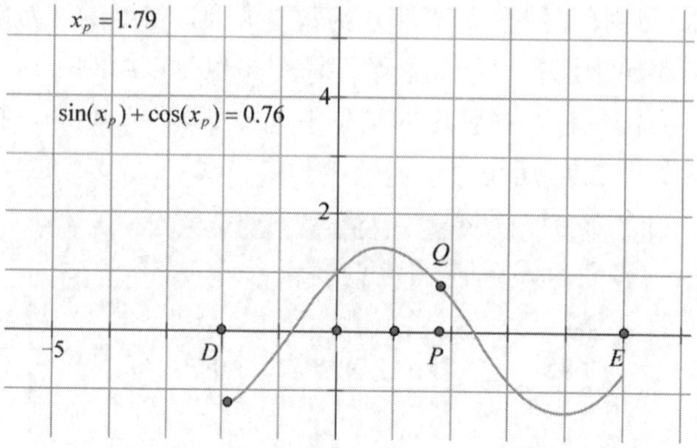

图 2.95　绘制函数 $y=\sin x+\cos x$ 的图像

注意：轨迹法中被动点纵坐标是计算得到的，也可以度量得出。

2. 绘制带参数的函数图像

中学数学教材中对于含有参数函数的理解是一个难点，在几何画板环境中通过适当地设置参数，可以很好地观察到函数图像是如何随参数的变化而变化，从而更好地观察问题。一般参数的设置有两种方法：一是直接选取直线或曲线上点的坐标作为参数；二是可以通过选择“数据”|“新建参数”命令设置。

【例 2-30】绘制函数 $y=ax^2+bx+c$ 的图像。

(1) 在 x 轴负半轴选取三个点，过三个点分别作 x 轴垂线，在垂线上取三点 A、B、C。

(2) 度量点 A、B、C 的纵坐标，并将标签改为 a、b、c。

(3) 选择“绘图”|“新建函数”命令，输入表达式 $y=ax^2+bx+c$，单击“确定”按钮，得到图 2.96 所示图像。

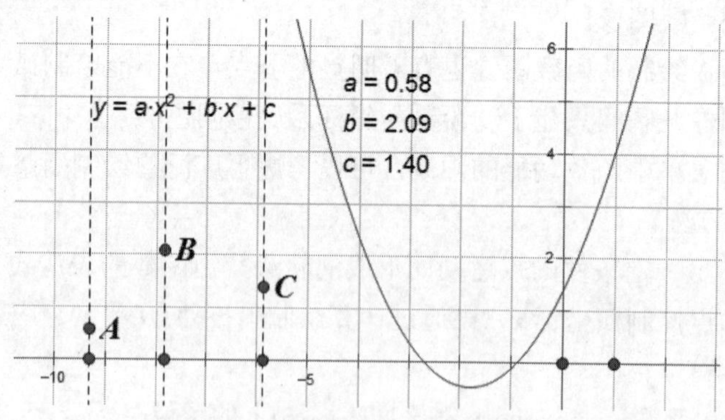

图 2.96　绘制带参数的函数图像

分别拖动 A、B、C 改变 a、b、c 的值，可以观察 a、b、c 对函数图形的影响。

【例 2-31】绘制函数 $y=A\sin(\omega x+\varphi)$的图像。

(1) 选择“数据”|“新建参数”命令，并修改标签，得到参数 A=2，同样地，得到参数：ω=1/2，φ=π/6。

(2) 选择“绘图”|“绘制”命令，输入函数表达式 $y=A\sin(\omega x+\varphi)$，单击“确定”按钮，得到图 2.97 所示图像。

(3) 参数框中数据更改，可以做出不同的图像。

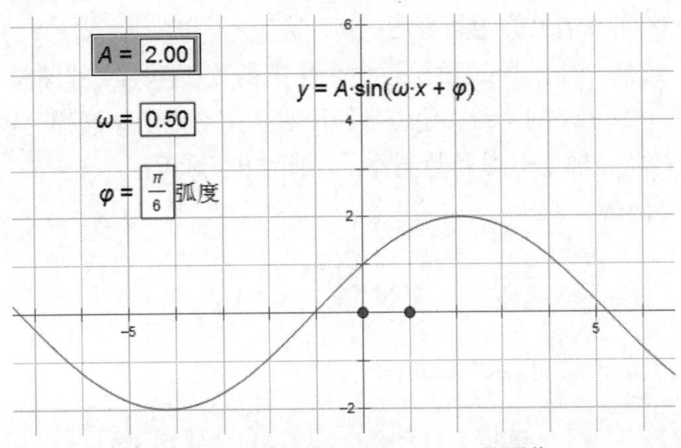

图 2.97　绘制函数 $y=A\sin(\omega x+\varphi)$的图像

- 改变 φ 的取值，可直观反映出 φ 对函数 $y=A\sin(\omega x+\varphi)$图像的影响。连续改变 φ 的取值，函数图像呈动态横向平移。当 $\varphi>0$ 时，函数图像向右平移 φ 个单位；当 $\varphi<0$ 时，函数图像向左平移 φ 个单位。我们很容易得出 φ 改变的是函数图像的相位。
- 改变 ω 的取值，可直观反映出 ω 对函数 $y=A\sin(\omega x+\varphi)$图像的影响。连续改变 ω 的取值，函数图像呈横向伸缩动态变换。当 $0<\omega<1$ 时，图像是横向伸长到原来的 $\dfrac{1}{\omega}$ 倍；当 $\omega>1$ 时，图像是横向缩短到原来的 ω 倍，纵坐标不发生变换。我们很容易探究出 ω 改变的是函数图像的周期。
- 改变 A 的取值，可直观反映出 A 对函数 $y=A\sin(\omega x+\varphi)$图像的影响。连续改变 A 的取值，函数图像呈纵向伸缩动态变换。当 $A>1$ 时，图像的纵坐标伸长到原来的 A 倍；当 $0<A<1$ 时，图像的纵坐标缩小到了原来的 A 倍。我们很容易得出 A 改变的是函数图像的振幅。

3. 绘制分段函数图像

分段函数是学生学习函数过程中较难理解的函数形式，学生往往把分段函数理解成几个函数，采取分段作图的方式正好强化了学生误解。下面我们介绍横坐标隔断作图方法制作分段函数图像，有利于学生从整体上理解分段函数。

【例 2-32】绘制分段函数

$$f(x)=\begin{cases}x^2, & 0<x\leqslant t\\ 1-(x-1)^2, & t<x<5\end{cases}$$

的图像。

方法 1　如图 2.98 所示。

(1) 在 x 轴上绘制点 $O(0, 0)$、$A(0, 5)$，并作线段 OA，在 OA 上绘制点 $B(0, t)$。

(2) 将 O、A、B 向下平移一个单位得到点 O'、A'、B'，连接 $O'B'$、$B'A'$。

(3) 在 OA 上任取一点 P，拖动 P，使得过 P 作 OA 的垂线交线段 $O'B'$于 P'，度量 P' 的横坐标 $x_{p'}$，代入区间$(0, t)$上的函数表达式，计算 $x_{p'^2}$，以($x_{p'}$，$x_{p'^2}$)为坐标，绘制被动点 Q，选择点 P、Q，选择“作图”|“轨迹”命令作出函数在$(0, t)$上的图像。

(4) 拖动 P，过 P 作 OA 的垂线，使之与线段 $B'A'$有交点 P'，同样可以作出函数在区间$(t, 5)$上的图像。这样就完成了分段函数制作，如图 2.98 所示。

方法 2　用符号函数

$$f(x)=\begin{cases}f_1(x)\\f_2(x)\end{cases}$$

显然利用符合函数 $f(x)$ 可以写成如下形式

$$f(x)=\frac{\operatorname{sgn}(t-x)+1}{2}f_1(x)+\frac{\operatorname{sgn}(x-t)+1}{2}f_2(x)$$

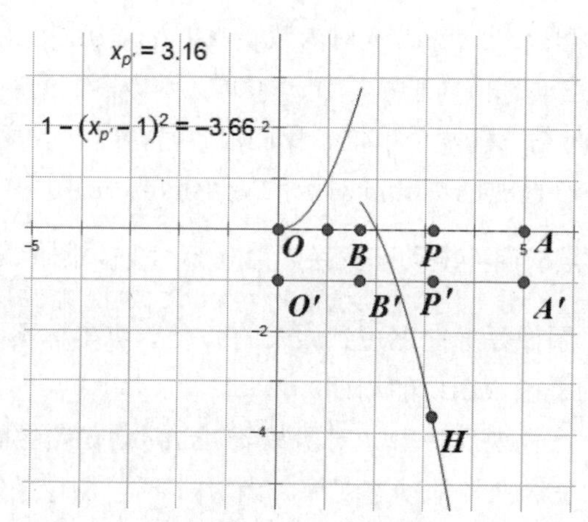

图 2.98　绘制分段函数

因此，可以用直接输入表达式作图。

比较两种方法，可知方法 1 更具有普遍性。

【例 2-33】如图 2.99 所示，把三角形 ABC 沿与 AB 平行直线 DE 折叠，得到重叠部分面积 S，求 S 随 D 点横坐标变换的函数图像。

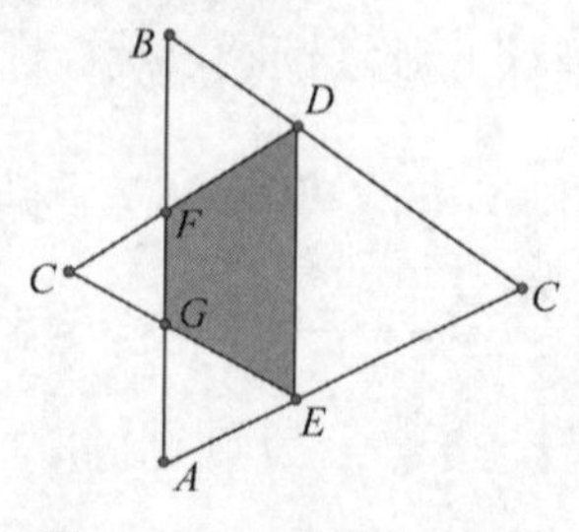

图 2.99　三角形折叠问题

(1) 如图 2.100 所示，作三角形 OAB，在 AB 上任取一点 C，作 CD 平行于 AO。

(2) 选取 AB 中点 F、点 B，作 AO 的平行线，分别交 x 轴于点 G、点 H。

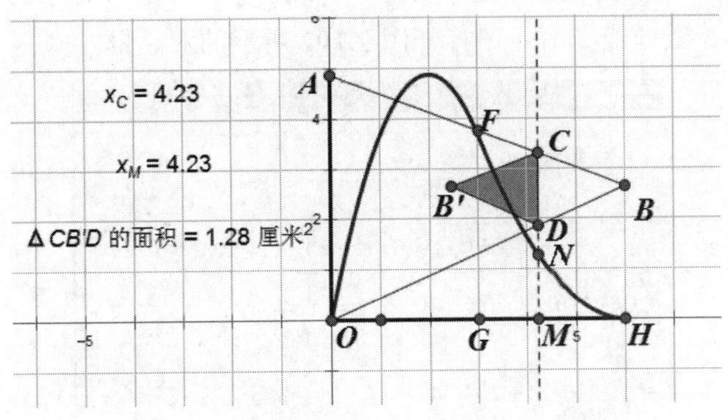

图 2.100　作三角形

(3) 拖动 C 使得 CD 与线段 GH 有交点 M，度量 M 横坐标 x_m，作点 B 关于直线 CD 的对称点 B'，度量三角形 CDB' 面积 S_1，绘制点 $Q(x_m, S_1)$，以 C 为主动点，Q 为被动点作轨迹，可得到 GH 上一段函数图像，如图 2.100 所示。

(4) 拖动 C 使得 CD 与 OG 有交点 I，如图 2.101 所示，度量 I 横坐标 x_I，作点 B 关于直线 CD 的对称点 B'，度量梯形 $CDKJ$ 面积 S_2，绘制点 $L(x_I, S_2)$，以 C 为主动点，L 为被动点作轨迹，可得到 OG 上一段函数图像。

(5) 在 AB 上拖动 C，可以看到与 C 对应的函数图像上点在整个图像上跑动。

本题是几何问题代数化的一个典型例子，表面上与此相关的问题是属于几何问题(比如求折叠部分最大面积)，但实际是要转化为求函数表达式，利用函数最值给予解决。几何画板软件作图可为学生架设起数形结合解决问题的桥梁。

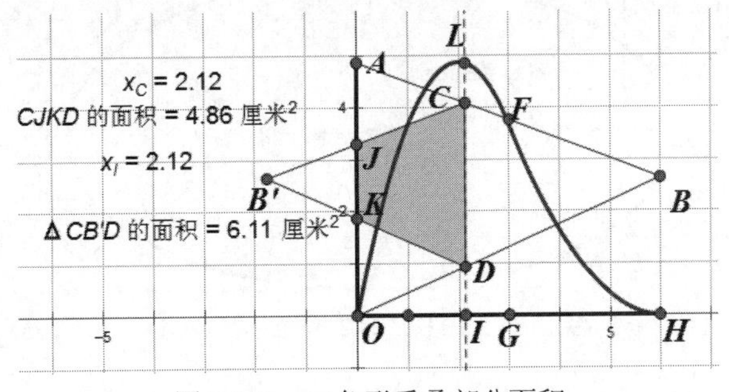

图 2.101　三角形重叠部分面积

4. 极坐标系中绘制函数图像

与直角坐标系类似，我们可以在极坐标系中绘制函数图像。

【例 2-34】作出 $\rho = 2a\cos n\theta$ 的图形。

制作过程(略)。

5. 绘制参数方程表示的曲线

“绘制参数曲线”的前提是绘图区中含有一个或一个以上的具有相同自变量的函数。选择“绘图”|“绘制参数曲线”命令，打开图 2.102 所示的对话框。

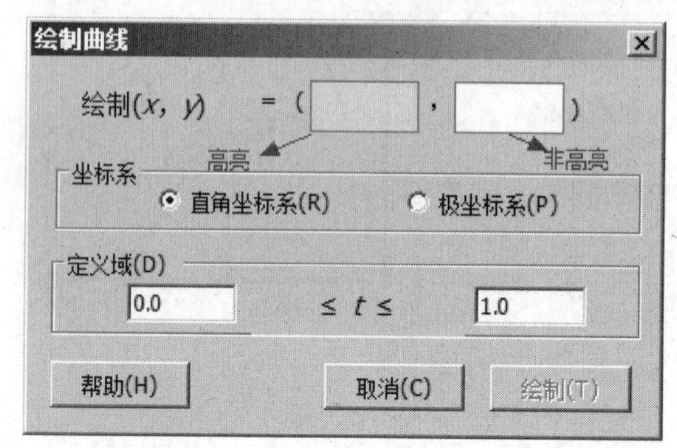

图 2.102 “绘制曲线”对话框

绘制参数曲线根据坐标系的不同，有两种对应的模式，即(x, y)和(r, θ)。其原理就是在坐标系中绘制点，而点的坐标值使用同一个变量的函数得到。

【例 2-35】绘制椭圆参数方程。

(1) 选择“数据”|“新建函数”命令，新建两个函数 $h(x)=6\cos x$ 和 $q(x)=3\sin x$。

(2) 选择“绘图”|“绘制参数曲线”命令，在(x, y)模式下，依次单击 $h(x)$、$q(x)$。

只有在高亮的状态下才可以选定函数，如果不是高亮，用鼠标单击一下输入框即可；也可以在选择“绘制参数曲线”命令前，依次选定 $h(x)$、$q(x)$，然后选定(x, y)模式。

在“定义域”文本框中输入合适的数值(π 的快捷键是 p)，便可以得到图 2.103。

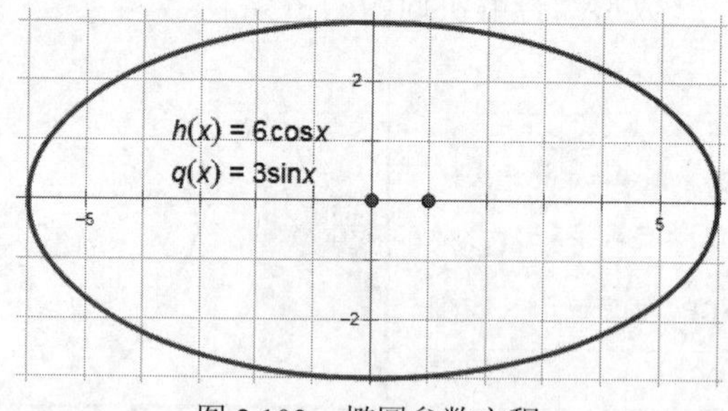

图 2.103 椭圆参数方程

6. 导函数

选定一个函数解析式，选择“数据”|“创建导函数”命令，可以直接创建该函数的导函数，并将导函数的解析式显示在绘图区域。

【例 2-36】绘出函数 $y=f(x)=x^3-2x^2+1$ 的图像及过图像上一点的切线。

(1) 作出 $y=f(x)=x^3-2x^2+1$ 的函数图像，选定函数表达式，选择“图表”|“创建导函数”命令，得到导函数解析式。

(2) 在函数图像上任取一点 P，度量其横、纵坐标，计算 $k=f'(x_p)$。

(3) 绘制 $y=k(x-x_p)+y_p$，得到所求切线。

2.5 “迭代”命令及其应用

2.5.1 “迭代”命令综述

1.“迭代”的含义与相关概念

迭代是一种特殊的变换，是指按照一定的变换规则，原象形成初象，然后初象又作为原象再次执行同一个变换规则，形成新的初象，经过多次变换形成的系列变换。这种过程实际上是在第一次迭代基础上的重复的过程，可以说是图形制作过程的重复，也可以是运算过程的重复。迭代的原始对象可以是点，也可以是参数。为了理解迭代功能，必须先明确如下概念。

- 原象：产生迭代序列的初始对象，通常称为“种子”。必须是自由点、半自由点或者参数。
- 原象点：作为原象的点对象，应为自由点或路径上的点。
- 原象值：作为原象的参数，应为自由的参数(没有父对象的自由参数)。
- 初象：原象经过一系列变换操作而得到的象，与原象相关联。
- 迭代深度：迭代执行的次数。

2. 创建迭代

任何参量用来定义一个迭代必须有子对象。

用工具和菜单构造由一组独立点或参数产生的具有一定的关联的对象(点或计算值)，独立对象作为迭代原象，与之相应的相关联的对象作为初象。选择原象，然后在变换菜单中单击“迭代”，弹出对话框，输入对应初象可以得到迭代的结果。迭代对话框允许改变迭代次数。结果为原象及关联于原象的每个对象的迭代图像的集合。

【例 2-37】迭代实例。

如图 2.104 所示，以三角形 *ABC* 三边中点，构造中点三角形 *DEF*。重复以上过程，以三角形 *DEF* 三边中点再构造一中点三角形，如此重复做下去。

在几何画板中指定这样的一个迭代规则，为每个原象定义它的初象。即使需重复的结构包括三角形的三个边，只需用 *A*、*B*、*C*、*D*、*E*、*F* 这几个点指定迭代规则即可。画板会自动算出这个迭代中那些相关联于原象点的其他对象。

构造这些对象之前，请先选定 *A*、*B*、*C* 三点定义为原象，选择“变换”|“迭代”命令，打开“迭代”对话框，如图 2.104 所示，为每个原象选择相应的初象。为三角形每个原象点，单击初象(就是中点)。当单击每个中点的时候，画板会同时显示原象三角形迭代

的映射结果。对三个原象点与中点映射后，单击“迭代”按钮执行迭代并关闭对话框。

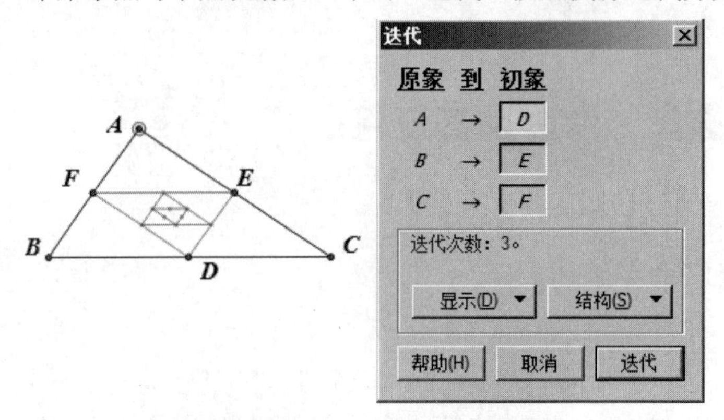

图 2.104 “迭代”对话框及迭代结果图

注意迭代变换的前提条件：

- 选定一个(或几个)自由的点，即平面上任一点，或线(直线、线段、射线、圆、轨迹)上的任一点，如上例的 *B* 点。
- 由选定的点产生的目标点(不要选定，出现迭代对话框后再选)，如线段的中点，或由选定点经过变换产生的点。

3. 显示选项

迭代对话框中的“显示”命令可以用来控制迭代的显示，能增加或减少迭代的次数、显示完整的迭代或仅显示最终的迭代。一个对象的系列迭代图像有时称为此对象的轨道。

当迭代规则中只有一个映射时，更多的是希望显示完整的迭代；当有两个或两个以上的映射时，更多的是希望显示最终的迭代。

“迭代次数”决定迭代重复多少次，最小值为 1。如果用一个度量值或计算值定义迭代次数(迭代深度)，当迭代首次创建时，当前值即为迭代深度，不能被编辑。

通过先选定迭代图像，然后用键盘上的+/−来改变迭代数。

选择“显示”|“完整迭代”命令显示所有的迭代图像(每次迭代生成的图像)。“最终迭代”仅仅显示最后的一次迭代图像，不考虑设置的迭代次数。

2.5.2 “迭代”的分类

从迭代的对象分析可知迭代原象只能是至少有一个自由度的点与参数，下面对这两类迭代的作图方法通过举例进行说明。

1. 仅以点为迭代对象的迭代

【例 2-38】绘制正十七边形。

(1) 选择“数据”|“计算”命令，在新建计算对话框中输入“360°÷17”，作为正十七

边形的外接圆每一段弧的圆心角(注意单位)。

(2) 绘制两个点 A 和 B，双击点 A 标记为中心，选定 B 点，选择“变换”|“旋转”命令，角度单击引入步骤(1)的计算值，得 B'，连接 BB'。

(3) 选定 B 点，选择“变换”|“迭代”命令，打开图 2.105 所示的对话框。

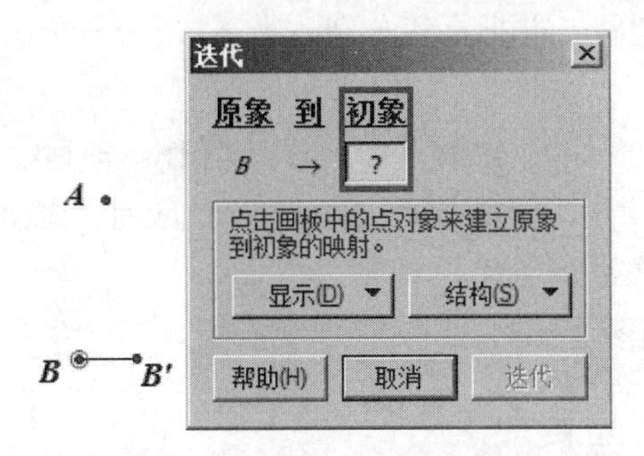

图 2.105 “迭代”对话框

(4) 在初象高亮区中单击 B'，指明初象。对话框变为如图 2.106 所示，注意到“迭代次数：3”，图形在原有的基础上增加了 3 条线段。

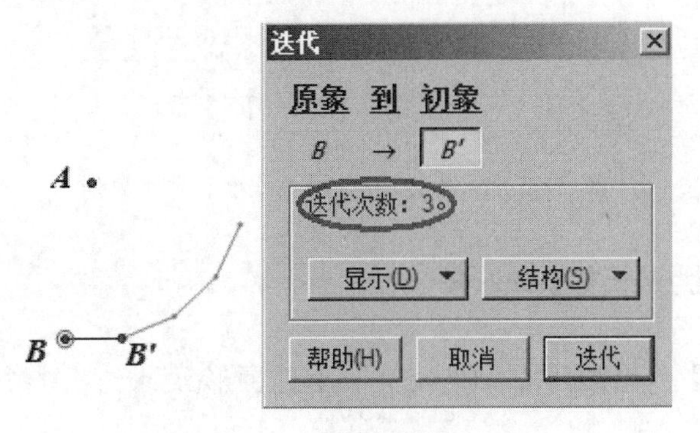

图 2.106 迭代次数

(5) 重复按键盘上“＋”键，使迭代数为 16(让计算机重复绘制 16 次)，如图 2.107 所示，注意工作区中图形的变化。

(6) 单击“迭代”按钮，正十七边形构造完毕，如图 2.107 所示。

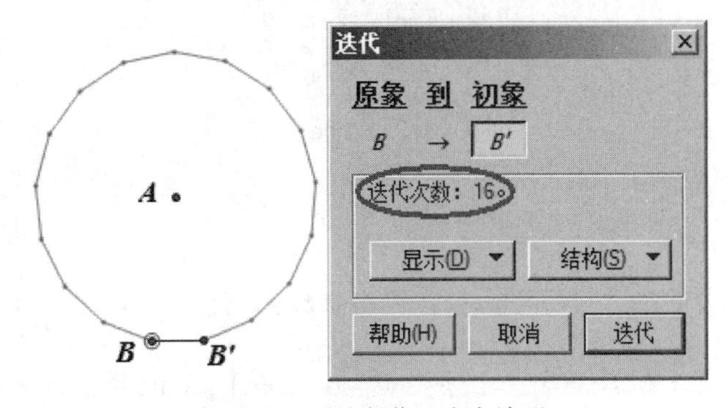

图 2.107 用迭代作正十七边形

【例 2-39】用几何方法绘出首项为 a_1，公比为 q 的等比数列。

(1) 选择“绘图”|“定义坐标系”命令。

(2) 把点(1, 0)标签设为 A 点，在 x 轴上任取另一点 B，过 A、B 作 x 轴垂线。

(3) 分别在两条垂线上任取两点 C、D，隐藏垂线。

(4) 度量 C、D 的纵坐标，并把标签分别改为 a_1、q，选择 q 的值，选择“变换”|“标记比值”命令。

(5) 把点 C 向右移一个单位，得到点 C'，过点 C' 作 x 轴垂线交 x 轴于点 E，隐藏垂线。

(6) 隐藏 C'，双击点 E 标记为缩放中心，选中 C' 应用“变换”|“缩放”命令得到 C''，选择 C 为原象，C'' 为映像进行迭代。

(7) 迭代 10 次，得到图 2.108。

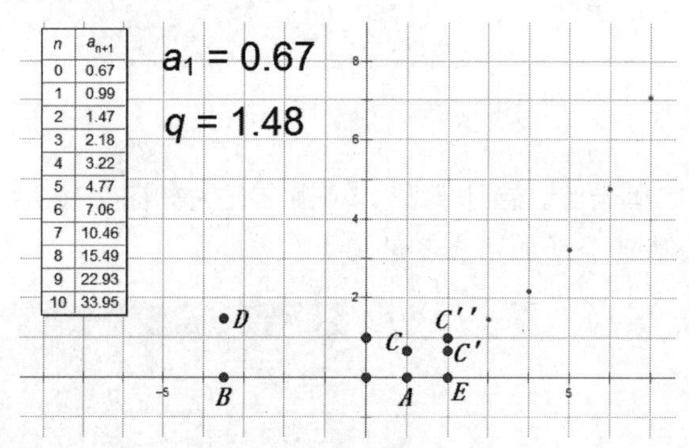

图 2.108　用迭代绘制等比数列

2. 以参数为迭代对象的迭代

【例 2-40】作出数列 $a_n=(n+2)\left(\dfrac{9}{10}\right)^n$ 的图形(要求绘出十个实点以上，并用参数控制迭代次数)。

(1) 建立矩形网格，选择“数据”|“新建参数”命令，新建参数 n 和 t。

(2) 选择“数据”|“计算”命令，单击参数 n，计算 n+1；选择“数据”|“计算”命令，单击参数 n，计算(n+1)−1，如图 2.109 所示。

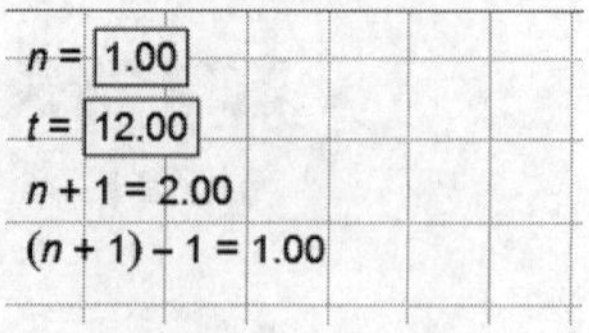

n = 1.00
t = 12.00
n + 1 = 2.00
(n + 1) − 1 = 1.00

图 2.109　设置迭代原象参数

(3) 选择“数据”|“计算”命令，单击参数 n，计算 $(n+2)\left(\dfrac{9}{10}\right)^n$，如图 2.110 所示。

(4) 选中参数 n 和 t，单击“变换”选项，在按住 Shift 键的同时单击“深度迭代”选项，在对话框中输入“n+1=2.00”，单击对话框中的“迭代”按钮，即可出现数列的表格数据，如图 2.111 所示。

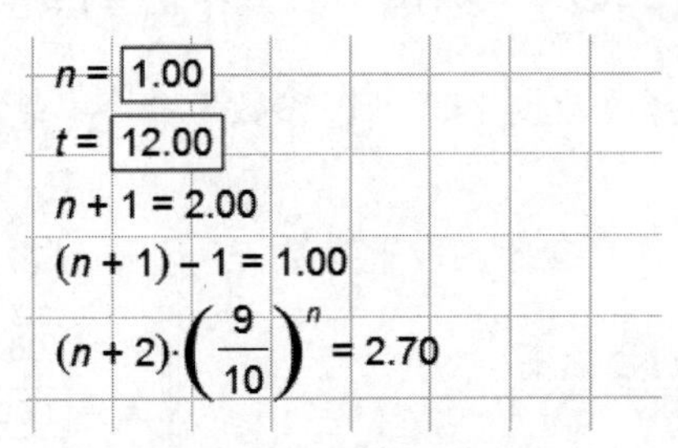

图 2.110　计算迭代初象

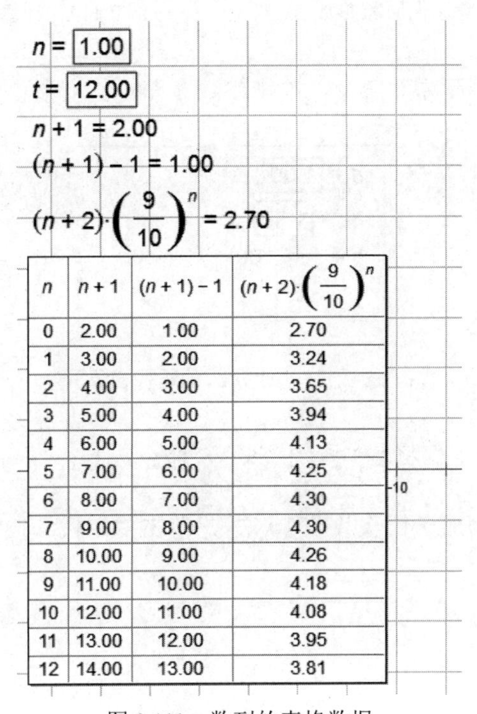

n	$n+1$	$(n+1)-1$	$(n+2)\cdot\left(\frac{9}{10}\right)^n$
0	2.00	1.00	2.70
1	3.00	2.00	3.24
2	4.00	3.00	3.65
3	5.00	4.00	3.94
4	6.00	5.00	4.13
5	7.00	6.00	4.25
6	8.00	7.00	4.30
7	9.00	8.00	4.30
8	10.00	9.00	4.26
9	11.00	10.00	4.18
10	12.00	11.00	4.08
11	13.00	12.00	3.95
12	14.00	13.00	3.81

图 2.111　数列的表格数据

(5) 选中表格，选择“绘图”|“绘制表中数据”命令，选“(*n*+1)−1=1.00”为 x 轴，“$(n+2)\left(\frac{9}{10}\right)^n$”为 y 轴，开始“绘制”，即可绘出数列中点的图象，如图 2.112 所示。

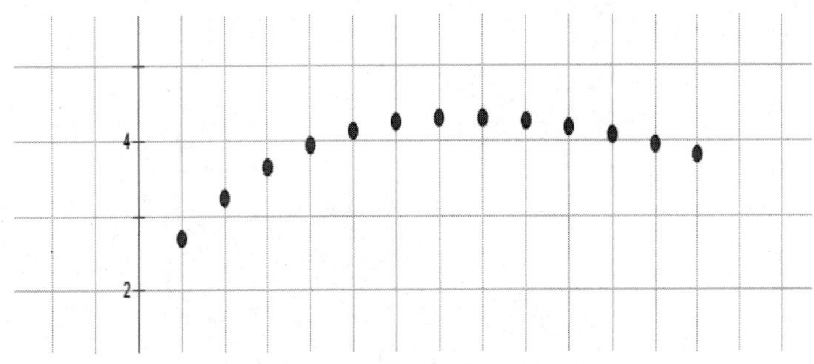

图 2.112　迭代绘制数列的图像

【例 2-41】绘出数列 $a_{n+1}=2^n+\dfrac{2}{a_n}$ 的图形，其中 $a_1=1$，要求绘出十个实点。

(1) 建立矩形网格，选择“数据”|“新建参数”命令，新建参数 n 和 a_1，如图 2.113 所示。

(2) 选择“数据”|“计算”命令，设置参数 n，计算 n+1，如图 2.114 所示。

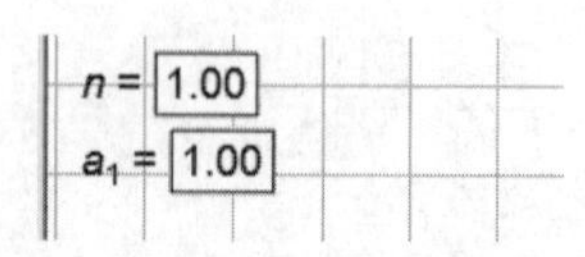

图 2.113 设置迭代原象参数

n = 1.00
a₁ = 1.00
n + 1 = 2.00

图 2.114 计算 n 的迭代初象

(3) 选择“数据”|“计算”命令，单击参数 n 和 a_1，计算 $2^n+\dfrac{2}{a_1}$，如图 2.115 所示。

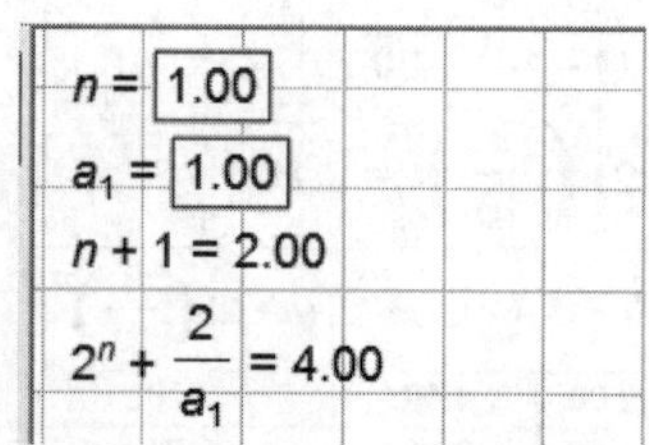

图 2.115 计算 a_1 的迭代初象

(4) 选中参数 n 和 a_1，选择“变换”|“迭代”命令，选中“n+1=2.00”，选中“$2^n+\dfrac{2}{a_1}$”，在迭代对话框中设置“增加迭代次数至 10 次”，单击“迭代”按钮，迭代出数列的表格数据，如图 2.116 所示。

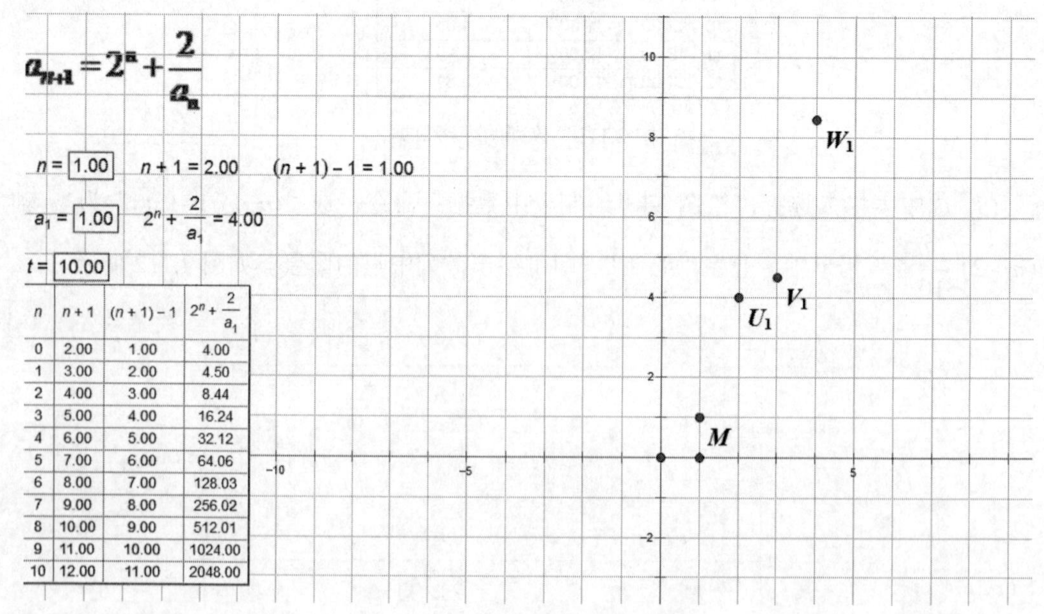

n	n + 1	(n + 1) − 1	$2^n+\frac{2}{a_1}$
0	2.00	1.00	4.00
1	3.00	2.00	4.50
2	4.00	3.00	8.44
3	5.00	4.00	16.24
4	6.00	5.00	32.12
5	7.00	6.00	64.06
6	8.00	7.00	128.03
7	9.00	8.00	256.02
8	10.00	9.00	512.01
9	11.00	10.00	1024.00
10	12.00	11.00	2048.00

图 2.116 迭代数列的表格及图像

(5) 选中表格，选择“绘图”|“绘制表中数据”命令，选“(*n*+1)”为 *x* 轴，“$2^n+\frac{2}{a_1}$”为 *y* 轴，单击“绘制”选项，即可绘出数列中点的图像。

注：可以用参数来控制迭代的次数，但参数本身不作为迭代对象。

2.5.3 “迭代”的综合应用

给每个迭代的原象指定一个初象，能创建一个迭代映射，此映射描述如何变换原象创建一个初象。有些迭代的一步迭代可以产生两个或更多个初象，这样的迭代就是多映射。本节介绍要应用多映射迭代绘制的图形。

图 2.117 所示的平行四边形棋盘方格是最普通的几何结构，构造它们的迭代规则需要多映射迭代。在两个方向上的迭代规则，对应产生映象 1 和映象 2。

用多映射构造迭代的方法是使用迭代对话框为第一个映射指定迭代初象。然后在结构菜单中选择“添加新的映射”，并为第二个映射中的每个原象指定新的初象。当所有的映射设置好后，单击“迭代”按钮，执行迭代。

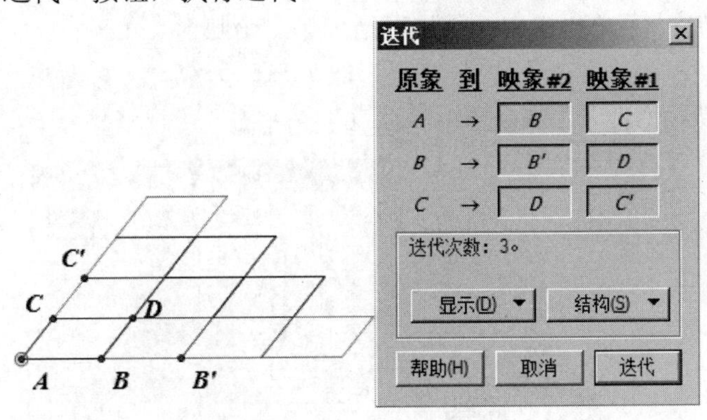

图 2.117 多映射迭代

当使用迭代对话框时，可通过“结构”来控制迭代的结构，“结构”下拉菜单包含如下功能。

- 增加迭代映射或删除当前的迭代映射。
- 设置创建的迭代图像是否显示点对象。在多映射迭代时，若不想看到迭代图像点，只想保留迭代图像的线段、多边形等，选中“仅保留非点类象”复选框，迭代时画板自动创建没有点的迭代图像。
- 为所有的迭代度量值创建一个表。
- 设置迭代对象上的点处于初始对象上点相对类似的位置。

【例 2-42】制作谢尔宾斯基三角形。

谢尔宾斯基三角形是一个不规则的几何图形(如图 2.118 所示)，是用三个小三角形内部替换大三角形。然后将得到的三个小的三角形内部的每一个再由更小的三个三角形内部替换，如此进行下去。由于在每个阶段将用三个不同的三角形替换原象三角形，需要定义三个映射。

(1) 新建画板，用“线段直尺工具”构造一个三角形 ABC。

(2) 构造其三边的中点。用文本工具把三个顶点标签改为 A、B、C，三个中点的标签改为 D、E、F。

现在有一个原象三角形，它内含许多小三角形，如三角形 AFE、三角形 FBD 等。注意那三个较小的三角形：三角形 AFE、三角形 FBD 和三角形 EDC，它们形成源三角形内部“三角形”。

(3) 选择 A、B、C 三点，从“变换”菜单中选择“迭代”。

(4) 在迭代对话框中，输入映射 $A\Rightarrow F$，$B\Rightarrow B$，$C\Rightarrow D$。

此映射为源三角形到左边小三角形 FBD 的映射。可以看到在源三角形左边小三角形里有一组迭代三角形。

注意在这一步中映射 B 点到它本身，由于这个顶点同在源三角形与左边小三角形上。

(5) 用“结构”菜单中的“添加新映射”到迭代规则中。新的映射如下：$A\Rightarrow E$，$B\Rightarrow D$，$C\Rightarrow C$。

(6) 通过“结构”菜单再次向迭代规则增加第三个映射。第三个映射如下：$A\Rightarrow A$，$B\Rightarrow F$，$C\Rightarrow E$。

(7) 单击“迭代”按钮，得到谢尔宾斯基三角形。

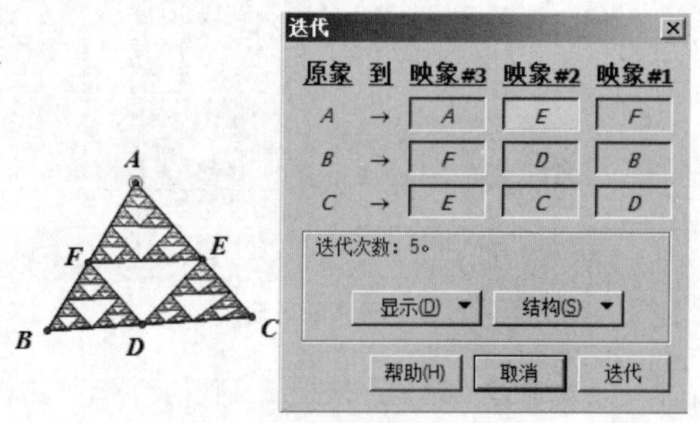

图 2.118　谢尔宾斯基三角形

注意：

- 不要增加迭代的次数太多，由于每个迭代增加三次，会大幅减缓系统运行的速度。
- 选定迭代生成的图像，可以用键盘的“+”或者“-”来增加或减少迭代的次数。

【例 2-43】构造“奇妙的勾股树”。

运行结果如图 2.119 所示，单击动画按钮，观察“奇妙的勾股树”动态变化，颜色也进行不断改变，在展示数学规律的同时给人一种赏心悦目的感觉。

(1) 功能运用

本例将揭示“深度迭代”功能和一些基本图形的构造方法，以及如何用参数来控制对象颜色的变化。

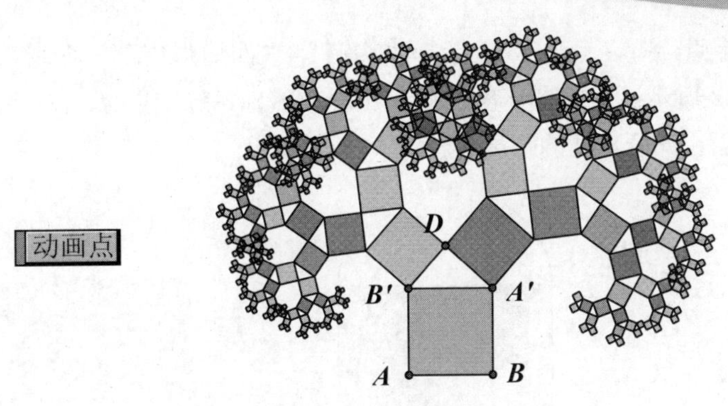

图 2.119　奇妙的勾股树

(2) 制作思路

制作两点驱动的正方形，给正方形填充颜色后，用动态的度量值作为参数颜色。再利用半圆构造直角三角形，然后用“深度迭代”构造“勾股定理树”。

(3) 制作步骤

① 选择“线段直尺工具”，并按住 Shift 键，绘制出水平线段 *AB*，双击点 *A* 标记为中心，选定线段 *AB* 和点 *B*，选择“变换”|“旋转”命令，旋转角度为 90°，单击“旋转”按钮，得到线段 *AB′*；双击点 *B′* 标记为中心，旋转线段 *AB′*，旋转角度为 90°，得到线段 *B′A′*；选定点 *A′*和点 *B*，按快捷键 Ctrl+L，构造线段 *A′B*，此时构造出正方形 *ABA′B′*，如图 2.120 所示。

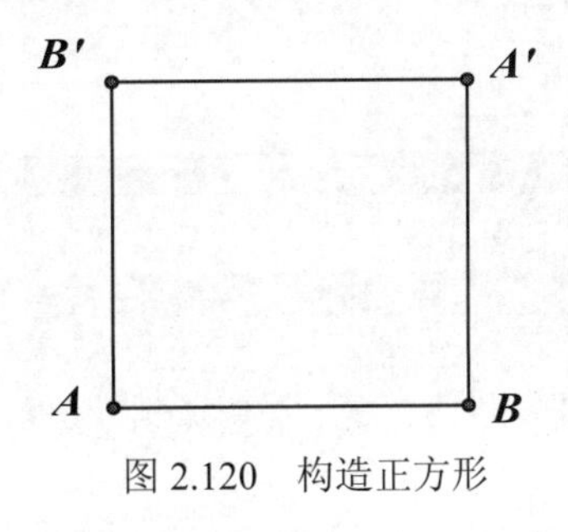

图 2.120　构造正方形

② 选定线段 *A′B′*，按 Ctrl+M 快捷键，构造出 *A′B′*的中点 *C*，依次选定点 *C*、点 *A′*和点 *B′*，选择“构造”|“圆上的弧”命令，构造出以 *A′B′*为直径的半圆，如图 2.121 所示，用“点工具”在半圆上绘制点 *D*。

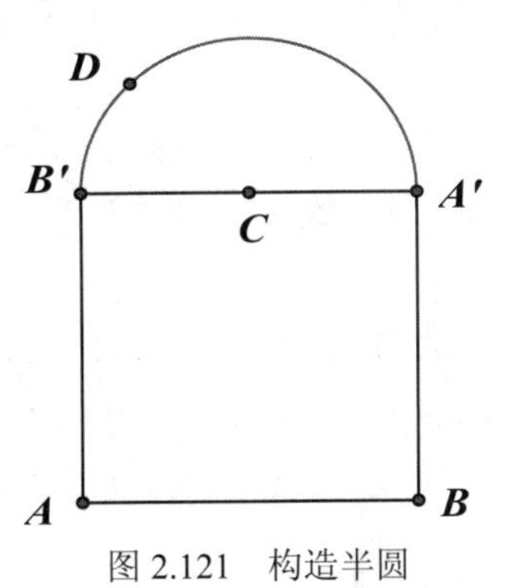

图 2.121　构造半圆

③ 依次选定点 A、B、A'、B'，选择“构造”|“四边形内部”命令，把正方形填充上颜色，如图 2.122 所示；在绘图区空白处单击释放鼠标，选定点 A、D，选择“度量”|“距离”命令，得到 A、D 两点间的距离值。

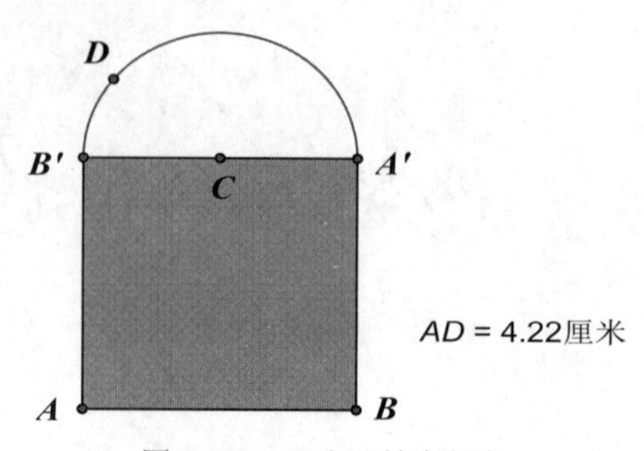

图 2.122 正方形填充颜色

④ 依次单击选定正方形的内部和度量值，选择“显示”|“颜色”|“参数”命令，打开“颜色参数”对话框，参数范围设为“0～0.3”，单击“确定”按钮，将正方形内部颜色设为动态参数，如图 2.123 所示。

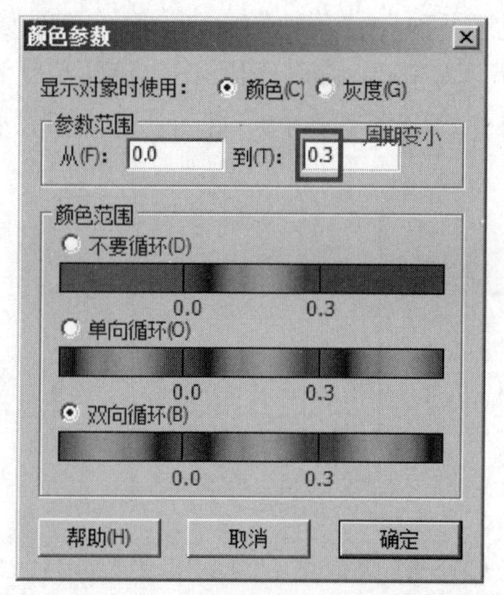

图 2.123 设置正方形内部颜色

⑤ 选择“数据”|“新建参数”命令，打开“新建参数”对话框，单击“确定”按钮，得到参数“n=3”。

⑥ 依次选定半圆和点 C，按快捷键 Ctrl+H 隐藏。依次选定点 A、点 B、参数 n=3(参数必须最后选定)，单击“变换”按钮，按住 Shift 键，单击“深度迭代”选项，打开“深度迭代”对话框。

⑦ 当点 A 对应的“初象”框为粉色的时候，单击点 B'；当点 B 对应的“初象”框为粉色时，单击点 D，结果如图 2.124(a)图所示。

⑧ 单击图 2.124(a)图所示的“结构”按钮，打开图 2.124(b)图所示的下拉列表。

⑨ 单击“添加新的映射”，打开图 2.125(a)图所示对话框，当迭代“映象#2”对话框

出现新的？后，依次单击点 D 和点 A'；取消选中结构下拉列表中“生成迭代数据表”，不显示表格，单击“迭代”按钮，完成迭代，得到图 2.125(b)图所示的勾股树图形。

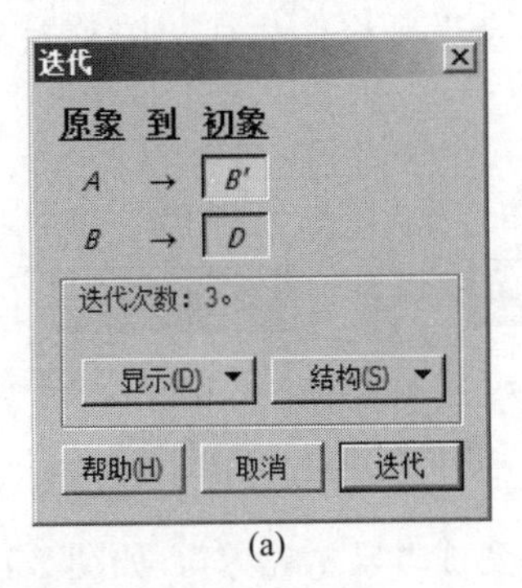

(a)

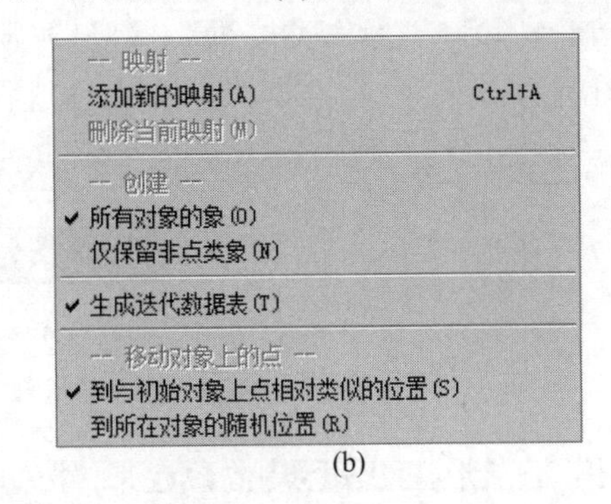

(b)

图 2.124　迭代设置

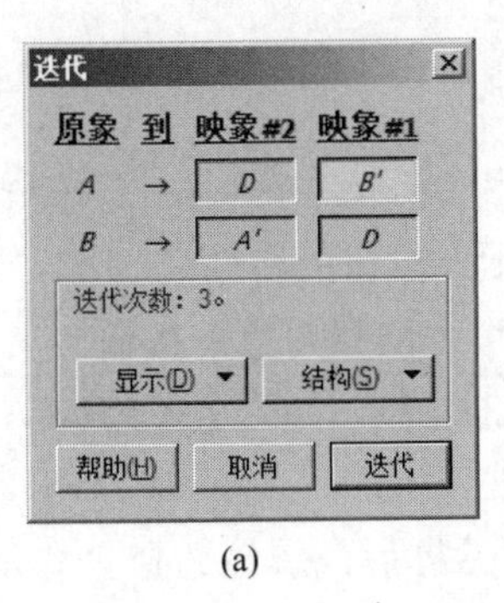

(a)

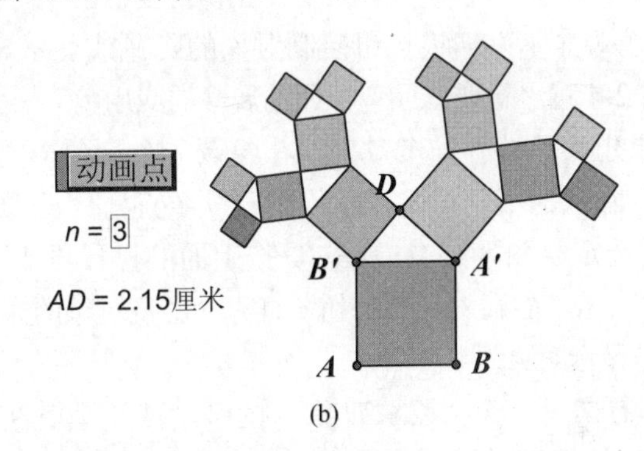

(b)

图 2.125　映象设置及生成的勾股树图

⑩ 选定参数“n=3”，通过键盘上的“＋”“－”键控制参数 n 值的增减，同时也控制迭代层数的增减。最后选定点 D，选择“编辑”|“操作类按钮”|“动画”命令，生成“动画点”按钮，单击该按钮，点 D 在半圆上运动，同时迭代得到的图形进行相应的运动。

“勾股树”也叫“毕达哥拉斯树”。

2.6 操作类按钮的制作技巧

在几何画板中，可以通过设置按钮来实现对象的显示和隐藏、对象的移动和动画、页面的跳转和链接的控制等。在几何画板 5.05 版本中，操作类按钮有“隐藏/显示”“动画”“移动”“系列”“声音”“链接”和“滚动”共 7 个，这些按钮可以实现对相关对象的动作控制。

2.6.1 “隐藏/显示”按钮的制作

我们在制作教学课件时需要控制对象的显示和隐藏，下面我们通过一些实例来学习几何画板“隐藏/显示”按钮的制作技巧。

【例 2-44】三角形隐藏与显示的切换。

(1) 在工作区中绘制一个三角形，框选三角形所有对象，如图 2.126(a)图所示。

(2) 选择“编辑”|“操作类按钮”|“隐藏/显示”命令，生成“隐藏对象”按钮，如图 2.126(b)图所示。

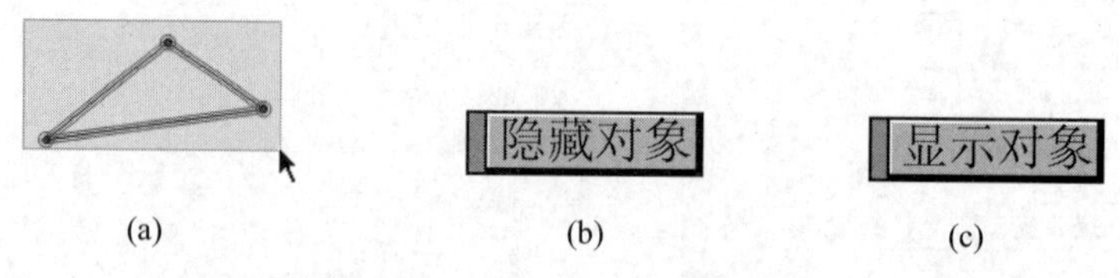

图 2.126　显示、隐藏三角形按钮

单击按钮，三角形在绘图区中隐藏起来，按钮变成“显示对象”，如图 2.126(c)图所示。单击“显示对象”按钮，隐藏的三角形又显示出来，按钮又变成“隐藏对象”。在这里通过一个“隐藏/显示”切换按钮控制对象的隐藏或显示。

【例 2-45】“隐藏/显示”按钮的属性的应用。

如果想实现这样一个效果，在隐藏一个三角形的同时，显示一个正方形；而当隐藏正方形时，隐藏的三角形又显示出来，就要熟悉“隐藏/显示”按钮的属性。

(1) 选定绘图区域中△*ABC*，按上面的操作再生成一个“隐藏对象”按钮。

(2) 右击“隐藏对象”按钮，打开“隐藏对象的属性”对话框，如图 2.127 所示，动作选择“总是显示对象”。

(3) 右击另一个“隐藏对象”按钮，打开“属性”对话框后，属性选择“总是隐藏对象”，这时三角形的显示和隐藏通过两个按钮来控制，如图 2.127 所示，单击“显示对象”按钮显示△*ABC*，单击“隐藏对象”按钮，隐藏△*ABC*。

在例 2-52 中将结合系列按钮完成上述的效果的制作。

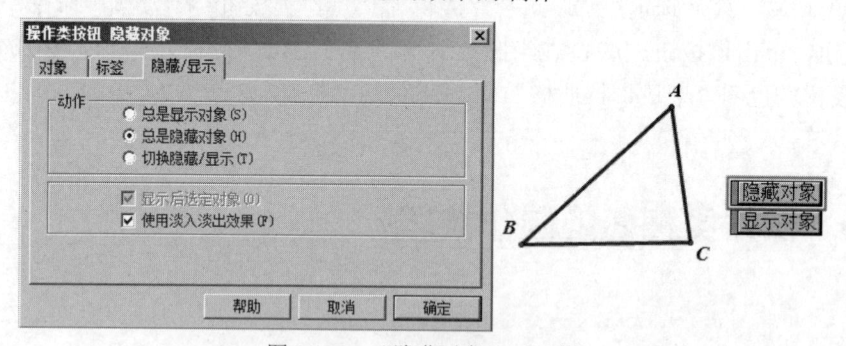

图 2.127　“隐藏对象”对话框

在“显示/隐藏”的属性中，有“显示后选定对象”和“使用淡入淡出效果”选项，这两个选项都是控制显示和隐藏效果的。如果选中“显示后选中对象”复选框，单击“显示对象”按钮后，显示的对象会是被选定状态，有粉色的选定显示。在对象比较多时，如果显示出来的对象都是选定状态，整体显示效果不是很好，可以在这里取消选中“显示后选定对象”复选框。如果选中“使用淡入淡出效果”复选框，对象在隐藏和显示切换中，就是“慢条斯理”地消失和出现。

如果选定了对象以后，单击“编辑”按钮，按住 Shift 键选中“隐藏/显示”，会在绘图区域中同时建立两个按钮分别列放，一个是“隐藏对象”按钮，另一个是“显示对象”按钮。

2.6.2 “动画”按钮的制作

几何画板中的动画功能使图形生动连续地表现运动效果，用动画可以非常方便地描画出运动物体的运动轨迹，而且轨迹的生成是动态的、逐步的，能够表现出轨迹产生的全过程。

几何画板的动画效果，实现了动态的几何，是对解析几何的最好诠释。下面我们通过一些实例来学习动画按钮的应用。

【例 2-46】点在线段上运动的动画。

(1) 在绘图区中绘制线段 *AB* 和 *CD*，且点 *C* 在线段 *AB* 上，如图 2.128 所示。

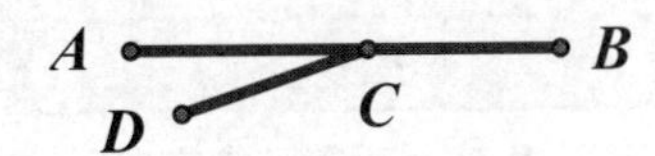

图 2.128　绘制线段

(2) 选定点 *C*，选择“编辑”|“操作类按钮”|“动画”命令，打开图 2.129 所示对话框。单击“确定”按钮后在绘图区中出现一个“动画点”按钮，可通过该按钮来控制点 *C* 在线段 *AB* 上的运动。

在图 2.129 所示的对话框中，“对象”选项卡是显示动画的对象，可以追溯其父对象和子对象。“标签”选项卡和其他选项卡相同，可以修改标签的名称和选择是否在自定义工具中使用标签。在“动画”选项卡中，可以改变“方向”，根据动画的对象不同而不同，可以是“双向”“顺时针”“逆时针”“随机”等。如果选中“只播放一次”复选框，则单击“动画”选项，对象只在路径上运动一次，如图 2.130 所示。

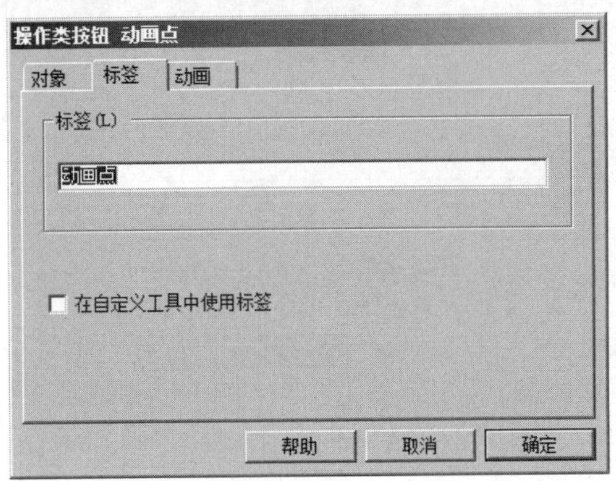

图 2.129　“控制点 *C* 动画”对话框

“速度为”可以设定“慢速”“中速”“快速”和“其它”，如图 2.131 所示。“中速”是系统默认速度的 1.0 倍，“慢速”是系统默认速度的 1/3，“快速”大约是系统默认速度的

5/3 倍。系统默认为每秒 2.857 厘米(9/8 英寸，不同计算机显示会有小差异)。在“其它”中，可以输入任意自定义速度。自定义速度的单位为每秒系统单位距离，比如，自定义速度是 5，实际速度就是“5×2.857 厘米/秒”。系统单位距离设定在“编辑”|“高级参数选项”|“系统”|“正常速度”选项中，如图 2.132 所示。

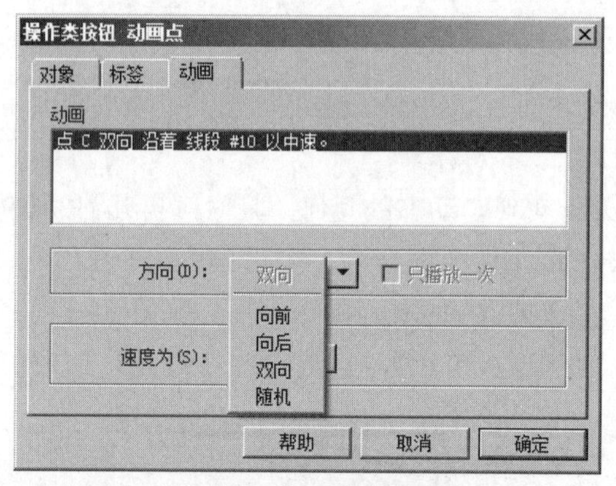

图 2.130　设置动画方向

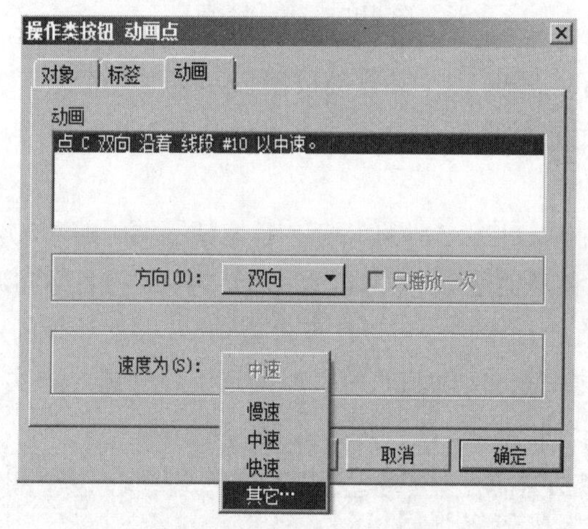

图 2.131　设置动画速度

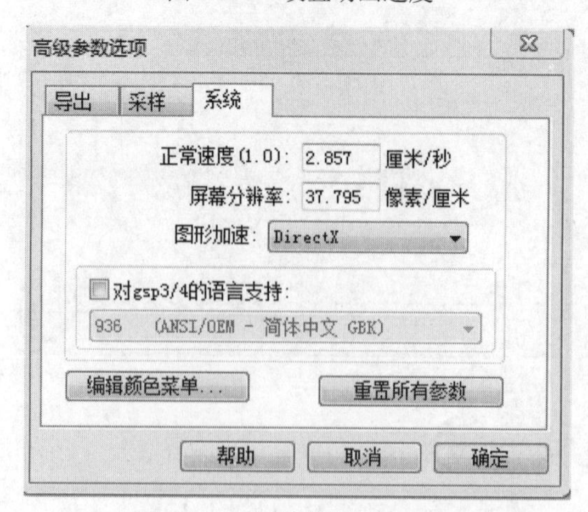

图 2.132　系统单位距离设定

单击“动画”按钮，点 C 开始运动，再一次单击这个按钮，点 C 运动停止。

【例 2-47】制作点在圆上的动画。

(1) 在绘图区中绘制圆 O 和线段 AB，其中点 A 在圆上。

(2) 选定点 A，选择“编辑” | “操作类按钮” | “动画”命令，打开图 2.133 所示的动画对话框。

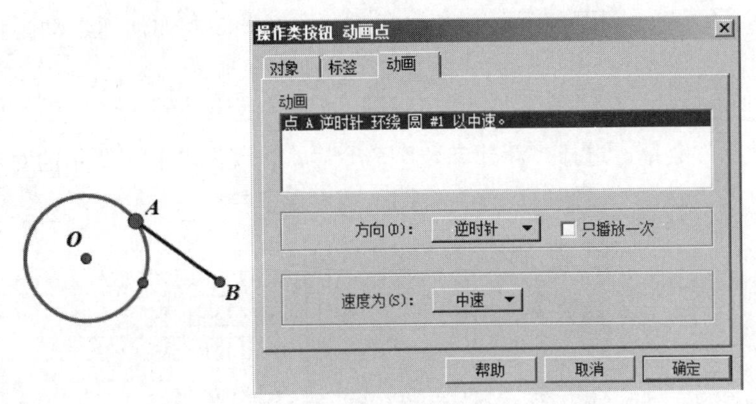

图 2.133 点在圆上的动画

(3) 选择动画方向、动画次数、动画速度，修改按钮的标签，单击“确定”按钮，绘图区域中会出现一个“动画点”按钮，单击该按钮，就可以执行点在圆上的动画了。

【例 2-48】同时控制几个点的动画。

几何画板不仅能用一个按钮控制一个点的动画，还可以用一个按钮同时控制几个对象的动画。

(1) 在绘图区中绘制出图 2.134 所示图像，点 C 在线段 AB 上，点 E 在圆周上。

(2) 同时只选定点 C 和点 E，选择“编辑” | “操作类按钮” | “动画”命令，打开图 2.134 所示的动画对话框，可以选定不同的动画对象，分别根据需要进行相关设置。

(3) 单击“确定”按钮后，生成“动画点”按钮。单击此按钮可以同时控制点 C 和点 E 的运动。

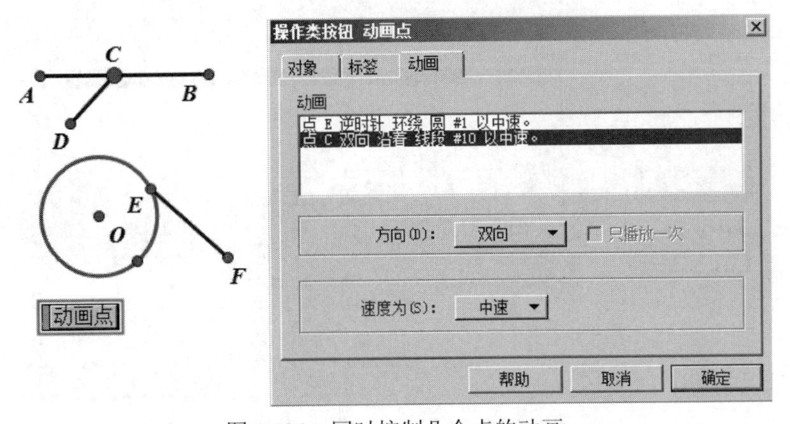

图 2.134 同时控制几个点的动画

【例 2-49】设置动画的参数。

几何画板中的动画对象，除了可以是点、线这样的实体外，还可以是参数。使用动画动作，控制参数数值变化，就是参数的动画。几何画板中的参数是不同于度量值和计算值的，它是独立存在的一种数值，它的建立不依靠具体的对象。使用参数可以进行计算、构造可控制的动态图形、建立动态的函数解析式、控制图形的变换、控制对象的颜色变化等。参数的具体应用在后面有专门章节，本例只涉及如何通过动画按钮控制参数的变化。

(1) 建立参数

打开“数据”菜单，选择“新建参数”命令后，出现图 2.135 所示的对话框，参数默认无单位。单击“确定”按钮后，便在绘图区域出现了参数。

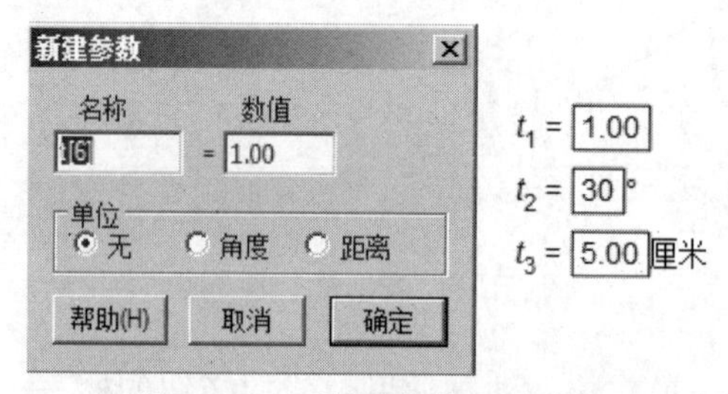

图 2.135 “新建参数”对话框

(2) 参数的动画

选定参数(框选或者单击参数的背景色)，选择“编辑”|“操作类按钮”|“动画”命令，打开参数的动画属性对话框，如图 2.136 所示，根据需要进行相关设置。其中的“方向”控制参数变大或者变小，每秒多少个单位变化就是参数变化的速率，变化范围控制参数的极值。单击“确定”按钮后，在工作区中出现一个“动画参数”按钮，单击此按钮参数按设置进行变化。参数变换范围已经突破 5.0 版的 4320 上限。设定的“范围”只是参数“动画”的范围，如果手动改变参数的大小，不受这个范围限制。

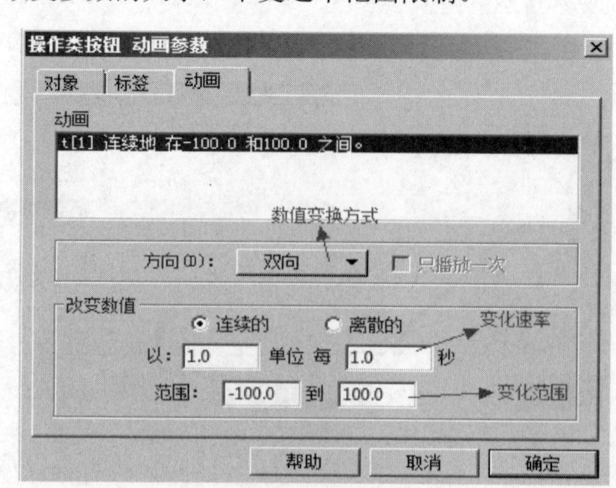

图 2.136 参数的动画属性对话框

2.6.3 “移动”按钮的制作

移动就是将选定的对象从出发地向目的地发生位移。在绘图区中依次选定点 A 和点 B 后，选择“编辑”|“操作类按钮”|“移动”命令，打开该按钮命令的属性选项卡，如图 2.137 所示，根据需要选择适当的速度，单击“确定”按钮后在绘图区中生成一个“移动点”按钮。单击该按钮时点 A 向点 B 移动，到达点 B 时停止。

如果同时选定 $2k$ 个点，制作“移动”按钮，则所有序号为奇数点同时移向偶数点。就是 $2k-1$ 的点，移向 $2k$ 的点。

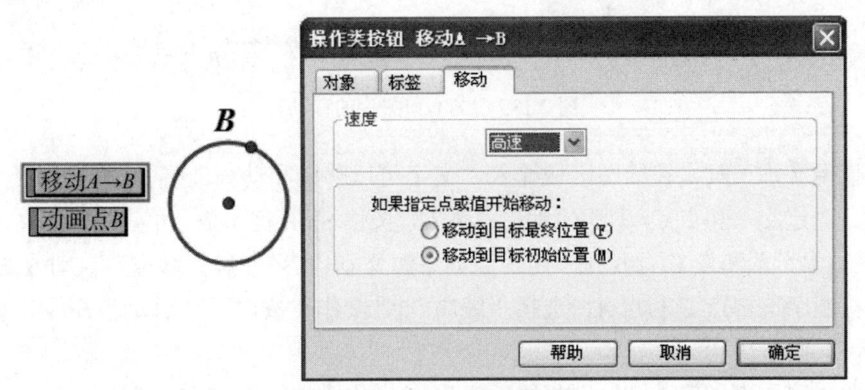

图 2.137 “移动”选项卡

如果目标点 B 也是运动状态，则“移动到目标最终位置”就是点 A 始终跟随点 B 运动，直到点 B 停止，点 A 运动到点 B 停留的位置。“移动到目标初始位置”就是点 A 向(单击移动点按钮时)点 B 的即时位置移动，不追随点 B 的后续运动。如果速度选为“高速”，则点 A 只能执行“移动到目标初始位置”。

【例 2-50】三角形的平移。

(1) 在绘图区域中绘制$\triangle ABC$、一条线段 DE，在线段上任取一点 F，如图 2.138 所示。

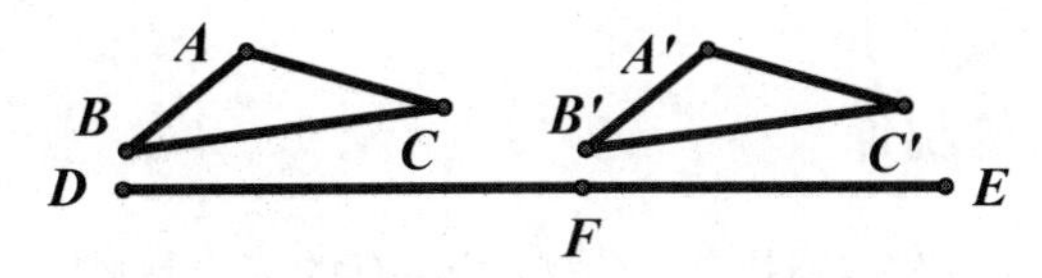

图 2.138 绘制$\triangle ABC$、一条线段 DE

(2) 依次只选定点 D 和点 F，选择“变换”|“标记向量”命令。

(3) 框选$\triangle ABC$，选择“变换”|“平移”命令，按照标记向量平移，得到一个三角形，并利用文本工具加上标签。

(4) 依次选定点 F、点 D，选择“编辑”|“操作类按钮”|“移动”命令，在属性对话框中速度设置为“中速”，修改标签为“合并”。

(5) 依次选定点 F、点 E，选择“编辑”|“操作类按钮””|“移动”命令，在属性对话框中速度设置为“中速”，修改标签为“分离”。

(6) 隐藏除三角形以外的对象，单击“合并”与“分离”按钮，可以看到两个三角形重合与分离的动态过程。

使用移动按钮最简单的移动对象是点，想要文本和图片参与移动，就需要将文本和图片合并到点，然后，按上面的步骤生成点移向点的移动按钮，再隐藏点。这样一来，通过按钮控制点的移动，就可以实现文本和图片的移动。

【例 2-51】文本和图片的移动。

(1) 如图 2.139 所示，在绘图区域绘制线段 *AB*，在线段上绘制一点 *C*。

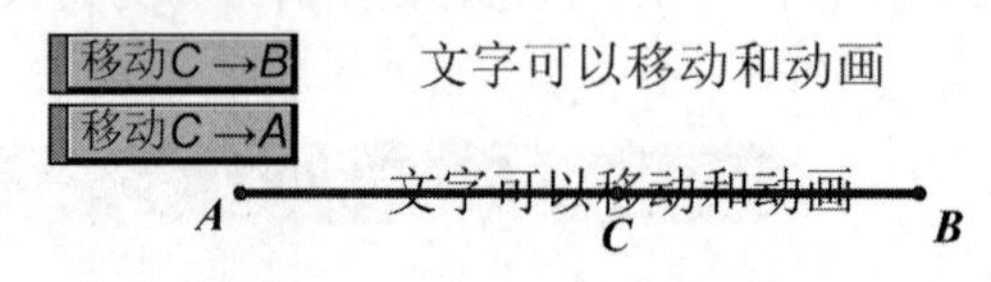

图 2.139　文本和图片的移动

(2) 使用文本工具，在绘图区域输入“文字可以移动和动画”。

(3) 只选定文本和点 *C*，打开“编辑”菜单，按住 Shift 键不放，单击“合并文本到点”，文本的“影像”就和点 *C* 合并在一起了。如果源文本内容修改，“影像”自动改变。

(4) 按顺序选定点 *C* 和点 *A*，选择“编辑”|“操作类按钮”|“移动”命令，显示“移动点 *C*→*A*”按钮。

(5) 顺序选定点 *C* 和点 *B*，选择“编辑”|“操作类按钮”|“移动”命令，显示“移动点 *C*→*B*”按钮。

(6) 选定点 *A*、*B*、*C* 和线段 *AB*，按下快捷键 Ctrl+H 隐藏。

(7) 单击两个按钮，实现移动文本。

同样操作，如果在第 4 步，选择的是“动画”命令，会生成“动画点”按钮，实现文本的动画。

如果将图片粘贴到绘图区域中，选定图片和点 *C*，选择“编辑”|“将图片合并到点”命令，就可以通过移动或者动画点来实现图片的移动。

2.6.4　“系列”按钮的制作

几何画板提供的“系列”按钮操作，是将已经有的多个操作类按钮进行组合，形成一个新的执行按钮，主要是将顺次选定的动作按钮“同时执行”或者“依序执行”。

选定多个操作类按钮，选择“编辑”|“操作类按钮”|“系列”命令，打开图 2.140 所示的对话框。

选定多个操作类按钮的方法是，使用鼠标依次单击每个按钮标签的左部背景处(彩色)，可以选定多个按钮。还可以使用框选的方法，选定多个操作类按钮(若按钮位置不邻近，按 Shift 键依次单击即可)。如果是制作顺序执行的系列按钮，需要在框选过程中注意按钮的框选顺序。

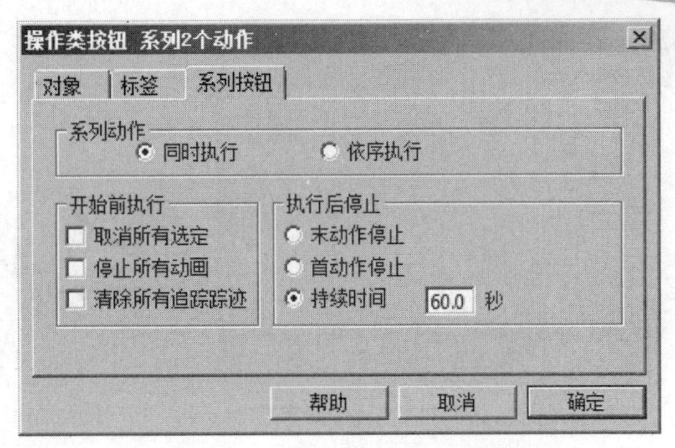

图 2.140 “系列按钮”对话框

“系列按钮”对话框中的“系列动作”下有对所有动作顺序的要求，“同时执行”是指所有动作与选择顺序无关，“依序执行”是按照选定动作的前后来执行操作动作。选择了“依序执行”，可以调整动作之间的暂停时间。还有动作“开始前”的一些选择，根据自己需要选择就可以。“取消所有选定”是释放被选定的对象，使马上进行的动作对象更加醒目。“停止所有动画”是强调马上要进行的动作。“清除所有追踪踪迹”是清理马上执行动作的环境。

“执行后停止”是在执行了某些动作后，系列按钮的总动作停止。因为系列按钮中所包含的几个按钮将被同时执行，而各个按钮执行动作所需的时间不一定相同，所以总的动作终止需要前提条件。

- “末动作停止”：系列中所有的按钮对象都动作完毕，才停止系列按钮操作。
- “首动作停止”：当系列中任何一个子按钮执行的动作结束，所有的其他子按钮执行的动作都停止。
- “持续时间”：执行系列按钮经过设定的秒数后(默认 60.0 秒)，系列中所有子按钮执行的动作都停止。

在“依序执行”的选项中，动作之间暂停的时间，就是系列中子按钮执行的动作的间隔时间。

【例 2-52】“系列”按钮的制作。

如果想实现这样一个效果，在隐藏一个三角形的同时，显示一个正方形；而当隐藏正方形时，隐藏的三角形又显示出来，可以使用“系列”按钮的制作。

(1) 如图 2.141 所示，选定绘图区域中$\triangle ABC$，选择“编辑”|“操作类按钮”|“显示/隐藏”命令，生成一个“隐藏对象”按钮。同样操作再生成一个“隐藏对象”按钮。

(2) 右击“隐藏对象”按钮，打开“属性”对话框，选择“总是显示对象”单选按钮。

(3) 右击另一个“隐藏对象”按钮，打开“属性”对话框后，选择“总是隐藏对象”单选按钮。

这时三角形的显示和隐藏通过两个按钮来控制，如图 2.141 所示，单击“显示对象”按钮显示$\triangle ABC$，单击“隐藏对象”按钮隐藏$\triangle ABC$。

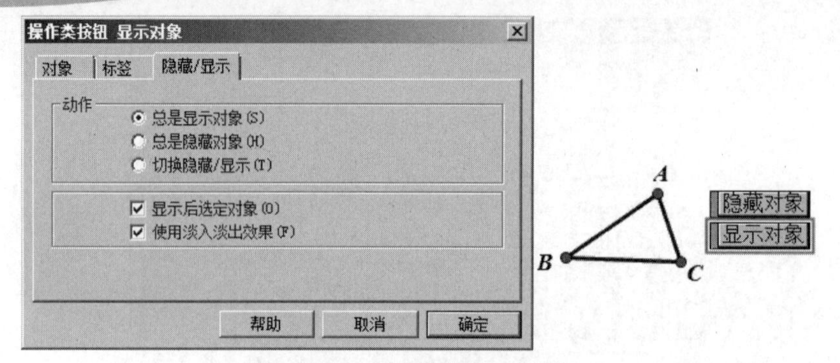

图 2.141 “显示对象”对话框

(4) 隐藏△*ABC* 后，在绘图区域中绘制出正方形 *ABCD*，用上面的方法再制作两个按钮，属性分别设置成“总是显示对象”和“总是隐藏对象”。

(5) 依次选定三角形图的“隐藏对象”按钮和正方形图的“显示对象”按钮(这两个按钮必须是非按下状态)，选择“编辑”|“操作类按钮”|“系列”命令，打开“系列按钮”对话框，如图 2.142 所示。

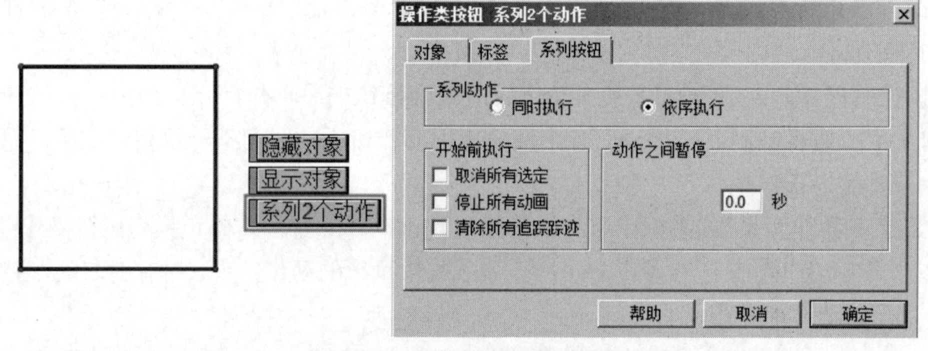

图 2.142 “系列按钮”对话框

(6) 选择“标签”选项卡，在“标签”栏中输入“正方形”，如图 2.143 所示。单击“确定”按钮，生成“正方形”按钮。

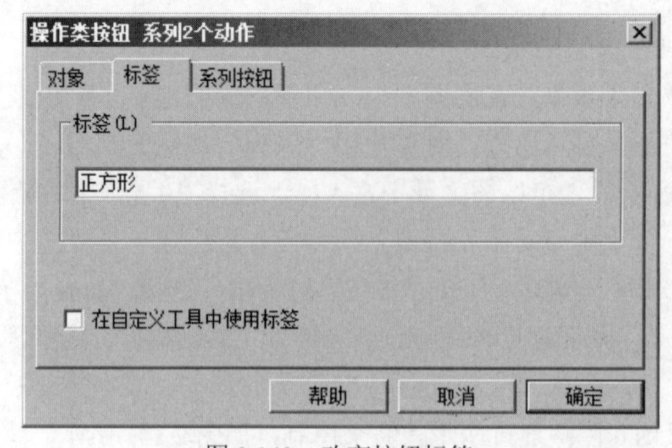

图 2.143 改变按钮标签

(7) 依次选定正方形图中的“隐藏对象”按钮和三角形图中的“显示对象”按钮，如制作“正方形按钮”一样制作一个系列按钮，将按钮标签改为“三角形”。

(8) 保留“正方形”和“三角形”两个按钮，选定其他按钮后，按 Ctrl+H 快捷键隐藏，最后效果如图 2.144 所示。单击“三角形”按钮，隐藏正方形显示三角形，单击“正方形”，隐藏三角形显示正方形。

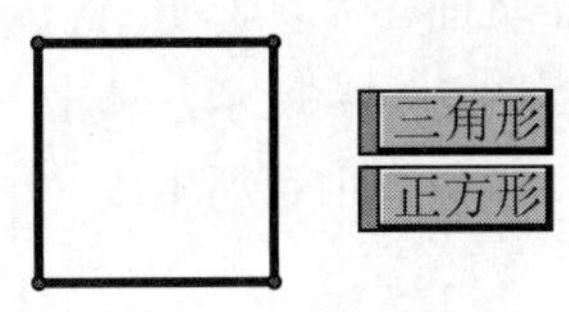

图 2.144　系列按钮效果图

2.6.5　“链接”按钮的制作

操作类按钮中还有一个“链接”命令，使用此命令按钮可以实现几何画板文件中页面的跳转、链接到互联网上的资源、进行本机文件的超级链接等。“链接”按钮不同于其他按钮，没有前提条件，选择“编辑”|“操作类按钮”|“链接”命令就可以打开设置对话框。

1. 超级链接

“超级链接”的属性对话框如图 2.145 所示。在超级链接的信息栏中输入“http://”开头的网址就可以链接到互联网上的资源。输入互联网地址以后，单击“确定”按钮，绘图区域中自动出现超级链接的按钮。

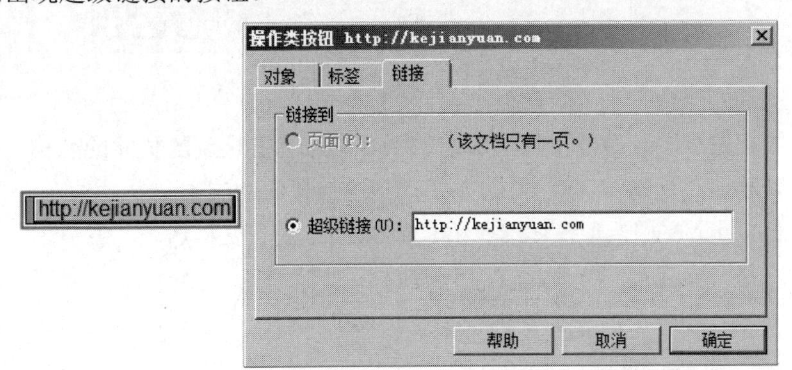

图 2.145　“超级链接”的属性对话框

此外，还可以实现本地文件的超级链接。本地文件是指在画板软件所在计算机中的可执行文件程序，比如，一首歌曲、一段音乐、一个 Excel 表格文档，都可以输入到超级链接中。在几何画板中，必须将文件的扩展名一并输入，否则链接不会执行。最好的方式是右击想要链接的文档，查看其属性，将文件路径复制粘贴到链接的对话框中。比如：C:\Users\Administrator\Desktop 下的“迈克尔杰克逊- sister.mp3”歌曲，在属性中复制路径，在文档重命名中复制文件全名称，分别粘贴在链接的对话框中即可。在画板软件执行过程中，单击这个按钮，运行画板时，自动播放背景音乐，如图 2.146 所示。

C:\Users\Administrator\Desktop\迈克尔杰克逊 - sister.mp3

图 2.146　本地文件的超级链接

2. 链接到几何画板文件中不同的页面

如果一个几何画板文件有多个页面，可以通过“链接”按钮来实现页面的跳转。在“链接”的属性对话框中选择页面，如图 2.147 所示，单击下拉箭头，显示本文件中所有的页面，单击所要跳转的页面名称，在工作区中自动生成一个按钮，单击该按钮可跳转到所链接的页面。

如果选择“页面上的按钮”，则创建的链接按钮直接链接到跳转页中的那个按钮上。单击这个链接按钮，不但视图跳转到指定的页，并且直接执行目标页中的按钮对应的命令。但“页面上的按钮”不能链接到本页的按钮上。

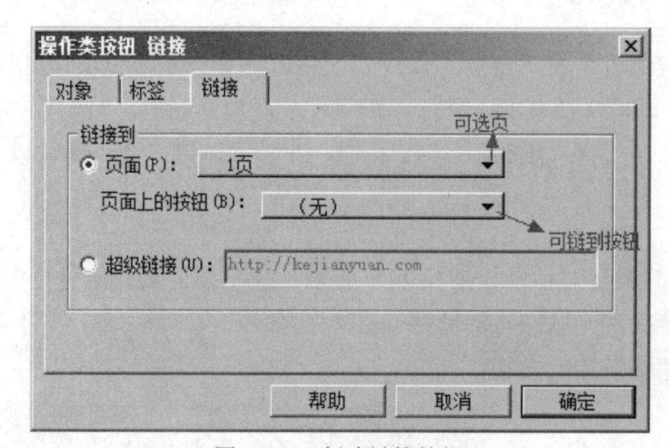

图 2.147　创建链接按钮

创建链接按钮后，修改链接按钮所在的页名称或者链接到的页面的名称，链接按钮仍然有效。可以通过“复制”“粘贴”的方式得到链接按钮的副本。

关于页面中的“文档选项”详细介绍，参见 2.1.5 的“文档选项”章节。

2.7 上机实验

实验一　数学教学软件基本操作

一、实验目的：掌握简单几何图形绘制。

二、实验内容

1. 作出三角形的垂心。

2. 作出三角形的外接圆与内切圆。

3. 验证：三角形三边的中点、三条高的垂足、垂心到三顶点的中点共圆。

4. 作出两圆的内外公切线。

实验二　应用轨迹与跟踪功能绘制图形

一、实验目的：掌握轨迹功能的应用。

二、实验内容

1. 设 P 是圆 O 上的一动点，C 为半径 OB 上一定点，连接 PC 并作 PC 中垂线交 OP 于 Q，求 Q 的轨迹。

2. 设 $ABCD$ 为矩形，P 是 AB 上的一动点，过 P 作 $PE\perp AC$ 于 E，$PF\perp BD$ 于 F，

(1) 作出 EF 的中点轨迹。

(2) 作出线段 EF 运动的轨迹。

3. 三角形 ABC 顶点 A 在一定圆上运动，另外两个顶点固定，作出三角形 ABC 外心的轨迹。

4. 作出与已知定圆、定直线都相切的圆的圆心轨迹。

实验三　应用轨迹与变换功能绘制复杂几何图形

一、实验目的：理解“平移”功能的含义，掌握平移功能与轨迹功能相结合使用的方法。

二、实验内容

1. 绘制一个正四棱柱。

2. 作出圆柱及过其侧棱上中点且与底面平行的截面。

3. 把平行四边形割补成矩形。

4. 应用向量的平移作出圆柱的斜截面。

实验四　使用“旋转”与“缩放”功能绘制复杂几何图形

一、实验目的：掌握“旋转”与“轨迹 ”“移动”功能及其应用，熟练将前两者结合绘制复杂图形。

二、实验内容

1. 作出正五边形图形，并将图形沿五边形的中心

(1) 缩小到原来的 1/2；

(2) 放大到原来的 2 倍。

2. 绘制五角星，并设置控制按钮使其绕中心旋转 180°。

3. 作出把梯形割补成矩形的课件。

4. (1) 用轨迹功能绘出球面；

(2) 运用缩放、平移、轨迹功能绘出球冠。

实验五　单元复习

一、实验目的：掌握轨迹、变换等功能的综合应用。

二、实验内容

1. 作出正方体过三条棱中点的截面。

2. 应用两种不同的方法作出平行于圆锥底面的截面，并用动画按钮设置不同位置的动态截面。

3. 绘出与两个已知圆都外切的动圆圆心的轨迹。

4. 求到定圆的距离与到定直线的距离之比等于定值的点的轨迹(点到定圆的距离定义为：该点与圆心连线的长减圆的半径。)

5. 绘出球面的水平截面，并设置动画。

6. 绘出平行与圆锥母线的截面。

实验六　应用度量与计算功能验证数学命题

一、实验目的：掌握数学对象的度量方法，能将度量值转换成对象，灵活运用度量与计算功能制作验证类课件。

二、实验内容

1. 验证三角形内角平分线性质定理；圆周角与圆心角关系定理；正弦定理。

2. 对圆上的一段弧，验证：弧长与圆周长的比值、弧度角与圆周角的比值、扇形面积与圆面积的比值均相等。

3. 制作验证相交弦定理的课件，设置“移动”按钮给出三种情形。

4. 探索：推广勾股定理(以直角三角形三边向外作平行四边形，分析面积之间的关系)。

实验七　函数图像的绘制

一、实验目的：掌握特殊要求的函数绘制方法。

二、实验内容

1. 绘出函数 $f(x)=ax+\dfrac{b}{x}$ 在区间[−9, 9]的图像。

2. 绘出函数 $y=3\sin\left(2x+\dfrac{\pi}{3}\right)$ 在区间 $[\pi, 5\pi]$ 的图像。

3. 绘出半圆内接矩形面积的函数的图像。

4. 绘出分段函数 $y=\begin{cases} x(x+4), 0<x<3 \\ \sin x, -5<x<0 \end{cases}$ 的图像。

5. 已知 F_1、A_2 分别是椭圆的一焦点与顶点，P 是椭圆上的点，求 $\angle F_1PA_2$ 的最大值。

实验八　曲线图像的绘制

一、实验目的：掌握各种形式的坐标曲线绘制方法。

二、实验内容

1. 已知 A、B 为 y 轴上两个定点，点 C 在 x 轴上，作出角随 C 变化的图像。

2. 作出

$$\begin{cases} x = a\sec\theta, \\ y = b\tan\theta, \end{cases} \theta\text{为参数}$$

的图形。

3. 在极坐标系中画出曲线$\begin{cases} r = \sin(at), \\ \theta = \cos(bt), \end{cases}$ $(0 \leqslant t < 2\pi)$的图像，调整 a 和 b 的值得到不同的图像，并为这些图像取合适的名字。

4. 在极坐标系中画出曲线$\begin{cases} r = a + \sin(bt), \\ \theta = t, \end{cases}$ $(0 \leqslant t < 2\pi)$ 的图像，并调整 a 和 b 的值得到不同的图像。

实验九　使用“迭代”功能绘制下列图形

一、实验目的：初步理解迭代功能的若干要素，通过实例的操作领会以点为迭代对象时迭代功能的含义。

二、实验内容

1. 用迭代功能 12 等分圆。

2. 用几何方法绘出首项为 a_1，公比为 q 的数列(要求：绘出十个点以上)。

3. 已知直角三角形 ABC 过直角顶点 A 作 BC 边的垂线段交斜边与 D，再过 D 作垂线段，如此重复，用迭代作出图形(次数 5)。

4. 用迭代的方法构造正方形，使得从第二个正方形开始，其顶点分上一个正方形的边之比为定值，如图 2.148 所示。

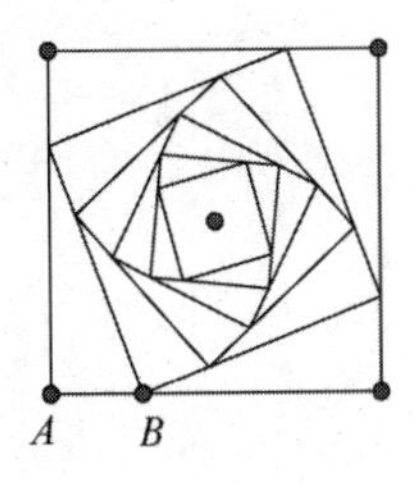

图 2.148　迭代图像

实验十　使用“迭代”功能绘制数列图形

一、实验目的：初步理解迭代功能的若干要素，通过实例的操作领会迭代功能的含义。

二、实验内容

1. 作出数列 $a_n = n(0.8)^n$ 的图形。(要求：绘出十个实点以上，并用参数控制迭代次数。)

2. 绘出数列 $a_{n+1} = 3^n + \frac{2}{a_n}$ 的图形，其中 $a_1 = 1$。(要求：绘出十个实点。)

3. 绘制数列 $a_{n+2} = a_{n+1} + a_n$ 的图形，其中 $a_1 = 1$，$a_2 = 1$。

4. 绘制 n 等分圆周，并用参数控制迭代次数。

第3章

信息技术整合于数学教学的相关理论

教育技术在数学教学中的使用不是随意的、无目的，它离不开教学理论的支持。那么哪些教学理论与之密切相关，是使用者必须遵循的呢？本章将对此展开阐述。

3.1 建构主义学习理论

3.1.1 建构主义思想概述

建构主义的产生和发展有两条脉络，一条源于哲学；另一条源于心理学，基本沿着“行为主义→认知主义→建构主义”的轨迹发展。可以说，建构主义是在整合了皮亚杰、维果茨基、布鲁纳、奥苏伯尔、加涅等认知主义理论的核心思想并赋予新的意义而构建起来的，因此它是认知主义的进一步发展。建构主义认为，知识不是通过教师传授得到，而是学生在一定情境即社会文化背景下，借助他人(包括教师和伙伴)的帮助，利用必要的学习资料，通过意义建构方法而获得。因此建构主义学习理论认为，“情境”“协作”“会话”和“意义构建”是学习环境的四大要素或属性。建构主义理论对学习的内涵作出了新的解释，这些解释涉及许多方面，但大凡一种学习理论，都需要回答有关学习的三个基本问题：学习的实质是什么？学习的过程是怎样的？促进学习的条件是什么？图 3.1 所示的模式图可以勾勒出建构主义对这三个问题的回答。

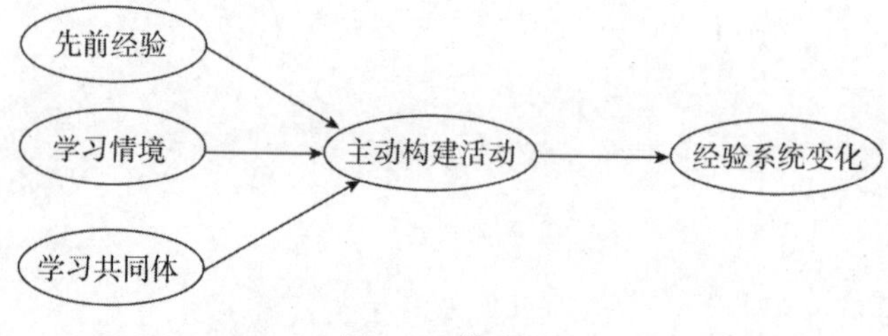

图 3.1　模式图

这一模式表明，学习的实质是学习者的经验系统的变化，也就是说，学习者经过学习，其经验系统得到了重组、转换或者改造。这一学习结果是由于学习者经历了主动建构的过程而导致的。

(1) 主动建构和先前经验

建构主义的最基本理念是：知识是学习者主动建构起来的，就是人在一定的情境之下，面临新事物、新现象、新问题、新信息时，会根据情境中的线索，调动头脑中事先准备好的多方面、多层次的先前经验，来解释这些新信息、解答这些新问题，赋予它们意义。

(2) 学习情境

建构主义认为，知识的意义总是存在于情境之中的。学习总是在一定情境之下进行的，人不能超越具体的情境来获得某种知识。学习时的情境不是一个无关因素，而是有机地卷入了建构活动。

(3) 学习共同体

建构主义强调，学习总是在一定的社会文化环境下进行的，即使学习者表面上是一个人在独自学习，但他所用的书本、计算机都是人类文化的产物，积淀着人类社会的智慧和经验。知识是社会约定的，存在于一定的社会区域之内。一个人有什么样的观念和认识，总是与他所处的学习共同体的观念和认识分不开的。个体并不是一个孤立的探究者，他头脑中有什么知识，他有多聪明，实际上还是与周围共同体相互作用的结果。

(4) 学习结果(经验系统的变化)

学习是在先前经验的基础上进行的，学习的结果是先前经验的变化，具体表现为重新组织、转换、改造。这种变化是多方面的，有认知方面的变化，知识和技能的变化，也有情感方面的变化，如动机、态度、信念、价值观等。

从建构主义的观点来看，学生的学习过程应是一个自己亲自参与的，充满丰富、生动的概念活动或思维活动的组织过程，强调活动的经验性，活动经验是进一步进行抽象思维的基础。从这个意义上来讲，把动态几何软件作为学生学习的一种认知媒介，一方面，为学生建构性地学习数学提供了一个很好的环境；另一方面，学生可以通过动态几何软件环境体验数学的发生、发展过程，通过观察、操作、分析、归纳等数学活动增加学生体验，逐渐达到“运演”水平。

3.1.2 建构主义观的辨析

建构主义观的本质是强调事物的意义不是独立于我们之外而存在的，对事物的理解更主要取决于学习者的内部建构。建构主义学习观的基本点在于，知识是学习者在一定的情境下，借助他人(教师、学习伙伴等)的帮助，利用必要的学习材料，通过个体自己建构的方式而获得。

1. 建构主义流派的基本差异

在建构主义基本观下，建构主义有较多的流派，其中影响较大的为激进(极端)建构主义、社会建构主义、信息加工建构主义。

(1) 激进建构主义

激进建构主义的基本理念是：知识不是对客观事物本来面目的反映，知识只是适应和体现主体的经验，知识不能传递，只能由个体建构。

它的极端性在于强调个体必须独立建构自己的经验世界，强调个体所有的知识都是在个体与经验世界的活动中建构起来的，把内部建构的作用推到极致地位。它虽然并不排斥教师的帮助，但认为教师的作用是次要的。所以激进建构主义比较忽视学习的社会性。

(2) 社会建构主义

社会建构主义的要义是，把学习看成个体内部建构与外部建构相互作用的过程。社会建构主义虽然也强调个体建构，但认为社会对个体的学习发展所起到的支持和促进作用必不可少，这是与激进建构主义的最重要区别之所在。因此与激进建构主义轻视教师的作用相比，社会建构主义更重视教师的作用；与激进建构主义认为知识不是对客观事物本来面目的反映相比，社会建构主义强调个体建构要与知识的客观意义趋于一致。

(3) 信息加工建构主义

信息加工建构主义在信息加工理论基础上发展起来。它坚持信息加工的基本范式，但承认“知识由个体建构而成”的这一建构主义基本原则，认为学习不仅是人对外部信息的加工，而且意味着外来信息与已有知识之间存在双向的相互作用，新经验意义的获得要以原有的知识经验为基础，超越所给的信息，而原有经验又会在此过程中被调整或改造。信息加工建构主义被认为是“轻微的建构主义”。当前教学中采用的建构主义学习，基本属于这个理论范畴，首先是接受外部信息，然后在认知加工过程中体现建构主义思想，即在主客体相互作用的过程中实现个体的内部建构。信息加工建构主义与普通信息加工理论的本质差异在于，强调内部对外部信息的加工要超越所给的信息。因而，它并不排斥教师的教，重要的是内部建构的意义要超越教师的教。

2. 不同建构主义分歧的基本点

不同建构主义差异的基本点，可以概括为“外部输入—内部生成”和“个体建构—社会建构”两个维度上的分歧。

在“外部输入—内部生成”的维度上，不同的建构主义表现出知识是外部输入还是内部生成的倾向性程度的差异。外部输入的倾向性越大，学习过程中接受的成分越多；内部生成的倾向性越大，学习过程中建构的成分越多。

在“个体建构—社会建构”的维度上，不同建构主义反映在“个体”和“社会”两个方面倾向性程度的差异。这主要指“个体的建构”“个体间的建构”“社会性建构”之间的差异，实际上目前不同的建构观在这一维度上的分歧正在缩小。

3. 建构主义流派的共同点

建构主义的各个流派尽管存在着分歧，但在基本方面存在很多共同点，下面的观点是不同建构主义共性的综合。

(1) 对知识的理解方面

建构主义者认为，知识并不是对现实的准确表征，而只是一种解释和假设。学生根据自己的经验背景，以自己的方式建构对知识的理解，不同的人看到的是事物的不同方面，因此对于世界的理解和赋予意义由每个人自己决定，而不存在唯一标准的理解。这种思想的先进性在于，课本知识只是一种假设而解释世界的“模板”，在解决问题时并非能拿来即用，还是要按照具体情况进行再创造。因而，知识不能灌输、强加，要靠学生以自己的经验、信念对新知识分析、检验和批判。

(2) 对学习活动的理解方面

建构主义者认为，学习活动不应是由教师向学生传递知识，而是学生建构自己的知识的过程，同时把社会性的互动作用看作促进学习的源泉。“建构”包含两个方面的含义：

①对新信息的理解是通过运用已有经验，超越所提供的新信息而建构成的；②从记忆系统中所提取的信息本身也要按具体情况进行建构，而不仅仅是提取。

因此，建构不仅是对新信息意义的建构，而且包含对原有经验的改造和重组，即建构是双向的建构过程。一方面，新经验要获得意义需要以原来的经验为基础；另一方面，新经验的进入又会使原有的经验发生一定的改变，使它得到丰富、调整或改造。

这里必须要澄清的是，新信息是外部提供的，而新信息的意义是 内部建构的。由于建构的意义要超越所给的信息，因此，这个超越的部分只能是个体主动建构的信息。至于这个“超越的部分”是如何建构起来的，每个个体可以有自己的方式。“学习者不是被动地吸收信息，而是主动地建构信息”的真正含义正在于此。如果不提供任何信息，而要让学生建构出所有的新信息是不可能的。但是外部提供的信息只是产生这种新信息的必要条件和基础，而“超越的部分”才是新信息的核心和本质。所谓“被动吸收信息”，是指由教师直接提供这个“超越的部分”，学生只是吸收，而无须去建构它。

(3) 建构主义知识观

建构主义者认为，知识不是客观的东西，而是主体的经验、解释和假设。为了使大家认识到这一点，我们先反省一下自己头脑中的知识观。

在学习和教学行为中，我们都隐含着对知识的一套理解。例如，当我们教授科学知识时，会对学生说“牛顿发现了万有引力定律”。在这里，我们用“发现”而不是“发明”。我们说“牛顿发现了什么定律”，言下之意，牛顿的理论就如同石油、煤矿、金矿、银矿一样隐藏在世界某处，在牛顿之前是客观存在着的，后来被牛顿找到而已。这意味着，我们在无形之中将牛顿的理论当作一个东西来看待。

为什么在教学中常常把知识当作无形的东西看待呢？那是由我们头脑中的一般认识论观念造成的。我们坚信世界是客观存在的。例如，我们面前的桌子是客观存在着的，不管我们在不在屋内，它都在这里。也就是说，这张桌子的存在是客观的、确定的。知识是什么？按照辩证唯物主义认识论，知识是人脑对客观世界的属性及其联系的能动反映。但是，我们在实际工作中，经常把“能动”两个字漏掉了，换成了“直接、被动、简单”。知识于是就变成了人脑对客观世界的被动、简单而直接的反映。人脑就好像一部照相机或一面镜子，有关桌子的知识，不过是人脑中映射的桌子的底片、镜像而已。由于外在的桌子是客观存在的，有关桌子的底片或镜像也是客观存在的，因而也是确定的、绝对的。根据这一隐喻来看前面所举牛顿的例子，牛顿的理论是一个客观的、确定的、绝对的东西。这实际上不过是一种形而上学的机械反映论。

建构主义理论与这种机械的反映论是相对立的。建构主义认为，知识不是客观存在的被人发现的东西，而是人在实践活动中面对新事物、新现象、新信息、新问题所作出的暂定性的解释和假设而已。牛顿的理论并不是事先存在着的东西，而是由牛顿通过实践和认识活动发明出来的假设和解释而已，具有一定的客观性、相对性、暂定性和实用性。尤其是随着科学技术的迅速发展，人们对同一个事物、现象或问题，存在各种不同的看法。到底哪个看法代表客观的东西？都不是。它们都不过是一种暂定性的解释、假设而已。为了形象地说明这一点，我们来看一个生活实例。

某人肚子痛，上医院看病。如果他找的是西医大夫，会说这是胃炎，是因为胃里有病菌，治疗的方法是吃消炎药，杀菌、消炎，这样治疗肚子就不痛了。如果他找的是中医大夫，他会说这是肝脾不和，治疗的方式是吃草药，使肝脾调和，肚子就不痛了。这里，肚子痛的现象和问题是客观存在的，但是，对这一现象的解释、对这一问题的解决方法是客观存在的吗？不是的！是人主观创造出来的。随着人们在这一方面的研究和实践的发展，人们还可能想出更多的解释、假设和方法来。

人类社会的公众知识如此，个体知识也是如此。公众知识在每个学习者头脑中的意义不是客观的，而是每个学习者通过主动参与认识活动而主观创造出来的，是每个学习者的一种主观经验、解释、假设。同样一段程序在不同计算机中运行的结果可能是一致的，但同样一段以语言文字为载体的公众知识在不同个体的头脑中意义却是不一样的。总之，无论社会公众知识，还是个体知识，都不是客观的东西，而是人主观创造出来的暂定性的解释、假设。这种知识观对学习和教学都带来了巨大的冲击力。

4. 建构主义学习观

建构主义者认为，知识不是东西，那么，学习就不是被动地接受东西，而是主动地生成自己的经验、解释、假设。如果按照以往的知识观，知识是无形的、客观的东西，那么，学习很自然就是接受东西。因为知识既然是人类社会发现的东西，是绝对的、确定的，学生就只能接受这些绝对正确的东西了。因此，学生的任务是往自己的头脑中复制信息、印入信息，学生在学校的工作就是将课本知识“拿过来、装进去、存起来、提出来”。具体来说，学生先是感知、理解信息，再将信息存储在大脑中，然后在课堂练习或者考试中将信息提取出来。学生不管怎么想，最后都要同课本上说的一样，因为课本上的知识是人类社会发现的东西，是客观的、绝对的、确定的，因而是毋庸置疑的。这种知识观、学习观对学生的创造性是十分有害的。

建构主义者认为，学习是学习者主动建构知识的意义，生成自己的经验、解释、假设。个体学习者也生活在世界上，也有着自己的实践活动，对生活实践中所体验到的新事物、新现象、新问题、新信息也在作出自己的解释、假设。即使成人直接教给儿童知识，知识在儿童头脑中的意义也不是现成的，而是建构起来的。这经历了一个生发、形成的创造性认知过程，而非简简单单地接受、印入现成的东西。

建构主义者认为，人的认识本质是主体的“构造”过程。所有的知识都是我们自己认识活动的结果。我们通过自己的经验来构造自己的理解，反之，我们的经验又受到自己认知“透视”的影响。“理解”并不是指学生弄清教师的本意，而是指学生已有的知识和经验对教师所讲的内容重新加以解释、重新建构其意义。因此，我们不难理解学生所学到的往往并非是教师所教的这一“残酷”事实。例如，在教学中最常见的表现是：教师尽管在课堂上讲解得头头是道，学生对此却充耳不闻；教师在课堂上详细分析过的数学习题，学生在作业或测验中仍然可能是谬误百出；教师尽管如何地强调数学的意义，学生却仍然认为数学是毫无意义的符号游戏。教得多并不意味着学得也多，有时教得少反而学得多。在一定意义上说，没有一个教师能够教数学，好的教师不是在教数学，而是能激发学生自己去学数学。

为了切身体验一下知识的建构过程，请阅读下面一段文字："有一个小孩，坐在自家门前，看见一辆卖雪糕的车开过来，突然想起春节时奶奶给的压岁钱，猛地冲进屋内……"这个小孩猛地冲进屋内可能干什么？拿钱准备买雪糕。如果学习只是复制、印入信息，那我们充其量只接受到"猛地冲进屋内"那里。"省略号"所代表的意义是从哪儿来的，来自这段文字吗？不是，而是来自我们的解释和推测。

如果我们把这段文字中的"卖雪糕的车"换成"希望工程捐款车"，变成下面这段文字："有一个小孩，坐在自家门前，看见一辆'希望工程'捐款车开过来，突然想起春节时奶奶给的压岁钱，猛地冲进屋内……"这个小孩这次猛地冲进屋内可能干什么呢？拿钱准备捐款。倘若我们从不知道"希望工程"是什么，也不知道"捐款"是什么，你能想到她进屋拿钱准备捐款吗？恐怕我们可能还以为这是一辆什么稀奇古怪的车，小孩是由于恐慌而躲进屋里呢。

这说明，学习不只是印入信息，而是调动、综合、重组甚至改造头脑中已有的知识经验，对所接受到的信息进行解释，生成了个人的意义或者说自己的理解。个人头脑中已有的知识经验不同，调动的知识经验相异，对所接收到的信息的解释就不同。也就是说，知识的意义不是现成的，而是学习者经过建构活动而生成的。

如果说学习是建构知识的过程，是学习者面对新事物、新现象、新问题、新信息时，充分利用已有的知识经验进行自己的解释，生成自己的含义。那么，这一个过程必然不是被动的，而是主动的、自主的。学习者一旦遇到什么新事物、新现象、新问题、新信息，感到好奇和困惑，而且有化解好奇、消除困惑的需要，那他就自然而然地充分激活、联想过去的知识经验，进行高层次思维，来尝试作出各种解释，生成自己的理解。

在实际的学习中，学习者的自主性、主动性还体现在自主选择性上。学习者并不是被动地接受信息，而是根据过去的知识经验主动选择、寻找信息，然后加以解释。有研究表明，即使是婴儿也是积极的学习者，而不是在被动地接受刺激。他们的头脑优先接受特定的信息：语言、数学概念、自然界的特征以及物体的运动等。知识的建构过程是学习者主动、自主进行的，不仅是主动选择信息，而且是自主决定其意义，"自主"是建构性学习的本质属性。

需要注意的是，越来越多的建构主义者认为，认识应当被看成是主客体相互作用的产物，即反映和建构的辩证统一。如果完全否认了独立于思维的客观世界的存在，并认为认识活动的最终目的不应被看成对于客观真理的追求，则必然导致"极端建构主义"。建构主义者认为，每个人都以自己的方式理解事物的某些方面，学习过程要增进学习者之间的合作，使其看到那些与自己不同的观点，完善对事物的理解，因此，合作学习受到社会建构主义的重视。

5. 建构主义教学观

根据建构主义的知识观和学习观，知识不是东西，学习不是接受东西，那么，教学就不是传递东西，而是创设一定环境和支持，促进学习者主动建构知识的意义。

如果按照以往的观念，知识是东西，学习是接受东西，那么，教学就顺理成章地是传递东西。按照这样的教学观，教师的责任就是传递人类社会发现的东西；教师的工作就是先把书本上客观存在的、绝对正确的、确定无疑的东西复制到自己的头脑中，然后呈现、讲解、演示出来，一点一点地复制到学生的头脑中去；教师的目的就是使学生头脑中所接收到的东西与自己头脑中的、书本上的东西一模一样，正如教师将手中的茶杯传递给学生一样——茶杯在教师手中是什么样的，在学生手中也应当是绝对相同的。通过练习、考试等活动，让学生做一些选择题、匹配题、填空题等，教师就能知道，学生头脑中所得到的东西与自己头脑中的东西是不是一致的。教师在课堂上所关注的是：我怎么呈现、讲解、演示，一旦把信息讲出来了，我就大功告成了，就想当然地以为，这些信息在学生头脑中自然获得了与我头脑中一样的含义。因此不再关注这些信息在学生的头脑中是如何解释的，又生成了什么意义。这种教学观对学生的学习和创造是极其有害的。

建构主义者认为，知识的意义是由学习者自己建构起来的，知识的意义是无法通过直接传递而实现的。教学不是传递东西或者产品。要说教师在传递的话，教师充其量只是传递了语言文字符号信息，至于这些信息在学生头脑中是什么意思，最终还是由学习者决定的、建构的。这好像收发电报一样，发送方邮局不能直接将汉字发送给对方，必须先根据已有的编码规则，将汉字转换成拼音字母，再转换成源代码。接收方邮局接到电报源代码后，也不能直接获得汉字，而是必须利用已有的解码规则，将源代码转译成拼音字母，然后再转换成汉字。接收方没有接收现成的“意义”，而是对接收到的代码信息进行了“建构”过程，“解释”了这些信息，生成了“意义”。

人与人之间的交流也是如此，讲者无法将自己的语义直接传递给听者，只能依靠语言文字符号信息来传递。讲者先根据自己已有的知识经验，将语义转换成信息，“发送”给听者。听者接受这些信息后，则要根据自己已有的知识经验，将信息转换成自己的语义。

但是，人际交流与电报交流存在明显差别。在电报中，两方邮局所用的代码转换(编码和解码)规则是一致的，故而能够成功获得一致的汉字。但在人际交流中，讲者和听者头脑中已有的知识经验不同(即代码解码规则不同)，对同样信息的转译的结果将是不完全一致的。

在教学中，教师不仅要让学生知道什么，更可贵的是要让学生感受到什么，知识的意义不能直接传递，对知识的情感就更不能传递了。教师不只是关注如何呈现、讲解、演示信息，更重要的是，要创设一定的环境，促进学生自己主动建构知识的意义，时刻关注、了解、探知学生头脑中对知识意义的真实建构过程，并适时提供适当的鼓励、辅导、提示、点拨、帮助与支持，进一步促进学生的建构活动。

6. 数学建构主义学习的实质

鉴于数学的内容主要是抽象的形式化的思想材料，数学的活动也主要是思辨的思想活动，因此数学新知识的学习就是典型的建构学习的过程。数学建构活动不应理解为在学生头脑中机械地重复或简单地组合，而主要是一个意义建构的过程，即把这种抽象化的思想材料与学生已有的知识和经验联系起来，从而纳入学生的数学认知结构中。

数学建构主义学习的实质是：主体通过对客体的思维构造，在心理上建构客体的意义。所谓思维构造是指主体在多方位地把新知识与多方面的各种因素建立联系的过程中，获得新知识意义。首先要与所设置的情境中的各种因素建立联系，其次要与所进行的活动中的因素及其变化建立联系，又要与相关的各种已有经验建立联系，还要与认知结构中有关知识建立联系。这种建立多方面联系的思维过程，构造起新知识与各方面因素间关系的网络构架，从而最终获得新知识的意义。在这个过程中，有外部的操作活动，也有内部的心理活动，还有内部和外部的交互活动。建构学习是以学习者为参照中心的自身思维构造的过程，是主动活动的过程，是积极创建的过程，最终所建构的意义固着于亲身经历的活动背景，溯于自己熟悉的生活经验，扎根于自己已有的认知结构。

建构同时是建立和构造关于新知识认识结构的过程。建立一般是指从无到有的兴建；构造则是指对已有的材料、结构、框架加以调整、整合或者重组。主体对新知识的学习，同时包括建立和构造两个方面，既要建立对新知识的理解，将新知识与已有的适当知识建立联系，又要将新知识与原有的认知结构相互结合，通过纳入、重组和改造，构成新的认知结构。一方面，新知识成为结构中的一部分，与结构中的其他部分形成有机联系，从而使新知识的意义在心理上获得了建构；另一方面，原有的认知结构由于新知识的进入，而更加分化和综合贯通，从而获得了新的意义。可见建构新知识的过程，既建构了新知识的意义，又使原认知结构得到了重建。

数学的建构主义学习可以比喻为主体在心理上建造一个认识对象的建筑物。其建构材料，除了有关新知识的少量信息来自外部，多数信息主要来自心理内部已有的知识、经验、方法和观念；建造的过程除最初阶段少量外部活动以外，主要是内部的心理活动、是一系列思维动作的内部操作。这个内部心理建筑物的建构当然不是轻而易举的，从寻找建筑材料，辨认材料之间的实质性联系，到将心理上毫无关联的材料建立起非人为的联系等，都是内部心理上的思维创造过程，以这样的方式对新知识所建构的意义，植根于主体原有的认知结构之中，植根于主体原有的认知网络之中。这是外界力量所不能达到的，当然也是教师所不能传授的，教师的传授实际是向学生的头脑里嵌入一个外部结构，这与通过内部创造而建立起的心理结构是完全不同的。外部结构嵌入的过程，是被动活动的过程，是模仿复制的过程，最终所获得的意义缺少生动的背景，缺少经验支撑，缺少广泛知识的联系，也就缺少迁移的活动。

数学的概念、定理、公式、法则等虽然是一些语言和符号，但它们都代表了确定的意义，这些意义是数学家们根据客观事物属性的感知进行思维构造的结果，这些语言符号是这种思维结果的表达形式，也可以说是概念、定理、公式、法则的思维存在形式。学生要获得这些数学概念、定理、公式、法则的意义，并不是仅仅记住这些思维结果的表达形式，而是需要经过以自身为参照中心的思维构造过程，只不过因为有前人构造的经验，有教师创设的情境，从而使学习过程中的思维构造有捷径可循。个体思维对认识对象的客观属性感知以后，对其进行思维构造，构造的结果就是新知识的心理意义，也就是对新知识意义的建构，新知识的意义不仅是建构活动的结果，而且还是下一次新知识建构活动中思维创造的原料和工具。如果是外部嵌入的结构，因其仅仅是一个相对的孤立体，缺乏与原有认知结构的有机联系，因而其难以寻找，难以辨认，更难以将其与新知识去建立非人为和实质性的联系，造成无法建构新知识的心理意义，当主体被迫去记住它的意义时，就仅仅是一个相对孤立体的嵌入，机械学习就这样产生并恶性循环下去。

3.2 数学多元表征理论

3.2.1 表征的含义

1. 表征的经典含义

表征的经典含义来自认知心理学研究领域。表征是认知心理学的核心概念之一。表征或表征系统，是人们知觉和认识世界的一套规则。

所谓表征，指信息在心理活动中的表现和记载的方式。“表征又称心理表征。这些表征代表了外部世界贮存在头脑中的信息。一个外部客体在心理活动中可以具体形象，或者以词语和概念的形式表现出来。这些形象、词语和概念等都是信息的表征。表征既是反映和代表相应的客观事物，同时又是内部加工的对象。不同的表征所具有的共同信息称为表征的内容，而每一不同表征形式称为编码。”

例如，一谈到函数，有的人可能会再现出某个具体函数的图像或某个具体函数的解析式；而有的人可能会想到“函数是两个数集之间对应关系”等。这里的“具体函数的图像”“具体函数的解析式”和“函数是两个数集之间对应关系”都是“函数”概念在个体头脑中的表现，属于心理的、主观的东西，又叫知识的内在表征，前者叫意象、表象、心象或心智映像，后两者叫命题表征。

2. 表征的拓展含义

随着信息技术在教育、心理研究的应用，人们已经不再局限于研究心理表征了。表征的含义得到了拓展。表征是指可反复指代某一事物的任何符号或符号集。也就是说，在某一事物缺席时，它代表该事物；特别地，那一事物是外在世界的一个特征或者所想象的一个对象。因此，表征有外在表征与内在表征之别。外在表征是客观世界中对象的一个替代或是主观世界中某个对象的外化。外在表征具有多种形式，既可以是文字符号(特别是词语)，也可以是图形符号。

表征是指代某个对象的信号，这个对象可以是人脑内的主观对象，也可以是人脑外的客观对象。它代表某种对象，并传递这个对象的信息。

例如，一个“词”代表着某个特定的思想或概念，如“猫”“狗”；一张“照片”代表着被摄入的人物或风景；一张“地图”代表着一个国家、一座城市或山脉。这些“词”“照片”或“地图”都是不同事物的表征。

认知心理学的观点指出，一般地，表征是指用某一种形式(物理的或心理的)将一种事、物、想法或知识重新表现出来。

3. 数学表征的含义

研究表明学生若要理解某个数学结构，就必须在这个数学结构与一个更易理解的数学结构之间建立一个对应，而表征就是这个对应过程。它既不是表征的对象(被表征的数学结构)，也不是表征的目的(较易理解的数学结构)，表征就存在于这种映射活动之中。

表征是一个包含对象与其他对象相互转换的“包”(packages)。例如，从计算机上输入的代数表达式不能称为表征，只有当代数式的运算与外界情境的转换有了一种对应，才有了真正的表征。例如，表达式

$$(u-3-v)^2-(\sqrt{2-u^2}-v)^2$$

只有与其几何意义相对应才有了真正的表征。

数学外在表征与数学内在表征的区别何在呢？

数学外在表征是反映数学学习对象(数学学习对象是指需要学生理解和掌握的数学知识点，包括数学概念、命题和问题解决等)的外在形式，包括传统的数学符号系统(如形式代数符号、实数数轴、笛卡儿坐标系)，也包括结构性的学习情境(如那些包含具体操作材料、基于计算机的微世界)。

数学内在表征则指个体对于数学学习对象的意义赋予与建构，包括个体的语言语义、心象、视空间表征、策略及启发法、数学的情感体验等。

从表征的视角来说，数学中的“数”主要是指数学中言语表征，如文字、数字、式子、数学概念、数学性质、数学定理等。数学中的“形”主要是指数学中视觉化表征，如实物、教学模型、图像、几何图形等。因此，数学学习中，对同一个数学对象，至少可以运用“数”和“形”两类表征的多种形式表征，这就是数学对象的多元表征。

表征内容即表征所反映被表征对象的信息，也叫表征的信息。虽然数学表征从本质上说是数学学习对象的一个替代，但是，一个数学表征很难代替数学学习对象，很难反映数学本质特征，除非是数学本体表征。即使数学本体表征是表征数学本质的，但一般而言，直接学习它是非常困难的。

如果将表征的信息与数学学习对象的信息相比，那么就会出现两个极端：一是数学表征的信息没有反映数学学习对象的信息；二是表征的信息完全反映了数学学习对象的信息或表征完全等同于数学对象的本质。

一个表征的信息只有在适当的方式下才能反映被表征对象的信息，包括本质属性和非本质属性。也就是说，当表征被恰当呈现时，

$$0 \leqslant \frac{\text{表征的信息}}{\text{被表征对象的信息}} \leqslant 1$$

其信息才能反映被表征对象的全部或部分信息。

3.2.2 多元表征理论

1. 双重编码理论

美国心理学家佩维奥(Paivio)于 1986 年提出了双重编码理论，该理论的成立首先建立在双重编码理论假设的基础上，假设认为人脑同时存在两个既相互平行又相互联系的认知系统：一个用于表征和处理非语言对象的系统，一个专门负责处理语言对象的系统。与之相对应，即存在两个不同类型的表征单元：表征心理映像的“图像单元”和表征语言实体的“语言单元”。双重编码理论把加工特点分为三种类型。

(1) 表征的：直接激活语词的或非语词的表征。

(2) 参照性的：利用非语言系统激活语言系统。

(3) 联想性的：在同一语言系统或非语言系统的内部激活表征。

而一个任务的完成可能需要三种加工的一种或全部。双重编码理论可用于许多认知现象，其中有记忆、问题解决、概念学习和语言习得。

佩维奥基于人认知的独特性——同时对语言和语言事件进行处理，强调在信息的贮存、加工与提取过程中，语言和非语言信息的加工过程是同样重要的，因此提出双重编码理论最重要的原则：可以通过视觉和语言两种形式呈现信息来增强信息的回忆与识别。

随着大量试验的进行，佩维奥还发现当以很快的速度给被试者呈现一系列的图画或字词时，被试者回忆出来的图画数目远远多于字词的数目，这说明表象的信息加工比语言的信息加工具有明显的优势，大脑对于形象材料的记忆效果和速度要好于语义记忆的效果和速度。

迈耶(Mayer)及其同事们的研究结果支持佩维奥的观点——视觉信息有助于辅助人们处理和记忆文字信息、声音信息。迈耶和安德森(Anderson)还发现描述问题时用一幅图片来辅助联结更有助于回忆、问题解决和知识的转化。

在我们人类学习风格中，视觉与语言编码各占半壁江山。正如亚里士多德说过：“没有图像，思维就变成不可能的事”，双重编码理论更好地诠释了视觉和语言同时编码的重要性，更好地解释了以图像方式呈现出来的知识，可以为语言的理解提供良好的辅助和补充，降低语言通道的认知负荷，加速思维的发生。

2. 多元表征学习的认知模型

(1) 有关概念界定

叙述性表征：外在表征存在的一种形式，本质是抽象符号，如数学学习中的话语文本、书写文本、数学公式和逻辑表示等。

描绘性表征：外在表征存在的另外一种形式，本质是图像符号，如教学模型、图形、图片或是传达各种动作与感情的手势、表情动作等。

言语码：是言语系统的基本表征单位，表征言语信息。言语码有多种表现形式，主要是通过视觉、触觉、听觉等感觉通道进行表征。常见的言语码有语言文字、数学符号、单词发音、音乐、教师讲课的语言等。

心象码：是心象系统中的基本表征单位，表征非言语信息。心象码形式多样化，可以通过视觉、听觉、触觉、味觉和嗅觉等多种感觉通道进行表征，常见的心象码有图片、图像、数学模型等。

整合码：是多元表征信息在工作记忆系统中进行认知操作的最终信息形态，是由深层心象码和言语码进一步加工而成的。主要特征为它集合了认知操作过程与情境信息，具有广泛的迁移性。

浅层言语码：叙述性表征在工作记忆系统中的浅层次的认知操作的结果，是言语码的一种，具有片面性和不完整性。

深层言语码：是浅层言语码在工作记忆系统中经过进一步的认知操作得到的，经过不同水平的认知操作将产生对应不同的深层言语码。相比于浅层言语码，深层言语码更具准确性和抽象性。常见的深层言语码有：数学命题、概念及图式等。

浅层心象码：描绘性表征在工作记忆系统中进行初步的认知操作、加工的产物，缺乏深度加工，具有片面性和肤浅性。常见的浅层心象码有视觉心象、听觉心象、概念心象等。

深层心象码：是浅层心象码在工作记忆系统中进行深入的认知操作、加工的产物，具有更强的抽象意义，能较为完整地反映数学学习的对象，并且能表征学习对象的局部与整体和它们之间的关系。

(2) 多元表征学习的认知模型

多元表征学习的认知模型如图 3.2 所示，是我国学者唐剑岚[1]在他的文章《数学多元表征学习的认知模型及教学研究》中提出来的，他在双重编码理论、信息加工理论、工作记忆的模型、多媒体学习认知理论等基础上通过对数学多元表征学习过程的研究而提出的一个认知模型。多元表征学习的认知模型反映的是人们在进行多元表征学习时，多元表征信息进入大脑，大脑对这些信息进行选择、组织、操作、提取、贮存等一系列操作的认知过程。该模型对于学生多元表征学习的研究有着重要意义，对于教育教学也起着不可小觑的作用。

在多元表征学习的过程中，一个完整的认知过程包括五个认知过程：建构浅层心象码、建构浅层言语码、建构深层心象码、建构深层言语码、建构整合码。其中浅层码的建构很大程度上是受多元表征信息本身特征的驱动而产生的低水平知觉再认与模式识别过程，深层码的建构是建立在已有浅层码的基础上，对浅层码进行深入加工、操作的过程。而建构各种编码的过程包括基本操作和高级操作，其中基本操作有信息的选择与组织、提取与贮存，几乎在所有信息加工过程中都要发生。高级操作包括自身转换、精致化、参照转译，

[1] 唐剑岚. 数学多元表征学习的认知模型及教学研究[D]. 南京：南京师范大学，2008.

它们很难自发地产生，需要在一定的条件下才会发生。

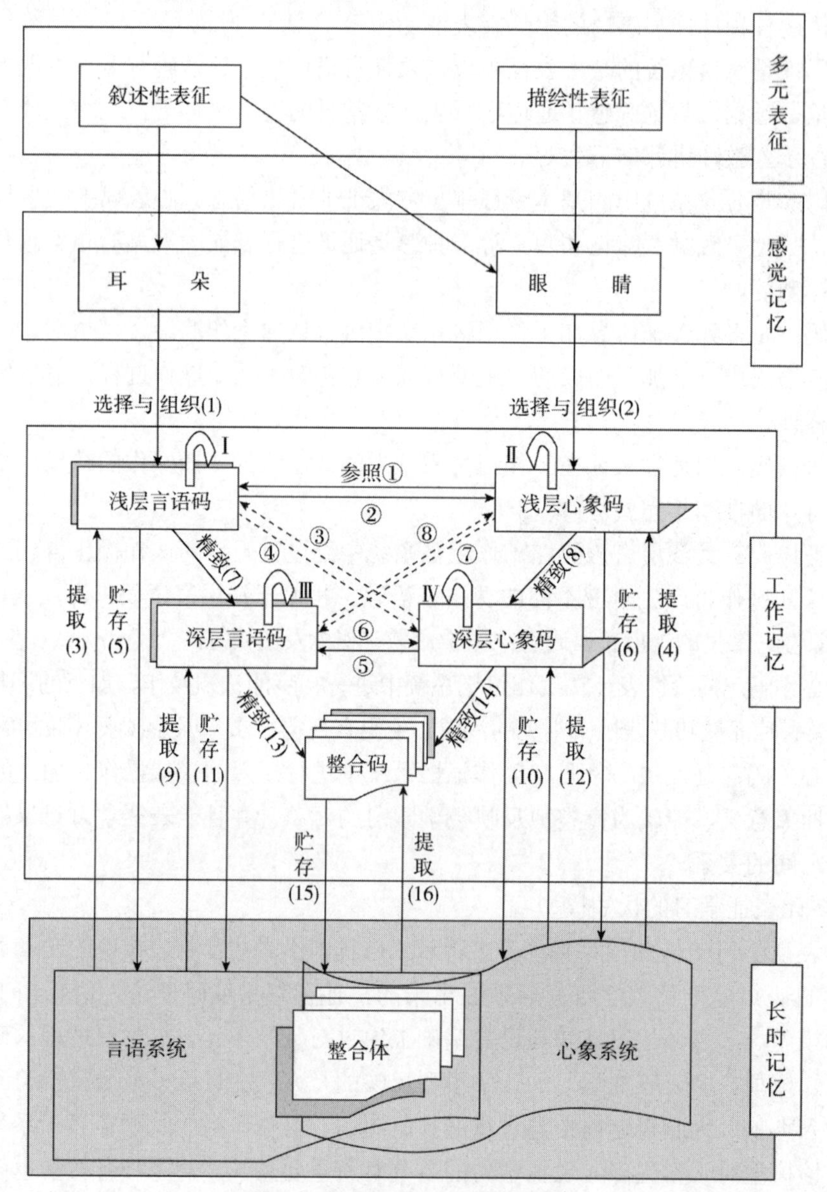

图 3.2　多元表征学习的认知模型

3.3 认知负荷理论

认知负荷理论(Cognitive Load Theory)是由约翰·斯威勒(John Sweller)等学者在 20 世纪 90 年代提出的，主要从认知资源分配角度来考察学习和问题解决。认知资源有限理论指出，加工信息的两个通道容量都是有限的，同时加工的信息量有限，表现为工作记忆容量有限(一般为各组块)；长时记忆的容量几乎是无限的。图式理论认为，教学的过程就是在学生长时记忆中存储信息的过程。而知识在长时记忆中存储形式就是图式。图式的自动化可为其他加工过程释放空间，因此，图式构建能降低工作记忆的负荷。

工作记忆的负荷受学习任务、学习者、学习者与学习任务之间的相互作用因素的影响。

根据这三个因素，认知负荷可分为内部认知负荷和外部认知负荷。内部认知负荷是指教学内容本身所包含的信息元素(如概念、规则的基本成分)的数量及其相关关系。它取决于所要学习材料的本质与学习者的认知结构之间的交互程度。内在认知负荷反映了学习任务的复杂程度或难度。外部认知负荷依赖教学信息的设计方式——材料组织的方式和呈现的方式。当信息设计存在问题时，学习者必须从事无关或无效的认知加工；当信息设计良好时，外部认知负荷较小。

通过认知负荷理论得到，在教学中必须控制同时出现的不同表征的信息量，合理分配不同通道表征的呈现量，合理安排不同表征的呈现方式，去除与教学无关的信息。认知负荷理论为教学过程中认知活动的处理提供了新的理论依据，并为教学过程的认知活动的研究提供了一定的理论框架，对教学实践具有深刻的指导意义。

3.4 数学理解发展的理论模型

学者皮里(Pirie)和基伦(Kieren)的数学理解发展的理论模型[1]是以分数运算和函数图像为研究载体，并在观察分析被试的理解过程的基础上，归纳总结出体现数学特点的一个理解发展的理论模型，我们称之为“超回归”数学理解模型。

该模型指出，数学理解分为四个阶段，共八个水平：初步认识、产生表象、形成表象、关注性质、形式化、观察评述、结构化、发明创造；要“突破”一个水平必须经历“操作”和“表达”两个步骤。可以用一个二维图形展现出来，如图 3.3 所示。

该理论的主要观点是：①数学理解是一个动态的、分水平的过程。新的理解水平是对先前理解水平的超越，但并不是扩张，也不是取代，新的理解水平与原水平是相互兼容并存的；②数学理解发展的过程是非线性的，并体现了一种“回归”，当学生在某一水平的发展过程中遇到难以解决的问题时，会返回先前的理解水平完善已有的理解，再向下一个水平发展，这样反反复复地思考，最终实现并发展自身的理解。

[1] Susan Pirie,Thomas Kieren.A recursive theory of mathematica lunderstanding[J]. For the Learning of Mathematics,1998,3(9):7-11.

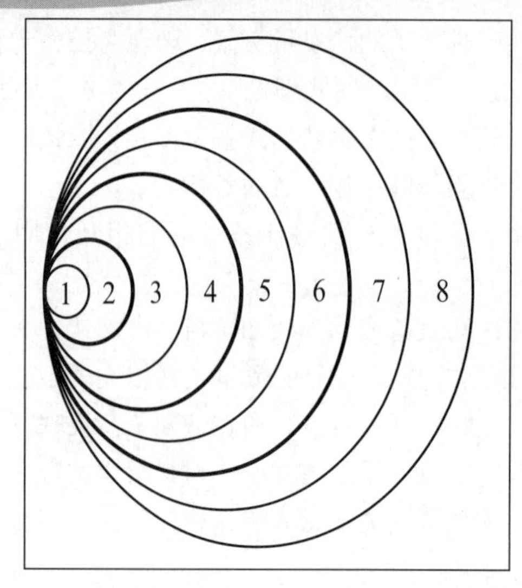

1. 初始认识(Primitive knowing)
2. 产生表象(Image making)
3. 形成表象(Image having)
4. 关注性质(Property noticing)
5. 形式化(Formalising)
6. 观察评述(Observing)
7. 结构化(Structuring)
8. 发明创造(Inventing)

图 3.3　数学理解发展的理论模型

3.4.1　“超回归”数学理解模型的八个水平

1. 初步认识(Primitive knowing)

皮里和基伦在 1989 年初次提出该理论时，将第一水平称作初始活动(Primitive doing)，主要考虑到数学理解最初产生于某些具体的活动，如剪纸，拼图等。但随着学习内容广度和深度的增大，理解未必都是始于具体的活动，经过研究和讨论，最终改用初步认识(Primitive knowing)标识该水平。这是理解的第一个水平，但绝非意味着低水平，可以形象地比喻为理解发展的“泉眼”，是学习者关于所学内容最初的、本源的认识。这种认识可能是建立在先前所学的数学知识上，也可能是源于生活中的观察和思考。需要指出：我们很难全面且准确地判断学习者的“初步认识”是怎样的，但可以从他的行为和表述中获取信息进行推断。

2. 产生表象(Image making)

学习者能够基于先前的认识和学习活动，从具体、特殊的事例中发现某种特征或者规律，产生关于所学内容的表象(Image)。此时，学习者能够通过思考先前的认识是否符合所产生的表象而区分哪些认识是正确的，哪些是不正确的，并从所产生的表象出发，以新的方式运用它。需要注意的是，此时的表象可能是片面的，甚至错误的。

3. 形成表象(Image having)

学习者将先前由具体活动产生的个别、特殊的表象组织起来，形成更一般的表象(这其中进行了类似抽象的活动)，最终，一般的表象会替代先前那些个别的表象。达到该水平的学习者能够运用一般的表象来思考问题，并且能够完全脱离先前产生表象的活动和过程，也称作抽象的第一个水平。

4. 关注性质(Property noticing)

在形成了一般表象后，学习者开始审视它们，有效的行为包括：对比表象间的差异，寻找表象间的共性，建立表象间的联系。进而对学习内容的特征或性质进行猜测，并运用一般表象进行检验。这是学习者向后站(Standing back)反思现有理解的过程。需要指出：关注性质是自然认识的最外层，要达到往后的理解水平，需要学习者有意识地思考一些问题。比如，向学习者提出一些具有引导意义的问题，使他们在思考并解决问题的过程中发展自身的理解。

5. 形式化(Formalising)

当学习者结合先前那些表象间的差异、共性和联系，有意识地思考所发现的性质或特征，从中抽象、归纳出更一般的、适用于“一类”对象的方法、规律、性质等，建立形式化的数学定义时，就达到了“形式化”的水平。此时，学习者可以完全摆脱先前关于学习内容形成的表象，从一类数学对象的角度进行思考。

6. 观察评述(Observing)

达到观察评述水平的学习者能够反思自己的想法，包括对先前抽象出的方法、规律、性质等进行讨论与检验，从某个视角审视先前形式化的过程等，并将思考的结果与先前的想法一致地组织起来等。此时，学习者的思维具有一定的严密性，最明显的特征就是能够解释为什么自己的想法是正确的。

7. 结构化(Structuring)

结构化出现在学习者试图将先前反思的结果作为一种理论，或者纳入一个数学结构中，能够建立所学知识与先前知识之间的联系。学习者需要反思先前那些想法之间有无何种关联、是否相互依赖，产生了从逻辑或者数学演绎上去解释、验证的需求，从而重新组织自己对数学对象的理解。从数学专业的术语来说，就是要将思维置于公理化结构中。

8. 发明创造(Inventing)

这是模型的最外层(之所以称为最外层，是因为八个水平之间没有高低之分)，学习者基于先前全面、深入、结构性的理解，又不受之束缚、相互协调地进行创造性的思考，可能会提出新的问题、新的概念，建立新的理论等。需要说明：该水平称为“发明创造”，并非意味着在其他水平上就不会有创造性的思考结果，学习者在各个水平上均可能表现出创造性的行为，提出创造性的想法。

3.4.2 “超回归”数学理解模型的三个特点

1. 活动与表达的互补性(the Complementarities of Acting and Expressing)

皮里和基伦认为除了初步认识和发明创造以外，每一个理解水平都是由实际活动与语言表达两种活动共同构成的，实际活动是指外部操作所体现的内部思维活动。实际活动与语言表达两者的互补，是理解水平向外进行不可或缺的前提。此外，一般情况下，学生理解水平的“生长”是先通过操作活动，再用语言表述，但当学生用语言表述不清时，可以折回重新做活动体验。

为了更加精确地描述该特点，皮里和基伦对每个水平中进行的两种互补性活动进行了定义和划分，并以二维图展示，如图 3.4 所示。

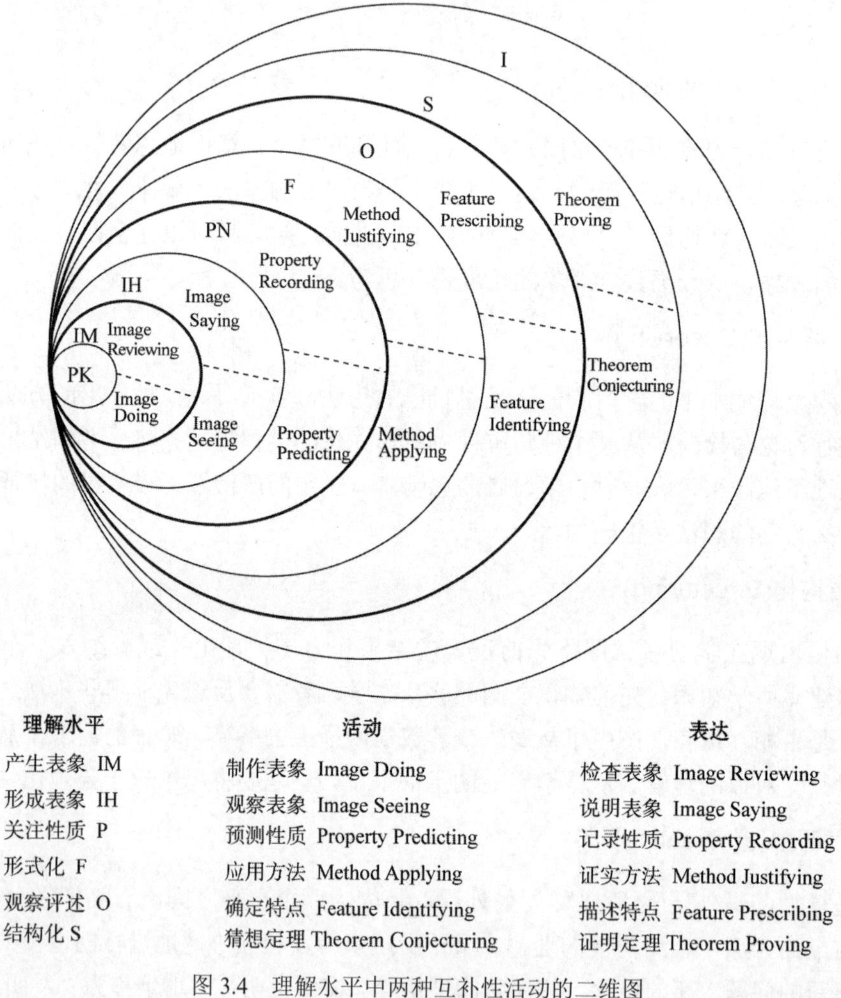

图 3.4　理解水平中两种互补性活动的二维图

从示意图可以看出，相应的水平内部用虚线将其分成了活动与表达两个部分，它们共同作用推动理解水平向外层发展，完成整个水平的理解。每一个水平上的理解活动都是内层水平理解活动的延续，为理解的连续性发展提供里层基础，而表达则说明了每个水平具有的特点。

2. 回归(Folding back)

“回归”是模型最为核心的特质，它体现了数学理解“非线性”的特征，说明了理解水平的发展不是单向进行，也不是徘徊或滞留在某一处，它的发展是动态地、螺旋地往返于水平之间。当学生在某一水平遇到了不能及时解决的问题时，他除了停下来思考以外，还需要适当地回到更内层的理解水平，实施补救性的措施，弥补缺陷，完善先前的理解水平，为外层的理解打下更坚实的基础。例如，学生在“关注性质”这一水平碰到了难以理解的问题，可以通过回到表象阶段——“产生表象”“形成表象”，通过重新建构，从而满足外层水平的需求。需要强调的是，此时学生折回内层重新理解是带有目的的，通过调整内层水平中不妥当的地方，解决外层所遇到的问题，这与之前的性质是不一样的。

每次折回对不够牢固的认识作重新组合、建构，为外层理解水平的发展提供了必要条件，而外层理解水平的发展也刺激了“回归”现象的发生。当然，由于学生个体之间存在一定的差异性，他们在对相同的知识进行学习时，“回归”的速度、方式可能是不同的。“回归”是数学理解发展过程中必不可少的环节，不时地折返于内层，来回往复、波浪式地推进，帮助学生建立更广阔的、更深刻的理解。

3. 不必要的边界(Don’t need Boundaries)

数学学习具有不需要联系基本概念就能在符号水平进行操作和思考的特点，而在模型中似乎也体现了这一点。如图 3.4 所示，有三个加粗的圆圈，皮里和基伦将其称为“不必要的边界”。当学习者的理解超出了这个边界后，就可以利用现有的理解水平去思考问题，进行下一层水平的活动。它表明学习者的理解水平在该阶段有了突破性的发展、质的飞跃，不再依赖于前一水平形成理解的具体活动和过程。需注意的是，这并不是摒弃前面所形成的理解，而是将其内化，嵌在新的理解水平中，需要的时候调用它。

如图 3.4 所示，第一个“不必要的边界”是在“产生表象”和“形成表象”之间。当学习者头脑中的数学概念的表象完善后，他就能够直接使用表象，不需要去重复进行产生表象的活动，或回顾实际具体的例子。例如，在学习椭圆概念时，就不必再用具体的材料去制作椭圆的表象，可以用某一个心理表象来表示椭圆。反之，在“关注性质”这一水平，还需要通过观察前一水平所形成表象之间的共性和差异，从而发现一般规律，因此，在“形成表象”和“关注性质”之间的边界是必要的。

第二个“不必要的边界”是从“关注性质”的水平发展到“形式化”水平。当学习者已经掌握了形式化的数学对象后，可以摆脱先前形成的表象以及关注性质水平所进行的活动，利用形式化的定义发展理解。例如，在学习指数函数的图像和性质时，直接利用 $y=a^x(a>0,a\neq1)$，当 $a>1$ 时，函数单调递增；当 $0<a<1$ 时，函数单调递减，而不需要再通过描点画图判断指数函数的单调性。而“形式化”与“观察评述”之间的边界则是必要的，原因是“观察评述”是对数学对象形式化过程进行反思和协调的环节，是深化对数学对象的理解。

最后一个“不必要的边界”存在于“观察评述”和“结构化”之间。当学习者已经能够将新学习的知识内容整理组织成理论，并将其和已有的数学认知结构联系起来，构成新的认知结构，他也没必要再去考虑“观察评述”活动的内容。但是，“结构化”水平和“发明创造”水平之间的边界是必要的，因为学习者发明创新是基于先前的理解。

通过学习和借鉴皮里和基伦提出的“超回归”数学理解模型，我们可以有方向地、更全面地观察和评价学生理解水平的发展，比如判断学生目前处在何种理解水平、已经完善到哪里了、还有发展空间吗等。这个模型更能帮助教师重新建立对数学理解的看法，拓宽教学视野，与数学课程标准的要求相呼应，打破传统教学模式。根据这一模型我们可以提出策略改进教学，建立新的教学模式，优化教学质量，推动学生理解水平的发展和完善。

3.5 本章习题

1. 如何理解数学建构主义学习的实质？

2. 阐述数学外在表征与数学内在表征的含义，数学外在表征与数学内在表征的区别何在。

3. 认知负荷可分为哪几个部分？

4. 阐述“超回归”数学理解模型的八个水平。

第4章

教育技术支持下数学多元表征学习

依据新/双重编码理论、多媒体学习的认知理论、多元表征理论等可知，学生的学习过程是数学多元表征学习的认知过程，是工作记忆系统进行一系列的认知操作的过程。

本章从学生的认知出发，以信息加工理论对记忆的内部机制为基础，以多元表征学习的认知模型为理论来解决如何使用信息技术，使外部表征内化为内部表征以及内部表征外化为外部表征，从知识建构的角度来促使认知过程中一些关键的认知操作的发生。

4.1 学生选择信息能力的提升

4.1.1 数学学习过程与信息的选择

根据认知心理学的观点，学习就是一个信息加工的过程，是个体在工作记忆系统内加工信息并贮存的过程。虽然我们还暂时无法直接观察到人脑内部的信息加工过程，但是很多研究学者从外在表现的角度对内部信息加工过程做了大量的研究。其中比较受认同、代表一般性观点的是加涅等提出的信息加工模型：学生从环境中接收各种刺激，刺激作用于感受器，并转变为神经信息，感觉登记对信息进行筛选后选择登记，被登记后的信息进入短时记忆中，在短时记忆中经过加工操作的信息才会进入长时记忆中并贮存，即完成了信息的加工过程[1]。

而在数学多元表征理论中的操作——信息的选择，是指在信息加工理论中的第一个环节，将外在刺激转化为神经信息进行登记，其中由注意和选择性知觉决定了哪些部分被登记，哪些部分被放弃。得到注意的信息才可以进入短时记忆中进行组织、编码、加工操作，获得意义，而没得到注意的信息则被放弃、遗忘。因此要想学生进行有意义学习，主动加工教学内容，吸引并保持学生的注意便是必不可少的一个环节。而信息技术的一些功能在吸引并保持学生注意，从而感知数学对象特性方面是十分有效的。

信息的选择在多元表征学习中是基本的认知操作，同时也是必不可少的重要操作。该认知操作的特点是有意识的、刻意的、高频率的，对进入大脑的所有信息给以选择性注意或知觉，从而进行组织、编码为心象码和言语码。使用信息技术呈现概念、问题的外部表征，有助于心理表征的发生和知觉的注意，影响信息的选择与组织，其原因有如下两点。

其一，研究表明，外部表征信息的呈现越直接、简单、清晰，内部的心理表征越容易发生，越有利于信息的组织。比如，生活中人们对“杯子”这个概念的心理表征常常会受到杯子里面东西的影响。当一只玻璃杯中装满牛奶的时候，人们会说这是“牛奶”；当装有菜油的时候，人们会说“这是菜油”。只有当杯子空置时，人们才看到杯子，说“这是一个杯子”。可见，“空杯子”的外部表征比装有东西的“杯子”的外部表征更直接、简单、清晰，更有利于对“杯子”概念的理解。在课堂中，一个概念或是一个问题都会给出一些背景、文字、数字、关系、干扰条件、不必要的信息，这些的综合体会直接带来对此概念、问题心理表征的困难。但在信息技术的支持下，可以抛其糟粕，留其精华，把与之有用的数字、关系呈现在易观察的教学软件上，这样，概念、问题的外部表征就变得简洁明了，有利于对概念、问题的关键信息的加工与组织。

[1] 李士锜．PME：数学教育心理[M]．上海：华东师范大学出版社，2001．

其二，在真实的课堂中，学生通过视觉、听觉、嗅觉、触觉接收着大量的信息，由于个体对外部表征的信息具有过滤性的特征，所以学生并不是对于所有外部表征的信息都加以注意进行选择与组织，只有那些能引起其感知的信息才会被加以注意。而信息技术可以提供多种媒体的刺激，引起学生的注意，且具有极其丰富的表现力，能根据教学需要将教学内容实现大与小、远与近、动与静、快与慢、整与散、虚与实之间的互相转换，生动地再现实物发现、发展的过程，从而克服了人类感官的局限性，揭示现象的本质，减少学生观察的困难，促进学生对知识的理解[1]。

4.1.2 使用信息技术选择信息的具体策略

在数学课堂中，使用信息技术选择信息的具体策略如下[2]。

策略 1：通过闪烁、颜色、声音、短片播放等形式引起学生知觉上的注意。比如学习《轴对称图形》时，在学生了解轴对称图形的概念后，可以借助多媒体声、光、影、像的整合效果，采用滚动和定格的形式，让学生欣赏一组具有轴对称特征的建筑物：有中国古代的亭台楼阁、皇宫宝殿，有现代的高楼大厦、别墅山庄，也有外国的著名建筑物，使其有意识地去判断哪些是轴对称图形以及轴对称图形具有的特点，达到了选择有效信息的目的。此外，在教学中，可以在呈现一个概念的同时，播放一些声音，引起学生听觉上的注意，类似的实例在教学中不胜枚举。

策略 2：通过教学软件动态地展示某一概念、图像的连续形成过程，控制变量引起视觉上与心理上的注意。动态的展示过程是传统教学无法做到的：①图中的某些对象可以用鼠标拖动或用参数的变化来直接驱动；②其他没有被拖动或直接驱动的对象会自动调整其位置，以保持图形原来设定的几何性质[3]，在这些变与不变中引起学生的注意，有意识地选择信息。下面的【例 4-1】可以充分地显现信息技术独特的优势。

【例 4-1】如图 4.1 所示，四边形 $ABCD$ 是任意四边形，E、F、G、H 分别是各边上的中点，问：四边形 $EFGH$ 是什么四边形？

这是一道比较看似简单却又开放的问题，有些同学开始猜测，有些同学因不会打算放弃此题。但通过教学软件的使用，操控四个顶点的位置进行动态演示，可以引起原本打算放弃的同学的注意，同时也会给予猜测的同学一定的验证。传统教学中的黑板，无法全方位利用人体的听觉、视觉和其他感官，画出的四边形 $ABCD$ 是固定的，无法对顶点进行操作，更无法对每一种情况进行验证，教师的讲解无法满足学生探索的心理，这些决定了传统教学的方式很难引起学生的注意、信息的选择不容易发生，学生参与教学过程的程度很低。但利用教学软件，改变四个顶点 A、B、C、D 的位置，四边形会随意变化，形成多种情况：如四边形 $ABCD$ 为矩形、四边形 $ABCD$ 为菱形、四边形 $ABCD$ 对角线相等、四边形

---

[1] 蔡运叠. 浅谈信息技术在数学教学的运用[J]. 小作家选刊：教学交流，2012(6):241.

[2] 肖雪. 信息技术支持下数学多元表征学习的研究[D]. 福州：福建师范大学，2013.

[3] 张景中，江春莲，彭翕成.《动态几何》课程的开设在数学教与学中的价值[J]. 数学教育学报，2007(3):1-5.

ABCD 对角线垂直等情况。这些视觉上的直观形式会引起学生的注意，在此基础上，通过教学软件的“度量”功能度量出 *EF*、*EH*、*HG*、*FG* 的距离和四边形 *EFGH* 内部的四个角度，让学生组织从课件中得到的信息——边、角之间的关系，最后得出最终的结论。

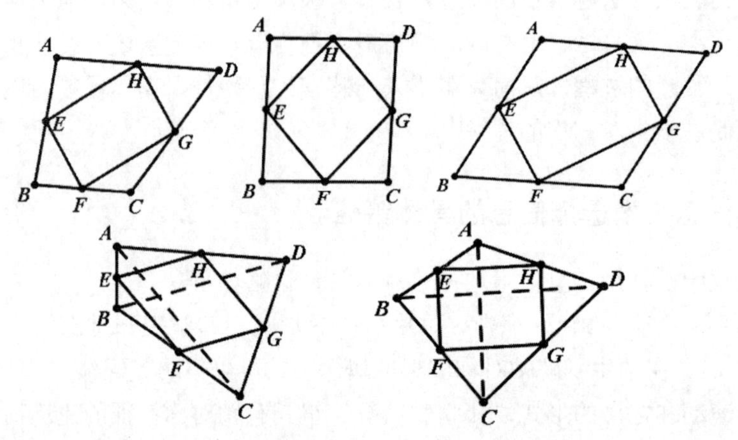

图 4.1　任意四边形各边中点构成的四边形

4.2 学生内部心象的形成

4.2.1　浅层心象码的建构及其转化

佩维奥(Paivio)等研究表明，人类有两个表征系统专门负责信息编码、组织、转换、存储和提取：言语系统和心象系统[1]。言语系统专门处理言语码，言语码是言语系统中的基本表征单位，表征言语信息；心象系统专门处理心象码，心象码是心象系统中的基本表征单位，表征非言语信息[2]。心象码是工作记忆对描绘性表征进行认知操作而建构的内在编码，其特点是整体的、嵌套的、动态的、共时的[3]。经过不同程度的认知操作，其结果表现为不同水平的心象码，主要区分为浅层心象码和深层心象码。浅层心象码是工作记忆对数学学习对象的描绘性表征直接感知生成的意义，是与数学学习对象的结构成分相类似的模式。常见的视觉心象、听觉心象、概念心象等都属于浅层心象码。浅层心象码具有片面性、肤浅性、甚至谬误性。

这里提到的言语码、心象码和教学中的“数”与“形”有一定的相似，但也有本质上

[1] Paivio A. Mental Representations:A dual Coding Approach[M]. New York:Oxford University Press, 1986.

[2] 欧慧谋. 高中函数概念的教学策略研究[D]. 桂林：广西师范大学，2012.

[3] 唐剑岚. 数学多元表征学习的认知模型及教学研究[D]. 南京：南京师范大学，2008.

的不同。由数形结合的定义可知，数形结合就是把抽象的数学语言、数量关系与直观的几何图形、位置关系结合起来，因此“数”更倾向于数学语言之间的内部数量关系，强调的是数学语言的精确性、准确性、完备性；“形”更倾向于直观的实物、教学模型、图像、几何图形。而在数学多元表征的学习理论中，言语码和心象码都根据编码的程度分为不同的水平，是一个学生认识发展过程中不同阶段的产物。

言语码包含浅层言语码和深层言语码，浅层言语码指代那些表达不完善的、或偏或漏的数学语言。深层言语码是由浅层言语码精致加工而成的，因此相对浅层言语码来说可以表达得稍精准些，但是由于深层也是相对的，所以并不是所有的深层言语码都等价“数”的意义，而只是不同程度的无限趋近。

对于心象码与“形”的关系，有一定的相似，但却有很大的不同：“形”侧重于数学中的视觉化表征，而心象的内涵却更广泛。数学心象不仅包括具体的图形心象，也包括模式心象、动觉心象、动态心象，而这些是“形”无法反映的。同时从层次角度上看，两者也是有明显差异的。心象码分为浅层心象码和深层心象码，其中浅层心象码指图形的整体形状，包括视觉心象、听觉心象、概念心象，但具有不完善、不准确的特点；而深层心象码不仅强调图形的外部特征，更强调图形内部的具体结构或细节，而“形”却不具有这种层次性。因此，不能用“数”与“形”来简单代替言语码和心象码。

1. 浅层心象码的建构

浅层心象码是对概念、问题的描绘性表征进行认知操作所形成的，一般以图像的形式存储在头脑里。但值得注意的是，浅层心象码只是对描绘性表征的外部整体特征加以操作，对于描绘性表征内部的细节却并没有加以操作。在教学中，学生常觉得数学是一堆枯燥乏味的数字和符号，是烦琐的运算与推理。究其原因是没有形成有关概念、问题的心象码，缺少对概念、问题的直观感受，这足以说明在教学中建构心象码的必要性。而浅层心象码又是较低水平的心象码，也是形成深层心象码的基础，它的形成有多种方式：

- 在日常生活中的所见所闻所做；
- 课堂中的实践动手操作；
- 信息技术的支持等。

而在传统教学的课堂中，一是受限于动手操作的数学对象，并不是所有的概念、问题都可以动手操作展示给学生；二是呆板的呈现方式，教学内容只能通过书本、固定的卡片、黑板呈现，既不能吸引学生的注意力，还会让学生觉得数学是死的，是固定的形式的、老师给出的图像；但信息技术的使用却可以打破这些瓶颈，其表现在如下几点。

首先，可以用图、文、声共茂的形式呈现出生活经验中的实物，动态模仿生活中的现象、动手操作其真实过程，如潮汐现象、椭圆的形成等。

其次，可以呈现概念、问题的外部结构，演示一个概念或问题的形成过程，让学生对于概念、问题有一个直观的感受。

最后，可以对数学对象进行操作，使学生经历对于概念、命题的验证过程。比如在三视图这一节的教学中，如果单单告诉学生正视图、俯视图、侧视图的定义，当课本中出现一个复杂的立体图形(生活中不存在这样的模型)时，学生很难想象出正视图、俯视图、侧视图是什么，原因是学生还没有形成良好的空间想象能力，而信息技术的介入，可以从多个角度展示空间几何体，让学生观察到它的每个面，并且动态展示其正视图、俯视图、侧视图的形成过程，不仅在学生头脑中生成了画正、俯、侧视图的过程，也潜移默化地帮助学生理解什么是正、俯、侧视图及如何画出它们。

2. 浅层心象码间的自身转换

浅层心象码间的自身转换，是指浅层心象码内部之间的相互激活、联想与转换[1]。其自身转换的结果是得到所研究概念、问题更多形式的浅层心象码，使浅层心象码间相互沟通、相互联系，从而获得对概念、问题的多角度、多方面理解。自身转换发生的基本条件是描绘性表征的形式具有丰富的变式或长时记忆中有类似的心象码。

由于学生的生活阅历较浅，在头脑中存在的心象码较少，无法对描绘性表征提供丰富的变式，这就导致了学生自发主动地发生自身转换是存在很大的困难的。传统的教学方式只能提供有限的且容易画出来的变式图形，但对于复杂的图形与转换的过程却无法呈现。而信息技术的介入则可以有效地解决以上问题，辅助教师帮助学生完成浅层心象码间的自身转换。其表现为教学软件的可操作性、过程完整性，通过改变概念、问题结构内部元素的位置、参数的大小、元素间具体的关系，使概念、问题外部结构发生改变，形成有关概念、命题的其他浅层心象码，完成浅层心象码间的自身转换。下面以三角形高线的认识与正弦函数图形变换为例做具体的分析。

【例 4-2】如图 4.2 所示，三角形高线的认识。

(1) 问题解析

在几何教学中三角形高线的概念教学中，当教师讲解定义，画出锐角三角形的高线以后，学生便开始建构起各自有关这个概念的内部表征，形成有关三角形高线的浅层心象码，但是当学生遇到非锐角三角形——钝角三角形和直角三角形，常常把高线画错。其原因便是长时记忆中存储的心象码较少或没有有关三角形外部表征的丰富变式，导致了没有完成浅层心象码间的转换这一操作，造成对概念的片面理解。对于这一问题，使用传统的教学方式无非是在黑板上画出一个固定的钝角三角形和一个固定的直角三角形，然后由高线的定义画出高线。这貌似是为学生提供了有关三角形的不同表征，以利于对三角形高线浅层心象码的自身转换。但是结果却不是十分令人满意。仔细分析，不难发现传统教学在这方面的弊端：首先，教师在黑板呈现的钝角三角形和直角三角形的个数是有限的，提供有关三角形高线的外部表征并不丰富，很难达到自身转换发生的基本条件；其次，对于三角形高线的认识是一个断续的过程，单独的一个图形，跨越式地出现另一个图形，这些图形没有必然的联系，也没有出现的理由，只是因为老师画出来了所以就出现了。这些都会导致学生对三角形高线的认识比较片面。而打破这种局面的有效方法，非信息技术莫属。信息技术不仅让学生从直观上观察到三角形的高，同时通过控制三角形的顶点位置，让学生动

[1] 唐剑岚. 数学多元表征学习的认知模型及教学研究[D]. 南京：南京师范大学，2008.

态地观察到一系列连续的不同的三角形高线。这一动态过程不仅为学生提供了连续的三角形高线的丰富外部表征，而且为这些不同高线的存在保证了合理性、科学性，同时也让学生对于三角形、三角形的高线有了动态的认识，不再是固定的图形和固定的线段。

(2) 操作过程

① 给出三个动点 A、B、C，依次连接线段 AB、BC、CA；改变三个动点 A、B、C 的位置，当三点 A、B、C 在一条直线上时，观察此时的图形；当三点 A、B、C 不在一条直线上时，观察此时的图形。

② 缓慢拖动三点 A、B、C 中任意一点或两点，观察此时图形的形状及高线的位置。如图 4.2 所示。

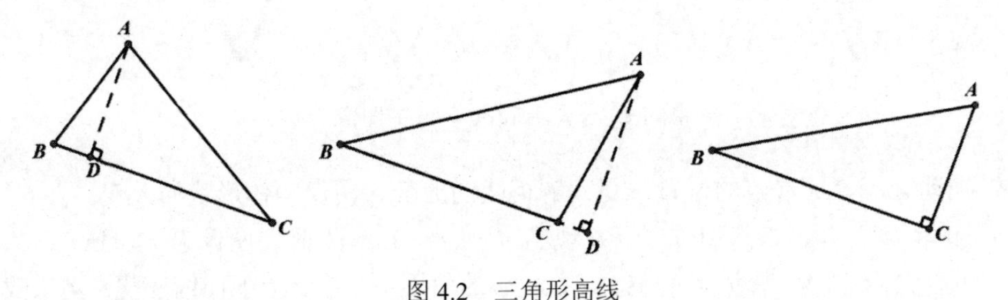

图 4.2　三角形高线

上述过程是几何画板改变三角形内部结构中元素 A、B、C 中任一点的位置，引起三角形形状的改变及高线位置的改变。通过信息技术的辅助作用，学生可以由头脑中存在的固定形状、生活中常见的三角形这些浅层心象码，联想、激活、转换为几何画板所呈现的多种有关三角形的浅层心象码，使长时记忆中存储可供转换的一定量的浅层心象码，对三角形高线的描绘性表征有了多角度的认识，从而达到浅层心象码间的自身转换。

【例 4-3】如图 4.3 所示，正弦函数图像的变换。

(1) 问题解析

正弦函数图像的教学是后面余弦函数、正切函数的基石，因此对于正弦函数图像的理解至关重要。课堂中，对于正弦函数图像的讲解，一般是先模拟简谐运动或弹簧振子运动生成的轨迹来引入正弦函数，让学生对于正弦函数的图像有一个大致的了解。之后利用几何画板展示正弦函数图像的生成过程或是在黑板上根据描点法画出 $[0,2\pi]$ 的图像进行讲解，使学生掌握 $y=\sin x$ 的整体图像、图像走势及相关性质。但结果是学生头脑中只存在有关 $y=\sin x$ 的大致图像，并不知晓 $y=\sin 2x$，$y=\sin x+4$，$y=5\sin x$ 的图像。也就是说头脑中存在有关正弦函数的心象过少，对于正弦函数的理解并不全面。因此，需要对正弦函数 $y=\sin x$ 的图像进行操作，使其产生有关正弦函数的丰富外部表征。而传统教学的方式无法满足其动态操作性，呈现的只是有限的、固定的图像，并不能展示出图像的具体变化过程。而信息技术恰好可以弥补传统教学的不足，利用其可操作性、直观性、易观察性，动态地展示出 $y=\sin x$ 图像的变换过程。

(2) 操作过程

① 如图 4.3 所示，在几何画板中，在 y 轴正半轴上任取一点 A，在 x 轴正半轴上任取

两点B、C，度量A点的纵坐标，B、C点的横坐标，改标签分别为A、ω、φ，利用“绘图”|“绘制新函数”功能，绘出$y=A\sin(\omega x+\varphi)$的图像。

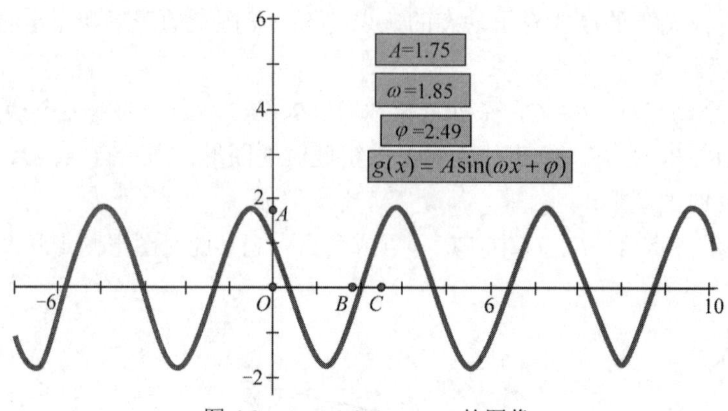

图 4.3　$y=A\sin(\omega x+\varphi)$ 的图像

② 拖动A、B、C点的位置，观察解析式的改变、图像整体形状的改变。

通过改变A、B、C点的位置，发现当$A=1,\omega=1,\varphi=0$时，图像为$y=\sin x$；当只改变A点的位置，不改变B、C点位置时，ω、φ的值不变，图像上下伸缩变化；当只改变B点位置，A、C点不变时，A、φ的值不发生变化，图像左右伸缩变化；当只改变C点位置时，其他均不变，图像向左右平移变化。在教学软件的支持下，通过改变点A、B、C的位置，$y=\sin x$的图像发生改变，转化为有关正弦函数的不同心象，如图 4.4 所示。

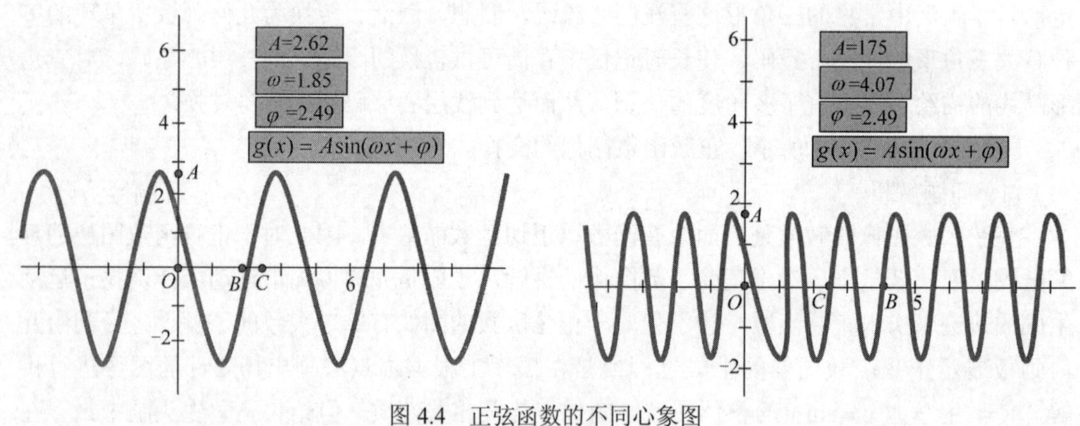

图 4.4　正弦函数的不同心象图

4.2.2　深层心象码的建构

1. 浅层心象码的精致化

因为浅层心象码是工作记忆对数学学习对象描绘性表征直接感知生成的意义，缺乏深度认知加工，其特点是仅仅把握了学习对象的表层意义，往往具有片面性、肤浅性，甚至谬误性[1]。

[1] 唐剑岚. 数学多元表征学习的认知模型及教学研究[D]. 南京：南京师范大学，2008.

要想达到对概念、问题的深度理解，对浅层心象码的精致加工便是必不可少的，精致加工的结果为深层心象码[1]。深层心象码凝聚了更多的认知操作，其特点为反映数学学习对象的完整性，可以同时表征数学学习对象的部分、整体及部分与整体的关系。深层心象码具有很强的抽象意义。心智模式、数学心象的高级形态就属于深层心象码。深层心象码不仅能表征概念、问题的外部结构，又能反映结构内每个元素、元素之间的关系。但是由于学生的知识、能力有限，他们所制作的表象一般处于浅层心象码阶段，并且具有片面性、遗漏性、不完善性，并且很难自发地完成对浅层心象码的精致加工，这时需要教师帮助学生完善他们所制作的表象，脚手架式地辅助学生完成浅层心象码精致化的过程。

浅层心象码精致化的过程对教学提出了挑战，如果使用黑板画出图形对较复杂概念或问题进行讲解的话，不仅无法充分利用课堂时间，教学效率低，而且通过黑板呈现出的表象具有固定性、间断性、不完整性，无法让学生感受到连续的制作心象过程，不利于学生进行思考、深入的探究。因此，传统教学无法逾越这道鸿沟，而信息技术恰好可以弥补传统教学的这些不足。这源于信息技术的特性：可操作性、可观察性、连续性、动态性、直观性，这些有利于教师帮助学生不断地完善心象，最终以把握概念、问题的内部结构，达到理解。

使用信息技术精致浅层心象码的过程是：首先，对于学生建构的不完善表象，信息技术可以通过教学软件把表象呈现出来，动态地操控表象内部的元素，让学生观察到随之改变的其他量，挖掘出表象内部的重要元素。其次，通过教学软件的一些功能：度量距离，度量横、纵坐标，角度，标记向量，移动、旋转、参数等，让学生观察变化过程中结构内部的元素之间的关系，达到对内部结构的了解，完成浅层心象码的精致化。下面以具体的例子加以说明。

【例 4-4】椭圆的概念的理解。

(1) 问题解析

在圆锥曲线的教学中，椭圆是最先接触的圆锥曲线，椭圆概念的理解程度直接影响到后面双曲线、抛物线概念的理解，因此椭圆概念至关重要。而在传统的教学中，教师通过动手操作展示椭圆的制作过程，但是却无法对过程中的绳长、两点之间的距离给予量化，无法对椭圆上的点给予具体化，对于椭圆标准方程的理解更是牵强，只能从代数式上进行推导，无法从图形上给予验证与支持，这些使学生的心象具有间断性、不完善性，导致了教学中的常见现象：学生头脑中只存在椭圆的整体形状或实体椭圆，对于整体内部的结构不清楚，不知道椭圆内部的重要元素、关系是什么；对于动点到两定点之间距离之和 $2a$ 与两定点之间距离 $2c$ 的关系理解片面，当 $2a<2c$ 或 $2a=2c$ 时，仍认为轨迹为椭圆。而信息技术的介入，可以使学生从椭圆的内部结构的角度来理解椭圆的概念。

(2) 操作过程

通过日常生活经验及信息技术的动态演示，学生在头脑中首先建构出有关椭圆的浅层心象码，接着进行如下操作。

[1] 何美萍. 初三学生函数概念表征对函数题解的影响研究[D]. 桂林：广西师范大学，2009.

① 利用信息技术动态展示心象形成过程。在几何画板软件环境中绘出定长线段 BC 和两定点 D、E，如图4.5所示；在线段 BC 上任意选取一个点 A，则 A 到 B 点和 C 点的距离之和等于定长 BC，测量 AB 和 AC 的长度，分别以定点 D 为圆心 AB 为半径构造圆，以定点 E 为圆心 AC 为半径构造圆。两圆相交于两点，慢慢拖动动点的位置，但保证始终在定线段 BC 上，追踪两个交点 M、N，观察交点的轨迹，会出现椭圆的图形，使用“轨迹”的功能，展现完整轨迹，如图4.5所示。

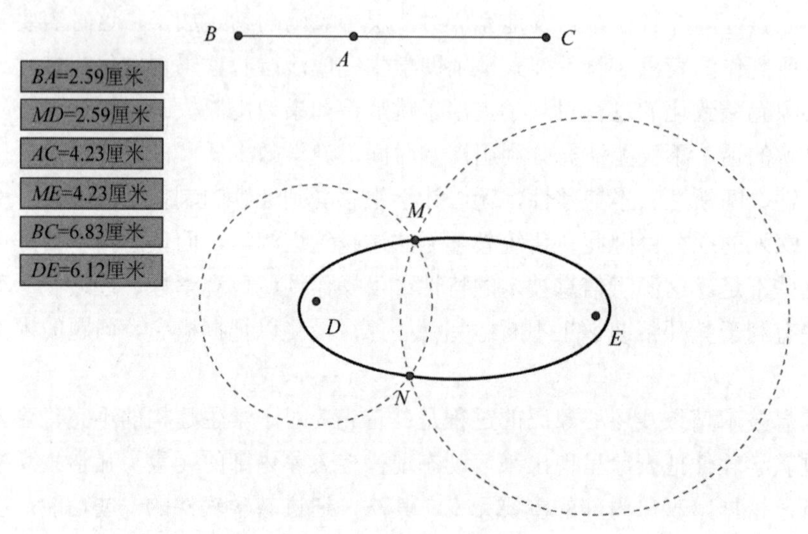

图 4.5　动态展示椭圆变化的过程

② 教师通过操作变量，让学生观察、探究动态展示过程中的重要元素及元素间关系，逐步完善学生的心象。在这个过程中，使用教学软件改变动点 A 的位置，让学生观察随着 A 点变化的元素：AB，AC，动圆 D、E，两个圆的交点、交点的轨迹，这些都决定了椭圆轨迹的形成，因此是形成椭圆的关键元素。通过教学软件中“度量”功能，我们能把一些数据给予量化，如可以具体知道 AB、AC、BC、DE 的距离，通过变化 A 的位置，观察这些量 AB、AC、BC、DE、MD、ME 之间的关系：

- A 点只能在线段 BC 上滑动，$|AB|+|AC|=|BC|$；
- $|MD|=|AB|$，$|ME|=|AC|$，$|MD|+|ME|=|AB|+|AC|=|BC|$；
- 当 $|DE|<|BC|$ 时，轨迹为椭圆；
- 当 $|DE|=|BC|$ 时，轨迹为一条以 D、E 为端点的线段；
- 当 $|DE|>|BC|$ 时，无轨迹。

至此，学生对于椭圆概念的理解不再仅仅公椭圆的形状，而是开始注意椭圆内部结构：椭圆上的动点、两个定点、两定点之间距离 $2c$、动点到两定点之间的距离之和 $2a$、$2c$ 与 $2a$ 的关系，从而形成椭圆完整概念的心象。

2. 深层心象码间的自身转换

虽然通过对浅层心象码的精致加工形成了深层心象码，但是头脑中存在过少量的深层心象码，会影响概念理解的程度，同时也会影响解决有关问题的速度与方法。因此为了从多个角度对概念、问题进行理解，深层心象码间的自身转换是必不可少的程序。

深层心象码的自身转换不同于浅层心象码间自身转换。浅层心象码间自身转换是通过改变心象的位置关系、大小、形状等简单操作来完成的，而深层心象码间的自身转换则需要对心象进行更复杂的操作才能完成，其复杂性主要表现为如何从已有深层心象码转化为已知相关的深层心象码。因此，对于学生来说是极不容易发生的，也不是通过教师口头讲解、黑板作图就可以实现的。而信息技术的出现，可以实现教学软件与数学知识、原理的结合，从多角度揭示有关概念、问题的内部表征之间的联系，展示其转化过程，达到对概念、问题的丰富的认识。

其具体操作过程如下：教师从一些学生已有知识的相关性质出发，对已存在的深层心象码内部的元素、关系进行操作，让学生观察由操作而发生改变的元素、关系，预测其具有的性质。再从预测的性质出发，重新建构有关概念、问题的深层心象码，达到了由已知深层心象码联想、激活或转化出其他深层心象码，完成深层心象码间的自身转换，从而帮助学生从不同角度建构有关概念、命题的心象，拓宽学生思维的宽度，以防止思维定式的出现。

下面以椭圆为例进行具体说明。

在已建立椭圆深层心象码的基础上，学生在头脑中存在了有关椭圆的具体心象，了解椭圆概念的具体结构：椭圆上的点、两个定点(焦点)、两定点之间的距离$2c$、动点到两定点之间的距离之和$2a$、$2c$与$2a$不同关系下点的轨迹。在这样的条件下，在动态教学软件(几何画板等)环境中通过改变概念结构内部的元素、关系等操作，“度量”“轨迹”“参数”“标记”等功能，对已有的心象进行操作，从而产生新的深层心象码，以达到深层心象码间联想、激活与转换，完成深层心象码间的自身转换。

学生在已经理解椭圆定义的基础上，可以掌握椭圆的内部结构——深层心象码：椭圆上所有动点、两定点，其关系是椭圆上动点到两定点距离之和为一个常数$2a$，两定点之间的距离为$2c$，并且$2a>2c$，自然会产生这样的疑问：椭圆还有没有其他定义呢？满足其他约束条件的点轨迹有没有可能也是椭圆？带着这样的疑问来看如下问题。

【例 4-5】设点A和B的坐标分别为$(-5,0),(5,0)$。直线AM、BM相交于点M，且它们的斜率之积为$-\frac{4}{9}$，求点M的轨迹方程。

分析题目条件，不难发现所求点M的轨迹。设点M的坐标为(x,y)，那么直线AM、BM的斜率就可以用含有x、y的式子表示，由于直线AM、BM的斜率之积是$-\frac{4}{9}$，因此可以建立x、y的关系式，得出点M的轨迹方程为$\frac{x^2}{25}+\frac{9y^2}{100}=1(x\neq\pm5)$，点$M$的轨迹方程为椭圆，其中$A$、$B$为椭圆与$x$轴的两个交点，也就是椭圆的顶点。

我们发现当动点M与两个定点A、B的斜率之积为$-\frac{4}{9}$时，点M的轨迹为椭圆，其中

两定点 A、B 是椭圆长轴上的两个顶点。这一结果导致我们产生大胆的猜想：是否椭圆上的点与椭圆长轴上的两个顶点两条连线的斜率之间存在一定的关系呢？那又是怎样的关系呢？下面我们带着这样的疑问一起来进行探究。

(1) 如图 4.6 所示在几何画板中，作出椭圆图形，椭圆与 x 轴的两个交点(顶点)为 A、B。在椭圆上任取一个动点 M，构造直线 AM、BM。

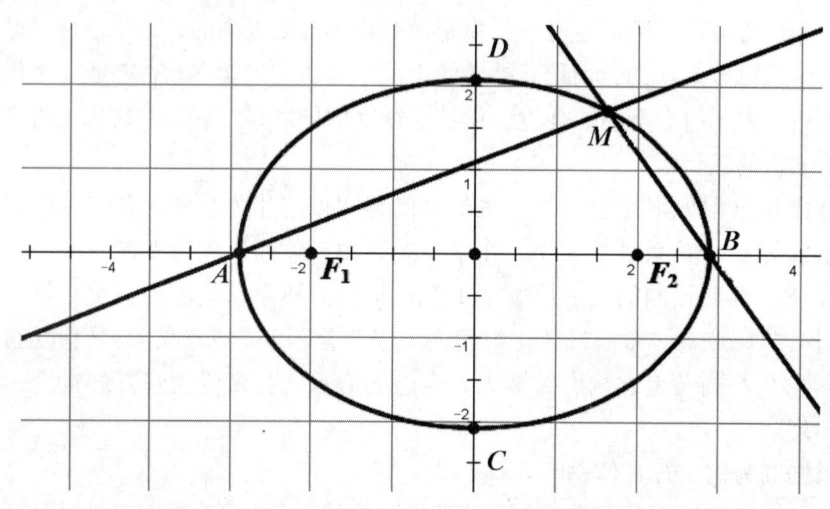

图 4.6 作椭圆及其椭圆一个动点 M

(2) 利用“度量”功能测量出直线 AM、BM 的斜率，并用“数据”菜单中的“计算”功能来算出两斜率 k_{AM}、k_{BM} 之积，如图 4.7 所示。

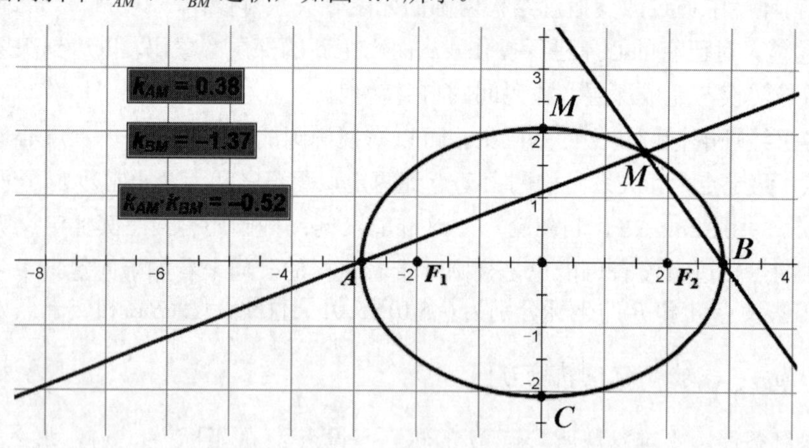

图 4.7 直线 AM、BM 的斜率之积

(3) 在“编辑”里设置点 M 的动画，观察随着 M 点的运动，哪些量发生了改变，哪些量没有发生改变。

可以发现随着点 M 的运动，直线 AM、BM 的位置都发生改变，它们的斜率 k_{AM}、k_{BM} 也随之改变，但是斜率之积 $k_{AM}\cdot k_{BM}$ 却一直没有改变，如图 4.7、图 4.8 所示，即 $k_{AM}\cdot k_{BM}$ 为定值。那对于椭圆短轴上的两个顶点 C、D，是否也有同样的结论呢？

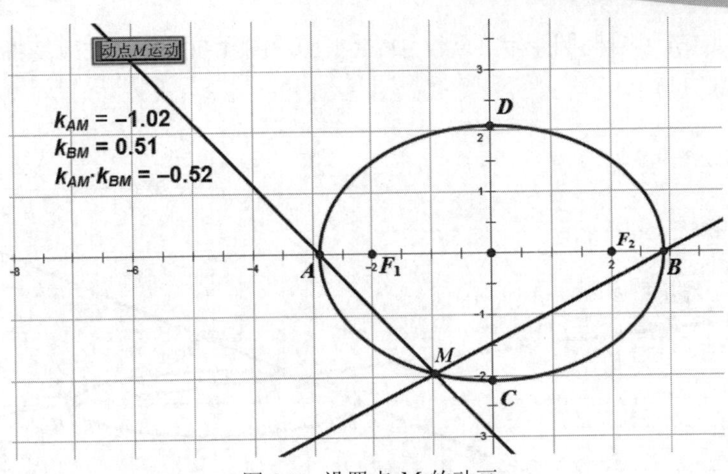

图 4.8　设置点 M 的动画

可以发现随着点 M 的运动，直线 CM、DM 的位置都发生了改变，它们的斜率也随之改变，但是斜率之积 $k_{CM}\cdot k_{DM}$ 却一直没有改变，即 $k_{CM}\cdot k_{DM}$ 为定值。如图 4.9 所示。这验证了我们猜想的正确性：椭圆上的点与椭圆长(短)轴上的两顶点所在的直线斜率之积为定值。也就是说，椭圆上的点都具有这样的性质，那对于这个定值来说，有没有范围限制呢？

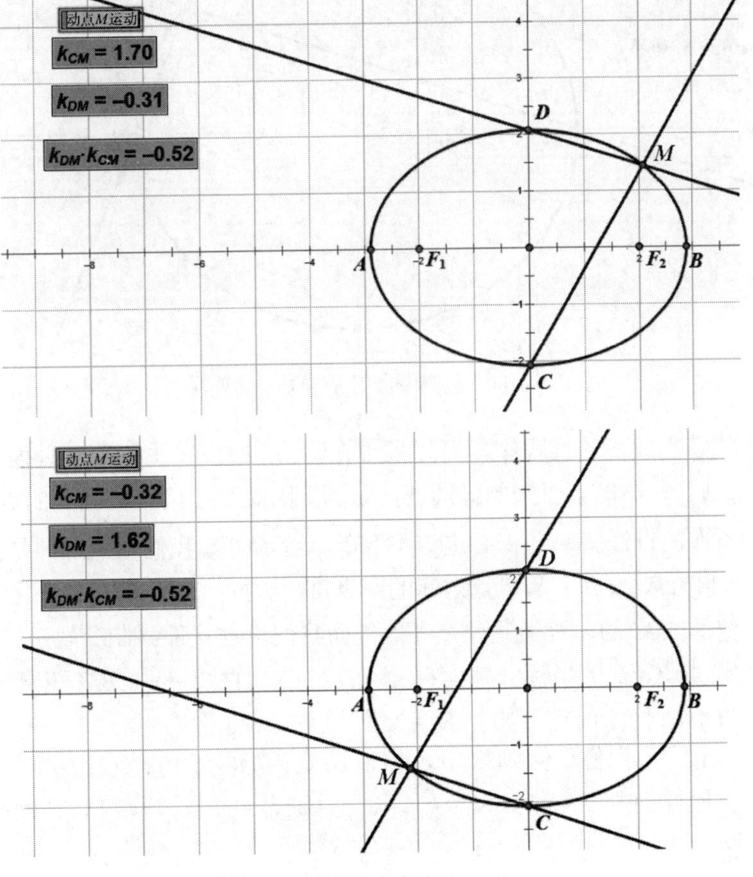

图 4.9　观察斜率之积 $k_{DM}\cdot k_{CM}$

通过控制点 H(影响椭圆形状的点，如图 4.10、图 4.11 所示)来改变椭圆的形状，随之观察 $k_{AM}\cdot k_{BM}$ 有何变化。

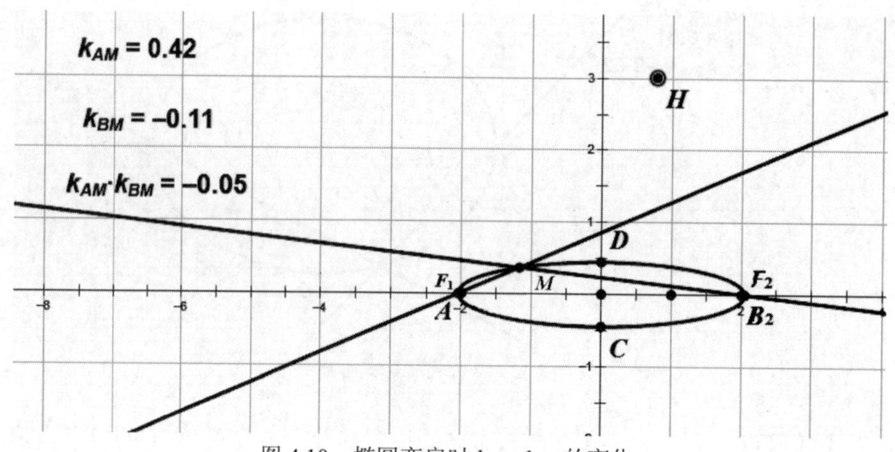

图 4.10　椭圆变扁时 $k_{AM}\cdot k_{BM}$ 的变化

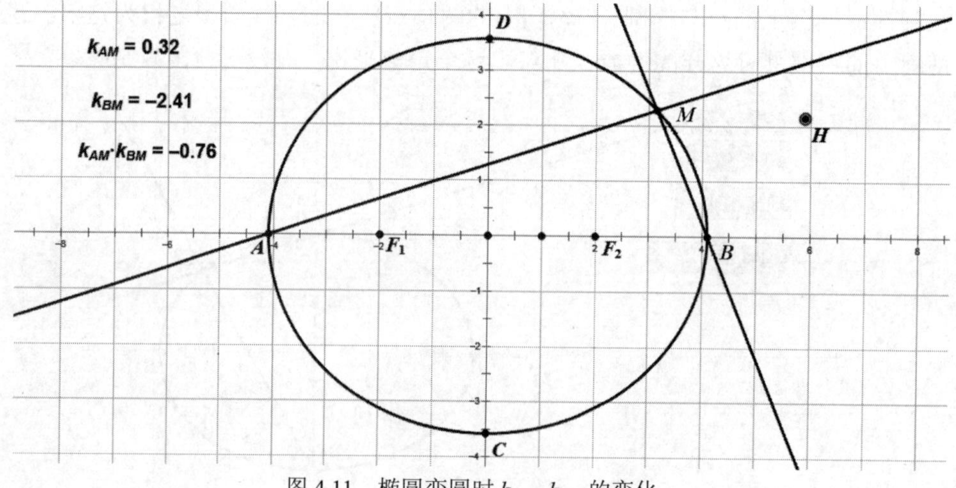

图 4.11　椭圆变圆时 $k_{AM}\cdot k_{BM}$ 的变化

在椭圆形状发生改变的过程中，可以发现 $k_{AM}\cdot k_{BM}$ 的值发生了改变，但是却始终为负值，并且当 $k_{AM}\cdot k_{BM}=-1$ 时，原来的椭圆变成了圆。因此可以确定椭圆上的点与椭圆长(短)轴上的两顶点所在的直线斜率之积必定为不等于−1 的负值。我们知道椭圆是满足到两定点(焦点)的距离之和为常数(大于两定点之间的距离)的点的轨迹，那满足与两定点所在的直线斜率之积为负值的点 M 的轨迹又是什么呢？下面我们通过软件绘制其轨迹。

【例 4-6】设点 A、B 的坐标分别为 $(-2,\ 0),(2,\ 0)$。直线 AM、BM 相交于点 M，且它们的斜率之积为不等于−1 的定值 m，求点 M 的轨迹方程。

(1) 如图 4.12 所示在几何画板中，绘制两定点 $A(-2,\ 0)$, $B(2,\ 0)$，新建一个参数 $m=-2$，并把“属性”中“标签”改为 $k_{AM}\cdot k_{BM}$，则有 $k_{AM}\cdot k_{BM}=-2$，即两直线 AM、BM 的斜率之积为定值−2。

(2) 在垂直于 y 轴的直线上任取一点 P 为主动点，度量 P 点横坐标，并把“属性”中“标签”改为 k_{AM}，即直线 AM 的斜率，其中 k_{AM} 的大小随着 V 点位置的改变而发生改变。

(3) 应用“数据”|“计算”功能，计算 $\frac{k_{AM}\cdot k_{BM}}{k_{AM}}$，并把“属性”中“标签”改为 k_{BM}。

(4) 绘制轨迹：过定点 A，作斜率为 k_{AM} 的直线 l_1，过定点 B，作斜率为 k_{BM} 的直线 l_2。其交点 M 即为所求轨迹上的点，追踪点 M 的轨迹或利用“轨迹”功能构造轨迹，如图 4.12 所示。

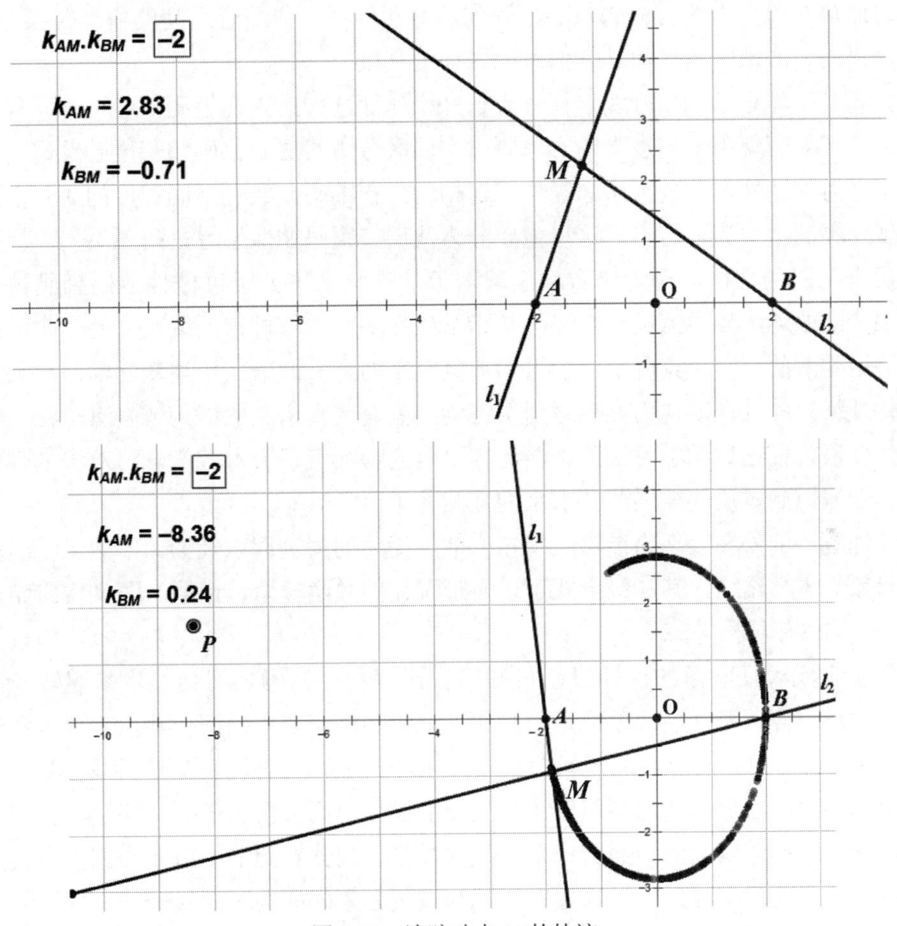

图 4.12　追踪动点 M 的轨迹

至此，我们发现满足这样条件的点的轨迹就是椭圆，也就是说当动点与两定点所在直线的斜率之积为定值 m 并且 m 取不等于 -1 的负实数时，那么该动点的轨迹为椭圆。通过信息技术的介入，我们的猜想和疑问一一得以解决，并在对椭圆定义结构掌握的前提下，通过信息技术的一步步引导，得到有关椭圆的另一种定义：与两定点所在直线的斜率之积为定值(不等于 -1 的负值)的轨迹是椭圆。从学生认知过程的角度来看，就是意味着从椭圆的原有深层心象码出发，通过一系列操作、功能，实现了深层心象码间连续、动态的转化，完成了深层心象码间的自身转换这一复杂过程。

4.3 内部心象与外部语言表达之间的转换

对于一个概念、问题的理解过程是对概念、问题进行内部表征、赋予其心理意义，并通过外部的语言表达出来，即外部表征内化、内部表征外化的过程，其实质就是数学多元表征学习的认知模型中的言语码与心象码间的参照转译，即两者之间的相互转换[1]。而前一节的言语码、心象码的建构是它们参照转译的基础。

心象码是工作记忆对描绘性表征进行认知操作而建构的内在编码，经过不同程度的认知操作，其结果表现为不同水平的心象码，主要区分为浅层心象码和深层心象码；言语码是工作记忆对叙述性表征进行认知操作而建构的内在编码，经过不同程度的认知操作，其结果表现为不同水平的言语码，这里主要分为浅层言语码和深层言语码。

浅层言语码的特征表现为对数学学习对象的理解水平处于机械性编码到具体性编码两个水平之间的连续体中。机械性编码是指学生在头脑内部进行的编码，而学生的外在表现为能够用零散的词语、具有语法的语句或具有字面意义的语句描述数学学习对象。

具体性编码的外在表现为能够运用关键词、具有逻辑语义的语句或具有语法、语义结构的具体性语言描述数学学习对象。深层言语码的特征表现为对数学学习对象的理解水平处于具体性编码到本质性编码两个水平的连续体中。

本质性编码的外在表现为能够运用核心的、简明的关键词以及抽象的数学符号把握数学学习对象的本质结构，其高级形式可以是形式化的数学概念、命题、语义网络结构、图式，甚至是CPFS结构等。

由数学多元表征学习的认知模型可知，言语码和心象码之间会发生参照转译高级操作，包括浅层言语码和浅层心象码间、深层言语码和深层心象码间、浅层言语码和深层心象码间、深层言语码和浅层心象码间的参照转译。一般而言，浅层言语码和浅层心象码间、深层言语码和深层心象码间的参照转译是主要的操作，而浅层言语码和深层心象码间、深层言语码和浅层心象码间的参照转译是附加的操作，因此在此节中主要介绍信息技术如何介入浅层言语码与浅层心象码、深层言语码与深层心象码间的参照转译。

4.3.1 浅层言语码⟷浅层心象码

在教学中，常常会出现两类现象：其一是学生通过之前概念、已有知识，能用自己的语言粗略地概括出某一概念、问题，但是头脑中却没有与之相对应的图像，即存在浅层言语码，浅层言语码却没有转化为浅层心象码；其二是学生通过日常生活的经验或是在之前的教学中存在有关概念、命题的大致心象，却很难陈述出具体是什么、具体怎么应用等，也就是没有与浅层心象码相对应的浅层言语码。

[1] 唐剑岚. 数学多元表征学习的认知模型及教学研究[D]. 南京：南京师范大学，2008.

对于第一类现象中的学生，存在浅层言语码，但此时的言语码具有零散性、间断性、误解性、片面理解性，不仅不利于信息的贮存与提取，还常常导致对概念、问题的片面理解乃至错误理解。对于第二类现象中的学生，在头脑中存在某一概念、问题的浅层心象码，但是浅层心象码只是反映学习对象整体的模糊结构，不方便思考、沟通与交流。

从以上看来，浅层心象码、浅层言语码各具特色：浅层心象码的构建有利于直接感受概念、问题，方便概念、问题的贮存和提取，还可完成对浅层言语码的验证与支持；实际教学中概念、问题的呈现方式，思考、沟通、交流的进行是以浅层言语码为载体。

由此可见，浅层心象码与浅层言语码是相辅相成、缺一不可的，研究内部心象与外部语言表达之间的转换是十分必要的。但是在实际教学中，由于学生的抽象能力、思维能力、理解能力、对图形的构建能力处于不成熟阶段，对于浅层心象码的分析与操作能力还很欠缺，这些决定了学生自发完成浅层言语码与浅层心象码间的参照转译是十分困难的。因此在教学中，教师要采取有效的教学方式辅助学生完成浅层言语码与浅层心象码之间的参照转译，有效的传统教学方式可以辅助学生完成这一过程，信息技术的恰当使用可以起到画龙点睛、如虎添翼的效果；教学软件呈现出由浅层言语码生成图像的完整连续过程，并且可以操控图像内部的变量，使学生在变化中观察到图像的整体特征，便于学生概括出语言特征。

1. 信息技术环境下浅层言语码到浅层心象码的转译的具体操作过程

借用信息技术，浅层言语码到浅层心象码的转译的具体操作过程如下：

(1) 剖析浅层言语码中的结构。

(2) 把结构中的元素呈现在几何画板中，展示由元素及其隐含关系生成的图像，让学生关注图像的外部结构形状。

(3) 改变元素位置或参数大小，观察图像整体形状的变化。

如在指数函数、对数函数、三角函数等的教学中，可以先分析言语结构，在教学软件中展示由元素及函数关系生成的图像，改变参数大小，观察整体图像的变化，最终完成由浅层言语码到浅层心象码的参照转译。

2. 信息技术环境下浅层心象码到浅层言语码转译的具体操作过程

信息技术支持下，浅层心象码到浅层言语码转译的具体操作过程如下：

(1) 在几何画板中呈现出有关概念、命题的心象。

(2) 使用信息技术对心象内部结构中的元素、关系进行操作，改变元素的位置、参数大小、具体对应关系，让学生观察整体图像所具有的特点，且用自己的语言概括出图像特征。

如在函数奇偶性教学中，由于初中的轴对称、中心对称图形的知识，可以建构出有关奇函数、偶函数的浅层心象，把奇函数、偶函数的图像呈现在教学软件上，过图像上任一点和 y 轴构造垂线，操控变量——垂线与图像的交点，观察图像具有的特点，最终用自己的语言描绘出其语言特征。

4.3.2 深层言语码⟷深层心象码

1. 深层言语码→深层心象码

在一些概念、命题的教学中，首先呈现给学生形式化的数学概念、命题、逻辑严谨的文字定义。对于这些概念、命题的形式定义，一类是文字不多，方便记忆，学生虽然可以熟记于心，但是这些文字的定义就如远方神秘的地方一样，只知晓名字，却看不见、摸不着，无法对这个概念进行探索、理解；另一类是文字冗长，涉及的量、关系比较多，学生虽然可以死记硬背，却极容易弄混变量及其之间的关系，导致错误的理解。

这样的教学不符合教学规律，因为在与学生头脑中没有与之相对应的心象，缺少深层言语码到深层心象码参照转译的过程。由深层言语码到深层心象码的转译，一方面可以帮助学生由文字层面的理解升华到本质的理解，另一方面也可以达到对量及关系的准确记忆。

由于学生对涉及一些变量、关系的概念模型、图像很难抽象建构出来，因此这个转译过程的发生需要外在的脚手架——信息技术。信息技术首先可以简化定义中冗长的文字，把主要涉及的元素、关系呈现在易于直观观察的几何画板中，其次可以对于一些元素进行操作，动态地展示其变化过程，让学生在真实的操作中观察概念、命题的内部结构特点，同时也可以验证是否和文字定义相符合。

深层言语码转化为深层心象码具体的步骤如下：

(1) 对深层言语码所承载的概念及概念的内部结构进行分析，确定具体元素及元素间的关系。

(2) 把概念言语结构中的元素、元素间关系在教学软件中具体化，使元素确定化、关系明了化。

(3) 通过教学软件的一些功能，如度量相关量，改变元素的位置、参数大小、具体对应关系，让学生在动态中观察出图像内部特点——元素特点、元素间具体关系。

【例 4-7】数列极限的概念的深层心象构建。

数列极限严格定义：设$\{x_n\}$为实数列，A为定数。若对任意给出的正数ε，总存在正整数N，使得当$n>N$时有$|x_n-A|<\varepsilon$，则称数列$\{x_n\}$收敛于A，定数A称为数列$\{x_n\}$的极限，并记作$\lim\limits_{n\to\infty}x_n=A$。

在这个概念中，我们不难发现几点：

- 文字叙述比较冗长，不方便记忆与理解；
- 含有的量比较多，x_n，A，n，N，ε；
- 五个变量之间的关系不是明了化，并且五个变量之间的关系不容易把握。

如何深入理解这一概念，这对传统教学提出了挑战，并且也很难解决，但在信息技术的介入后，却会产生不一样的效果。

下面我们具体以$x_n=\dfrac{(-1)^n}{n}$为例来说明数列极限的概念学习中如何借助信息技术把深

层言语码转化为深层心象码，过程如下。

(1) 对概念内部的言语结构进行分析。数列极限的言语结构，是由五个变量及其之间的关系组成的一个稳定系统：基本元素x_n，A，n，N，ε；元素间的关系：n与x_n之间的关系，当n变化时，x_n随着改变，这是一个函数关系；n与$N(N>0)$的关系，n是一个变量，N是n变化中的一个常数，可以是$n>N$，也可以是$n\leqslant N$；x_n是函数图像中所对应的函数值，A是确定的常数，$\varepsilon>0$是可以任意小的一个变量；五个量之间的关系是，当$n>N$时，$|x_n-A|<\varepsilon$，函数图像所对应的函数值都落在一个区间$(A-\varepsilon,A+\varepsilon)$内，我们这时就说数列$\{x_n\}$收敛于$A$，$A$就是数列$\{x_n\}$的极限。

(2) 把概念言语结构中的元素、元素间关系呈现在几何画板中，如图4.13所示。首先ε是一个可以任意小的变量，我们在这里取ε为y轴上任意一点B到原点的距离，而B'为B的对称点，利用几何画板软件中的迭代功能作出数列x_n，那么不等式$|x_n-A|<\varepsilon$在几何画板中就可以表示为点x_n落在一个区域——以x轴为中轴，以过B'与B且与x轴平行的直线为边界的带型区域，拖动B点缩小带型区域，数列x_n中有些点会跑出带型区域，一些点在带型区域内。

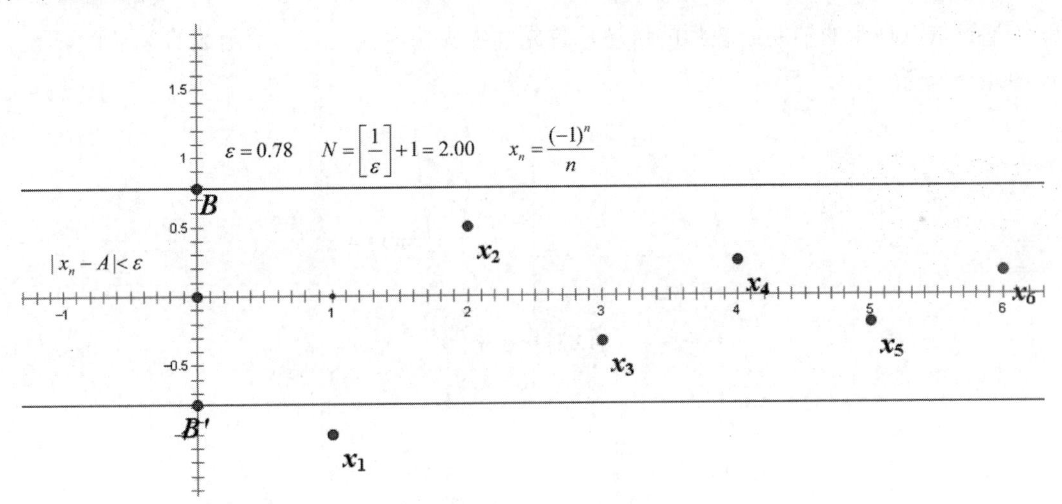

图4.13　极限概念的深层心象

(3) 在动态中观察教学软件中元素具体特点及元素间具体关系。将N标记在x轴上，缓慢拖动点B，N点随着变动，数列图像也发生改变：一些点落在带型区域内，一些点落在带型区域外。仔细观察，不难发现：当$n>N$时，x_n都落在带型区域内。

至此，借用信息技术，学生可以由极限概念的形式定义建构出其心象，顺利地完成了由深层言语码到深层心象码的转译，同时数列极限概念的内部结构得到了透彻的剖析，在信息技术的动态操作过程中，极限这一复杂概念的内部元素及之间的关系得到充分的显示。

2. 深层心象码→深层言语码

对于一些学生，通过书本或教师的讲解、信息技术的辅助，在头脑中已经建构出有关概念、命题的深层心象码，但是由于深层心象码涉及的元素、关系比较多，学生只能零散地描述出一些元素，元素间浅显的关系、概念的非本质特征，无法描绘出概念、命题的关键特征、本质属性。而这源于没有完成由深层心象码到深层言语码的参照转译。

由于传统教学通过黑板、粉笔都是静态的，很难让学生留下学习对象丰富心象，因此，用言语来描述学习对象特征困难重重，特别对于概念中的“任意”“都”“总”“存在”传统教学束手无策，因此很难辅助学生完成到深层言语码的转译。而信息技术的应用可使文字转化为心象变得简单可行。通过信息技术控制关键变量，度量长度、距离，设定参数等功能，观察出概念的本质特征，从而用语言概括出来。其具体的步骤如下：

(1) 对头脑中已经建构好的深层心象码进行剖析，剖析深层心象码所承载的概念、命题的内部结构，结构内的元素及结构内的关系。

(2) 把深层心象码呈现在教学软件中，对结构内的元素进行操作，观察随着元素的改变，结构内其他元素及元素间关系的变化，同时用语言对每一变化及其原因进行刻画，最后做总体归纳。

【例 4-8】函数单调性深层言语码的构建。

下面以增函数 $y=x^3$ 为例，进行说明。

通过信息技术的辅助或教师的讲解，首先学生头脑内存在有关增函数的深层心象码，如图 4.14 所示。

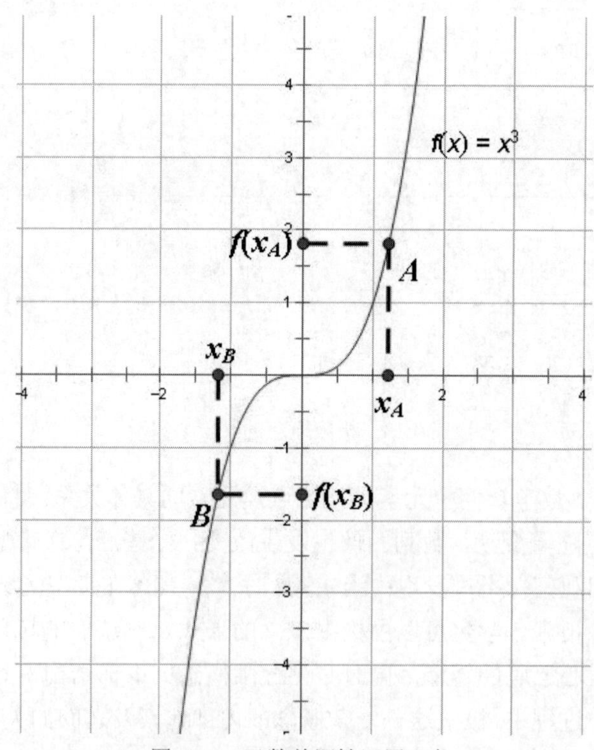

图 4.14　函数单调性深层心象

(1) 对深层心象码进行剖析：函数 $y=x^3$ 的内部结构；图像 $y=x^3$ 上的点，每一个点所对应的横坐标、纵坐标；它们满足的关系为函数关系 $y=x^3$。

(2) 在教学软件中，对元素进行操作，观察结构内部元素及元素间关系的特点，如图 4.15 所示。首先分别度量出点 A、B 的横坐标、纵坐标；在图像上缓慢拖动 A、B 点，改变 A、B 点的位置，观察结构内部元素——横坐标、纵坐标的变化及它们之间的关系。

通过几何画板的动态演示，很容易发现无论 A、B 点怎么移动，始终在图像上变化；深层心象码的结构中其他元素 A、B 点横坐标、纵坐标随着 A、B 的缓慢移动而发生改变，通过度量出来的横、纵坐标的数据，可以发现横、纵坐标一直遵循一个规律：横坐标大的，纵坐标也大，用数学符号表示记为若 $x_A < x_B$，必有 $f(x_A) < f(x_B)$，且 x_A、x_B 始终在定义域内。借助于动态教学软件在教师的引导下，完成了由深层心象码到深层言语码的转译，形成有关增函数的深层言语码：$\forall x_A, x_B \in D$，当$x_A < x_B$，有$f(x_A) < f(x_B)$，则函数 $f(x)$ 为增函数。

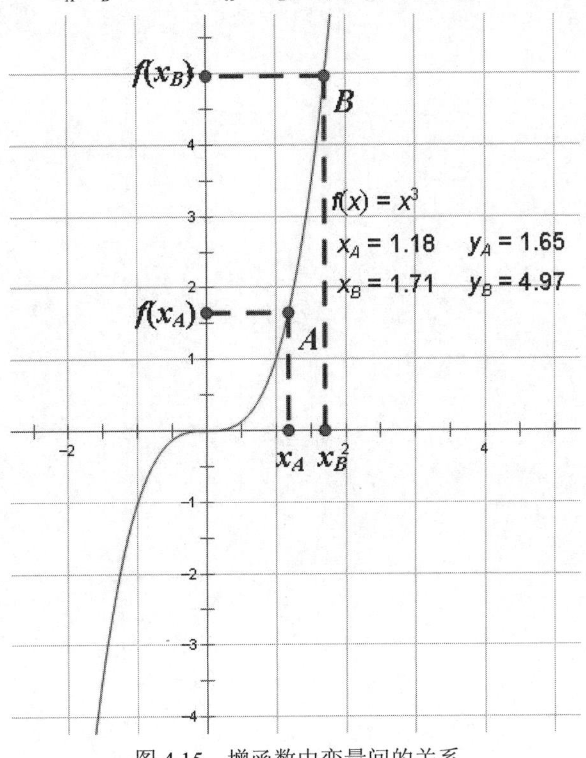

图 4.15 增函数中变量间的关系

4.4 本章习题

1. 在课堂中使用信息技术选择信息的具体策略有哪些？

2. “浅层心象码间的自身转换”指的是什么？请结合数学概念教学的例子进行说明。

3. 借助信息技术深层心象码到深层言语码转译的具体步骤有哪些？请具体结合教学例子给予说明。

第5章 信息技术环境下数学问题发现

从教学角度来看，“数学问题发现”作为一种相对独立的数学活动，一般要基于一定的情境，学习者通过对情境中已有信息的观察、分析，进而发现数学问题；从学习者思维角度来看，“问题发现”是一个逻辑推理和思维跳跃相互促进的复杂的交替过程，“问题发现”的逻辑推理思维即通过对情境信息的“理解、选择、转换、编辑”，并应用一些推理方法，如对比、归纳、数学建模、关系映射反演等来发现问题，当然这个过程也需要包括直觉、顿悟、灵感等非逻辑因素在内的创造性思维活动。此外，情境的创设是为了让学生产生“触景生情”的意识，而且其呈现的方式会直接影响学生对于信息的正确理解、选择、转换和编辑。

因此本章从教与学的角度，着重探讨如何使用信息技术使得学生能够产生“发现问题”的动机，以及信息技术的使用为什么有利于启发学生“发现问题”。

5.1 数学问题及问题发现的含义

5.1.1 数学问题

数学问题是指具有数学性质的科学问题。所谓科学问题，是指科学认识主体已有的科学知识背景与其所确立的科学认识目标之间的差距。心理学家纽厄尔(Newell)和西蒙(Simon)提出问题空间的三要素：问题的初始状态、目标状态和中间状态[1]。中间状态即初始状态与目标状态之间的差距。若这个目标，整个人类都尚未认识，则它就构成一种原创性的探索目标，这样的问题是真正的科学问题，可称为原创性科学问题；而已经被人类所认识了的科学目标，虽然对整个人类而言已不是问题，但就个体学习来说仍然是问题，仍然有必要去认识，可称为继承性科学问题。

学生自己提出或发现的问题基本属于继承性科学问题，也称为发现型问题。发现型问题虽不具有科研价值，但却具有一定的应用价值，特别是思维教育上的价值，对于学生而言，具有很好的培养发现能力和创造能力的价值。数学课标所提的强化学生的问题意识，培养提出和发现问题的能力，主要是让学生自由探讨，积极思维，大胆提出问题，揭示问题，发现问题。

5.1.2 数学问题发现

当前对问题发现(提出)的界定主要有以下两类：第一类是心理学家们主要从问题空间的角度对问题发现进行了界定[2]；第二类是数学教育家们主要从问题提出与问题解决的关系、与情境的关系来界定问题提出，被引用最多的是西尔维尔(Silver)和斯托亚诺瓦(Stoyanova)对问题提出的界定[3]，具体界定见表 5.1。

表 5.1 问题提出的界定

心理学领域对“问题发现”的界定	格里诺(Greeno)把问题发现过程描述为，那些有助于个体厘清问题结构，确定问题空间的限制条件，从而最终详细描述出待解决问题的过程； 海斯(Hayes)指出，当起始状态与想要达成的目标状态之间存在差距，而又不知道用什么方法来跨越这个差距时，个体就有了问题； 杰伊(Jay)和珀金斯(Perkins)提出，问题发现包括构思与想象情境中可能的问题或问题形式，定义与组织真实的问题陈述，定期评估所形成问题的质量，并不断地重新构建问题； 邵惠靖认为，问题发现是指个体对内在心理或外在环境中的矛盾、困难、新奇或一般事件，设定不同于其起始状态的目标状态的过程

[1] 陈丽君，郑雪静. 问题发现过程认知阶段划分的探索性研究[J]. 心理学探新，2011，31(4):332-337.
[2] 陈丽君，郑雪静. 问题发现过程认知阶段划分的探索性研究[J]. 心理学探新，2011，31(4):332-337.
[3] 斯海霞. 高中生数学问题提出能力发展进程研究[D]. 上海：华东师范大学，2014.

(续表)

数学教育领域对“问题提出”的界定	西尔维尔认为，问题提出(problem posing)包括生成新问题和对原有问题进行新的阐释。问题提出可以发生在问题解决之前(pre-solution posing)、问题解决过程中(within-solution posing)及问题解决之后(post-solution posing)； 斯托亚诺瓦认为，问题提出指学生在他们已有的数学经验基础上，对具体的情境给出自己的理解，并建构有意义的结构良好的数学问题。他将问题提出分为从自由(free)情境中提出问题、从半结构化(semi-structured)情境中提出问题、从结构化(structured)情境中提出问题这样三类； 梁淑坤从如下四个方面界定了数学问题提出(Mathematical Problem Posing，MPP)：①具有数学特性；②问题涉及合情推理；③可在问题解决前、中、后提出问题；④问题合理，而非无法解决

在“问题发现”教学中，问题的初始状态即教学任务的呈现状态(一般以学生所学过的知识或已有的经验作为背景)，问题的目标状态可以在任务中有所体现，让个体去发现也可让个体设置问题的目标状态，如何从初始状态过渡到目标状态，即找出两者之间的差距，此时便产生了问题。通过对以上两个领域有关数学问题发现界定的综合分析，我们将数学问题发现界定为：面对给定的情境，学生通过一定的思维活动，从而明确了数学问题的初始状态、目标状态，并发现了初始状态与目标状态之间的差距的过程。

5.2 数学问题发现的相关要素分析

根据以上对问题空间的分析可知，问题发现的主体要明确问题的初始状态和目标状态，并从已知条件(问题的初始状态)出发，通过间接的思维活动达到指定目标状态。从信息论的角度，给定的条件就是已有的信息，欲达到的目标状态就是信息的输出，而问题就是输入已有的信息到欲输出的信息之间的差距。本节将对数学问题发现的相关要素进行阐述。

5.2.1 情境与问题发现

情境认知理论认为，只有当学习被嵌入运用该知识的社会和自然情境中，有意义学习才有可能发生。如果我们只是将“去情境化的、定义明确的、高度抽象的知识”“填鸭式”地灌输给学生。这种“外来之物”很难让学生感兴趣，产生学习的心向，还扼杀了学生发现问题的创造力。同样地，“问题发现”的学与教，也必须将要学习的知识置于一定的情境之中，让学生“触景生情”产生认识的动机，这是发现问题的前提，然后学生可借助情境把握问题的初始状态和目标状态，加深理解，在思考初始状态和目标状态之间的差距时产生问题。

创设什么样的情境能够激发学生思考、探究的积极思维，并有利于其借助情境把握问题的初始状态和目标状态？数学教学中的情境主要是问题情境和活动情境[1]，问题情境是

[1] 喻平．基于情境认知理论的数学教学观[J]．中学数学月刊，2009(9):1-4.

指围绕问题的产生和发展来设置的情境，情境设计形式有以现实生活为背景构造情境；活动情境是指为探究和解决问题而设置的活动方式场景，活动情境的表现形式有数学实验活动、合作探究活动、利用教具去辅助教学、利用多媒体去展示和探索问题等。

在“问题发现”的教学中，情境的创设目的是引起学生的注意，产生认识的动机，激发问题意识，还要蕴含问题的“线索”，即问题的初始状态和目标状态。在本章5.3节中我们将结合“问题发现”的特点，针对中学数学教学提出利用信息技术创设三种情境：物理情境、操作情境和变式情境，并在详细阐述这三种情境下启发学生发现问题的策略。物理性情境，顾名思义就是以现实世界作为背景创设情境，以期培养学习个体学会用数学的眼光观察世界、用数学思维分析世界、用数学语言表达世界。创设物理性情境，也是概念或者命题引入的重要手段，学习个体可以将自己的生活经验充分融入学习中，提高学习和发现问题的兴趣。

数学另一大特点是“充满了‘变’，我们要研究的就是变化中的不变的性质”。教学中，创设操作性情境，即利用信息技术操作数学对象，使其产生一定的量变，但其性质不会随操作改变，学习个体通过观察思考，发现其中不变的性质规律，从而发现概念或者命题的猜想。

解题教学也是数学教学的一个重要部分，创设变式性情境，使学生能够根据一个问题产生多个问题变式，并实现从量变产生质变，掌握解题思想方法。可见在这三个情境中的数学问题发现教学，有助于学生对数学知识的自我建构，产生有意义学习。

总之，在“问题发现”教学中，需要将数学知识镶嵌于一定情境之中，让学生的“问题发现”有迹可循，而信息技术正是实现这一过程的有效辅助手段。

5.2.2 学习个体数学问题发现的认知过程

任何教学理论的产生都要以充分了解学生的认知特点为基础。从以上分析可知，在“问题发现”教与学过程中，教师需创设一定的情境，作为问题产生的背景，让学生明确“问题”的初始状态和目标状态，并在思考两个状态之间的差距(即发现中间状态)时发现问题。那么学习个体产生问题的具体认知过程会是什么样的？这是本节要探讨的问题。

以信息加工观点研究认知过程是现代认知心理学的主流，它将人看作一个信息加工的系统，认为认知就是信息加工[1]。学生个体的问题发现认知过程，可以看作对情境信息加工的过程。

赫里斯图(Christou)认为学生的问题提出过程涉及四个认知过程。这四个过程被假定发生在当一个个体从事提出问题的进程中，分别为：编辑定量信息，选择定量信息，领会定量信息，转换从一种形式到另一种形式的定量信息。这些基本的认知过程对应于特定的问题提出任务，这些任务是由图像、表格或符号的形式给出[2]，也就是说针对不同的问题提出任务，学生会用不同的思维方式来提出问题。

[1] 方均斌，蒋志萍. 数学教学设计与案例分析[M]. 杭州：浙江大学出版社，2012:3.

[2] Constantinos Christou. An empirical taxonomy of problem posing processes[J]. Zentralblattftir Didaktikder Mathematik(ZDM)，2005，37(3):149-158.

首先，学习个体必须要能领会情境信息，即理解给定情境中存在的数学信息，如数量关系、图形的数学含义，图像元素，文字信息里隐含的数学等；其次，必须要能够正确选择信息，即能“调动”自己已有的认知结构和学习经验使得能够正确选择、提取被提供情境中的关键信息，把主要重点放在其结构、数学关系上；再次，必要时还要会转换情境信息，即根据需要，在充分领会情境信息的基础上进行数学语言(图形、图表或表格、文字表示的信息)不同形式之间的转换，至此可明确问题的初始状态，甚至明确问题的目标状态；最后，编辑情境信息，即在对情境信息的理解、选择、转换(需要转换)的基础上，通过重组信息间的逻辑关系，找出问题的初始状态和目标状态之间的差距，或者设置问题的目标状态。例如在“函数零点存在性定理”教学中，当情境信息以图片的形式(如动物或人过河)给出，学生需通过领会、选择定量信息，并将图片转换成数学模型(数学图形等语言表示)，在对数学模型信息的编辑中发现问题(详见 5.3 节例 5-2)。

5.2.3 信息技术与问题发现

从情境创设与问题发现之间的关系分析可知，情境的创设对于学习个体是否能够明确问题的初始状态和目标状态，以及发现两个状态之间的差距具有至关重要的作用。在“问题发现”教学中，利用信息技术创设的情境可支持、引导学生发现问题，成为学生发现问题的“诱导因素”。利用信息技术创设情境是指利用信息技术构建有利于学生对所学内容的主题意义进行理解的情境[1]，具体到问题提出教学中，即构建有利于学生对问题的初始状态、目标状态和中间状态进行理解的情境。

利用信息技术创设知识形成的情境，因其具有生动直观、精确清晰、动态验证等特性，容易激发学习者学习兴趣和问题意识，“悄无声息”地启发学生发现问题，理由如下。

(1) 信息技术拥有着超文本性和方便性，故而可被当作传统纸笔作图、抄写或者运算的一个迅速的、方便的替代品，通过闪烁、颜色强调等突出重点，让学生将注意力转移到问题的关键信息所在，去除无关因素的干扰。

(2) 技术具有多种表征方式，故而可被用来转换信息(如建立数学模型，将现实情境转换成数学模型，即现实问题数学化)，让情境信息的表达更为直观，使学生更容易发现数学问题。

(3) 信息技术可实现对数学对象的动态操作，让学生从观察中发现问题，减少学生因自己动手操作造成的盲目性；

(4) 信息技术的动态几何作图，可使图形变化过程中其几何性质始终保持不变，故而可用来引导学生探索和理解几何的本质，发现问题。

信息技术能够有效呈现问题情境，并支持学生去理解或探索不同的情境，进而发现数学问题。通过技术合作支持的活动训练，学生往往能够在知识形成中养成发现问题的习惯，这就使教学方式、学生的认知方式发生了变化，认知结构得到了优化。具体到课堂教学中，

[1] 吴华，马东艳．用多媒体技术创设数学教学的多元情境[J]．中国电化教育，2007(4):80-82．

信息技术支持问题发现的5个行为，如表5.2所示。

表5.2　信息技术支持问题发现的5个行为

具体行为体现	图片展示	文字展示	图形展示	动态生成	检验
辅助“问题发现”	呈现多彩情境、丰富认知，激发问题意识	通过闪烁、颜色强调等突出重点，引起学生注意和兴趣	直观呈现数学模型，动态图形展示，启发学生发现问题思维	动态展示数学知识的形成过程，启迪问题发现思维	迅速准确发现“猜想”的问题所在，修正猜想

下面对表5.2“信息技术支持问题发现的5个行为”进行详细阐述。

- 图片和文字展示一般仅作为情境呈现的辅助手段，引起学生的注意和兴趣，激发问题意识。
- 图形是数学的重要组成部分，图形展示必不可少。一是为方便、清晰、直观地展示图形，如创设情境中的图形的直观呈现，利用图形形式直观呈现数学模型等，可以避免无关因素干扰，帮助学生正确选择信息，利于发现“有意义的数学问题”；二是动态图形展示，启发学生问题发现的思维。例如，可以通过“拖动”功能，改变三角形的形状，作出任意三角形，但是三角形的高、角平分线、内切圆、外接圆等的性质不会因为拖动而改变，因为利用信息技术的几何作图，是以欧式几何原理为基础的几何概念建构，图形具有可操作性，不会因为拖动其中的元素时就出现“散架分离”的现象，会保持几何变化中的不变关系，从而引导学生发现其中的规律，提出猜想(问题)。
- 动态生成能够展现信息技术的魅力。信息技术提供的动态展示过程在于突出数学的形成过程，促进学生理解。利用信息技术这个特点，可以对研究对象进行操作，产生连续的动态变化，让学生从中观察变化中的规律或者变中不变的性质，提出疑问或者猜想。例如在“二次函数$y=ax^2+bx+c(a\neq 0)$图像与性质”教学中，通过分别控制参数a、b、c的改变，使得图像产生连续的动态变化，学生从观察中自然会发现二次函数的性质与a、b、c的关系，较之传统教学中，通过对“静态二次函数图象”的观察得出性质，学生由被动学习变成主动发现，教师地位也随之变成了引导者、启发者，实现“信息技术与教学有效融合”。
- 检验功能主要应用于迅速验证猜想。如利用计算器验证已有结论，或利用动态几何软件的拖动功能、生成轨迹功能等验证猜想，甚至能发现“猜想”的问题所在，修正猜想。例如，学生提出的猜想，难免不全面，甚至是错误的，此时利用信息技术的验证功能可以辅助学生发现错误或者遗漏的条件信息。

【例5-1】美国ETS(教育测试中心)一次考试中，有一道“大圆小圆”问题：大圆直径为3，小圆直径为1，大圆与小圆外切于一点，小圆贴着大圆作不滑动的旋转移动，回到原先相切的位置，问小圆旋转了几圈。

该中心定制的标准答案为3圈，然而小圆实际上是“自转”了4圈，这个错误引起了美国民众的注意，甚至有不少人投书《纽约时报》展开讨论，问题究竟在哪里呢？

我们应用信息技术来揭示问题的“大圆小圆”问题发现过程，教学片段如下。

学生：小圆旋转了 3 圈，因为大圆的周长是小圆的 3 倍，所以是 3 圈。

教师：利用几何画板轨迹功能制作小圆在大圆上滚动课件，如图 5.1 所示，生成点小圆上一点 P 的轨迹，即小圆的运动轨迹(原先相切的位置在点 A_1 处)。

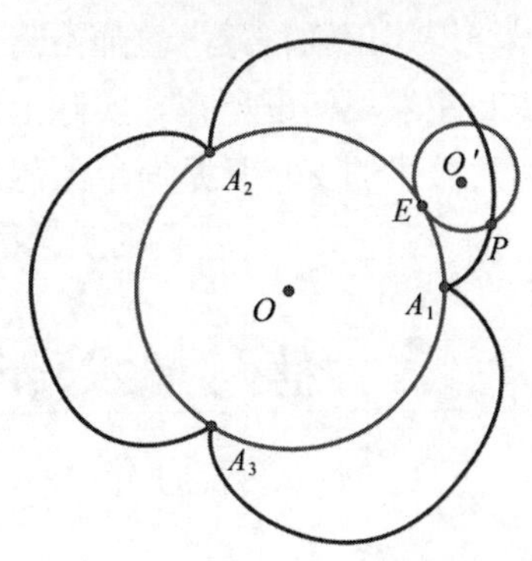

图 5.1　小圆在大圆上滚动课件

学生：小圆上点 P 从点 A_1 位置运动到点 A_2 的位置，使得大圆中 A_1A_2 弧等于小圆周长，就是旋转了一圈。

教师：教师通过拖动点 E，展示学生想法(如图 5.2 所示)。

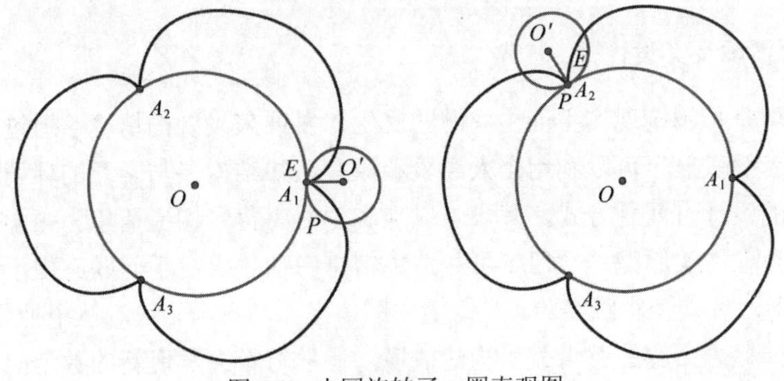

图 5.2　小圆旋转了一圈直观图

教师：这就表示小圆旋转一圈？同学们回忆一下旋转的定义。教师通过拖动点 E，小圆上点 P 从点 A_1 位置运动到点 B_2 的位置(如图 5.3 所示)。

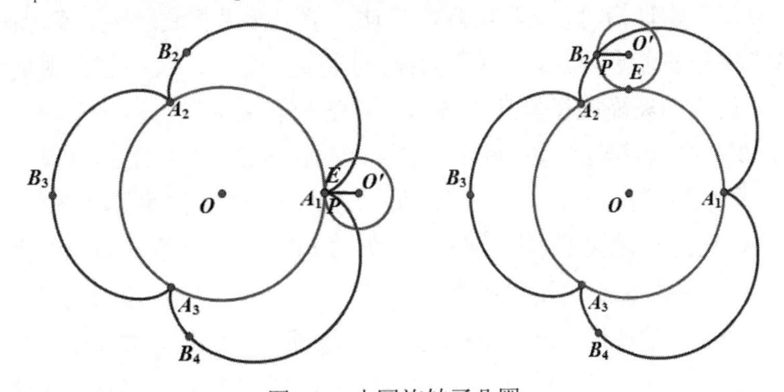

图 5.3　小圆旋转了几圈

学生：(开始讨论起来)小圆的旋转运动，应该是小圆上点 P 绕着其圆心 O' 运动，小圆上点 P 从点 A_1 位置运动到点 B_2 的位置绕着其圆心 O' 旋转了 360°，才是旋转了一圈。

本题是对“旋转一圈”概念误解引起错误，从学生提出错误的猜想到发现问题，再到最终得出正确答案，教师不需要太多的语言表述，只需通过信息技术操作数学对象，让学生自主发现问题所在。实际上这道“大圆小圆”题的关键就是旋转一圈的概念，如果没有信息技术的支持只是简单的想象或者画画草图，依靠语言表述，学生是很难发现问题所在。

5.3 信息技术环境下学生发现数学问题的教学探索

根据以上对数学问题发现相关要素的分析以及信息技术的特点，本节给出了信息技术应用于三种不同情境(物理性情境、操作性情境和变式性情境)中的问题发现的策略。

5.3.1 物理性情境下的问题发现

1. 物理性情境及其设计

物理性情境是指围绕现实生活中问题的产生和发展来设置的情境，通过将学习材料生活化，为学习者提供一个可以利用个人经验和原有认知结构参与学习的环境[1]。

物理情境的设计有两种方式，其一是以现实生活为背景构造情境。中学数学的概念和命题，一般都存在现实原型，学习者可从情境信息中抽象出数学问题。由于现实原型所含信息量繁杂，学习者缺少实践经验，对情境中的信息无法理解，很难从中抽象出数学问题。其二是依据新旧概念命题的逻辑关系构建情境，让学习者去发现新的数学问题。因为中学数学概念和命题学习不是孤立的，先后呈现有一定的逻辑顺序，以旧引新，需要呈现大量、丰富的实例，而且要让学习者能够找出它们之间的共性，而利用信息技术的优势可以帮助我们解决以上创设物理情境中出现的矛盾。

信息技术应用于物理情境，是将实际情景通过信息技术仿真再现，或者将已经处理过、与数学知识息息相关的信息要素，直观、简洁地呈现给学生，或快捷直观呈现大量实例，如此可减少认知负荷，提高选择信息的效率，有助于学生发现数学问题。

从物理情境中抽象出概念或者命题，实际上就是一个问题发现的过程。因为抽象的过程就是针对或参照情境中呈现的信息及其之间的关系，用形式化的数学语言、图形或符号，概括地或近似地表述出一种数学结构，即一个数学概念或命题。利用信息技术创设的物理情境，更有利于学习个体对信息的正确选择和组织，理由如下：由信息加工模型理论可知，对信息的选择是将外部刺激转化为神经信息进行选择性登记，而只有被注意和知觉的信息才能进入短时工作记忆，经过加工操作，获得意义。信息技术通过仿真再现真实情景，不仅其呈现方式生动具体，让人如身临其境，吸引学生注意，而且可以排除背景、文字等一些无关干扰信息，把与概念命题相关的数字、关系直观呈现出来，易于学习者注意和知觉到有关信息。

[1] 喻平．基于情境认知理论的数学教学观[J]．中学数学月刊，2009(9):1-4.

2. 信息技术应用于物理情境发现问题的具体策略

信息技术应用于物理情境，促使学生自主发现问题，具体策略如下。

策略 1：首先利用信息技术创设以现实生活为背景构造的情境，如播放录像、制作三维立体场景、多媒体课件中呈现情境等，并通过闪烁、颜色强调等形式帮助学生正确选择信息；其次学生通过对情境中信息的观察、理解，在理解的基础上将情境信息数学化，即转化成数学的符号、图形语言表示，或者说是转换成数学的模型(用来描述情境信息，故称为描述性数学模型)，信息技术的作用就是将学生头脑中形成的数学模型(也许是残缺不全的)外化，具体可见；最后通过对模型呈现的信息的组织、加工，去发现信息间存在的逻辑关系，或者可根据情境中要素之间存在的关系，类比出数学中的逻辑关系。

这个过程首先将复杂难懂的概念或者命题具体成生动的物理情境，又从物理情境中抽象出其数学的模型，从对数学模型的观察分析中得出概念或者命题的猜想，帮助学生理解原本抽象难懂的概念或者命题中存在的逻辑关系、情境信息的呈现量、呈现方式，情境要素关系的呈现方式，数学模型的表征方式(图形图像或者符号等)，对学生理解、转换、选择、编辑信息都至关重要。除了构造描述性数学模型，从而产生数学问题外，还可寻找数学客体作为数学研究对象的解释性数学模型，从而提出相应的数学问题，即以旧引新。信息技术呈现丰富的实例，可以是直观的几何图形、函数图像，让学生容易找出共性，发现数学知识的规律(问题)。

策略 2：学习者通过观察、分析发现的问题，提出的概念或者命题猜想不会那么“理想”，可能会漏掉已有的条件、结论信息，或者增加一些不必要的信息。如果用严格逻辑演绎的方法去证明猜想不正确性，对于学习者来说是困难的，而且对于为何这些条件或者结论信息要添加，那些信息要舍去，也不明所以。此时，利用信息技术来验证猜想或修正猜想就显得特别快捷，提高学习的效率。利用信息技术验证猜想是否正确的方式有两种：其一，从直观图形中直接观察到猜想的问题所在；其二，可通过一些拖动、度量、计算、直接生成轨迹等功能验证猜想或者修正猜想。

【例 5-2】“函数零点存在性定理”结论的发现教学。

(1) 创设物理情境

通过信息技术的闪烁、动态等突出要素；图 5.4、图 5.5 所示为青蛙的不同位置。

图 5.4　青蛙的不同位置(河的两边)

图 5.5　青蛙的不同位置(河的同一边)

【设计意图】利用信息技术的动态呈现，成功引起学习个体对关键信息的注意：青蛙、河流，是否过河。此外情境中设置了悬念，更加激发学生问题意识，唤醒学习的动机。

学生：图 5.4 说明青蛙过了河，而且是肯定的；图 5.5 不确定(此处有争议)。

(2) 建立数学模型

教师：你能否画出青蛙运动的路径线简图？

【设计意图】适当的引导语，引导学生抽象出数学模型来解决问题。

教师在学生作图的基础上补充全部可能性，如图 5.6、图 5.7 所示。

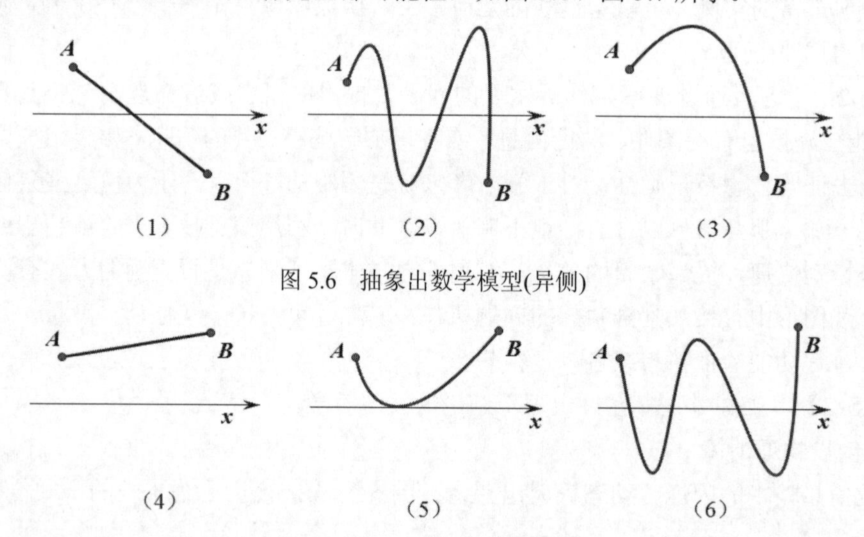

图 5.6　抽象出数学模型(异侧)

图 5.7　抽象出数学模型(同侧)

【设计意图】信息技术直观呈现数学模型，信息要素清晰、简洁，更容易刺激学生回忆起先前习得的概念、命题。

(3) 明确问题的初始状态和目标状态(必要时需要设置目标状态)

学生：青蛙是否过河就转化成看函数什么时候存在零点。

(4) 找出问题的初始状态与目标状态之间的差距

教师：是什么原因使得图 5.6、图 5.7 的路径线会有差异？什么时候函数一定存在零点？

学生：A、B 两点的相对位置。如果位于 x 轴两侧的时候，一定存在函数零点。

教师：既然是要研究函数什么时候存在零点问题，那就得用函数的语言去描述图像、点。

【设计意图】进一步引导学生用数学的语言描述数学模型；用函数语言去描绘点 A、B、x 轴、A、B 两点的位置。

学生：路径线看作函数 $f(x)$ 的图像，假设 $A(a, f(a))$，$B(b, f(b))$，A、B 点位于 x 轴两侧，即 $f(a)$ 与 $f(b)$ 异号，此时函数一定存在零点。

【设计意图】让学生尝试提出命题(问题)，虽然学生的表达不会像书本上那么精确，但可以帮助他们厘清头脑中的思路。

教师：很好。这就是我们今天学习的"函数零点存在性定理"。如果函数 $y=f(x)$ 在区间 $[a,b]$ 上的图像是一条不间断的曲线，且满足 $f(a)\cdot f(b)<0$，那么函数 $y=f(x)$ 在 (a,b) 上一定有零点，即存在 $c\in(a,b)$，使得 $f(c)=0$，这个 c 也就是方程 $f(x)=0$ 的根。

学生：可从图 5.7 的(5)和(6)我们看出，虽然函数不满足 $f(a)\cdot f(b)<0$，即 $f(a)\cdot f(b)>0$，但是其还是存在零点。

学生：函数 $y=f(x)$ 在区间 $[a,b]$ 上如果有零点，为什么有些情况只有一个零点，有时又不止一个，这又跟什么有关系？

学生：如果函数 $y=f(x)$ 在区间 $[a,b]$ 上有零点，且具有单调性，那么零点个数就是唯一的。

【设计意图】对命题的进一步学习，虽然书本定理并没有继续探讨函数存在零点时，零点的个数情况，但由于学生学习过函数的性质，很容易可以联想到当函数存在零点时，零点个数是否唯一是跟函数单调性有关，进一步提出新的命题。

【评析】以上学生发现命题的过程，其思维首先经历了领会、选择、转换定量信息抽象出数学模型，其次经历了用数学的语言精确描述数学模型，提出命题，再次通过反思属性，明确了命题的条件与结论之间的关系，最后通过进一步思考，增加了信息，得出了命题的推论。通过教师的引导、信息技术的辅助，学生能够完全掌握命题。

【例 5-3】函数单调性的定义教学片断。

(1) 创设物理情境

教师：观察图 5.8 所示气温图，请同学们汇报一下某地这一天的气温变化情况。

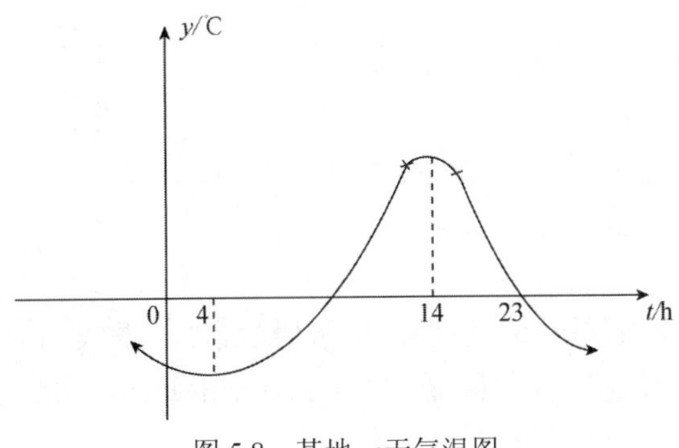

图 5.8　某地一天气温图

学生：在 0～4 点气温是下降的，4～14 点气温是升高的，14～24 点气温是下降的。

教师：在 0～24 点气温有降有升。

【设计意图】利用生活中熟悉的气温图来引入，学生也会自然想到根据时间段分区间讨论图像的性质，明确了单调性的一个要素：区间，为下面的讨论埋下伏笔。

教师：观察以下两幅函数图像，如图 5.9 所示，请你们分析其图像性质。

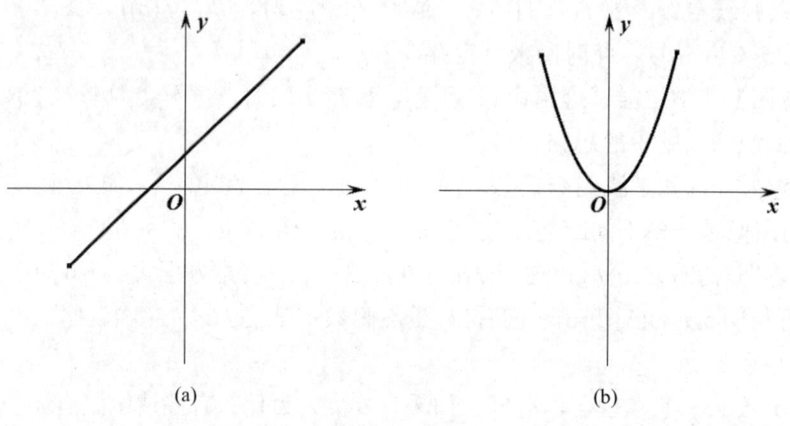

图 5.9　函数图像

学生：图 5.9(a)图的函数 $f(x)=x+1$ 图像在其定义域 $(-\infty,+\infty)$ 上都是上升的；图 5.9(b)图的函数 $g(x)=x^2$ 其图像左半部分 $(-\infty,0)$ 是下降的，右半部分 $(0,+\infty)$ 是上升的。

【设计意图】利用学生熟悉的两个函数图像，让学生对函数单调性有直观感受，并能从图像转换成自然语言来描述函数单调性的特点，明确单调性只是一个局部的性质。

(2) 明确问题的初始状态和目标状态

教师：如图 5.10、图 5.11 所示，如果图像在区间上是上升的，有什么共同点？

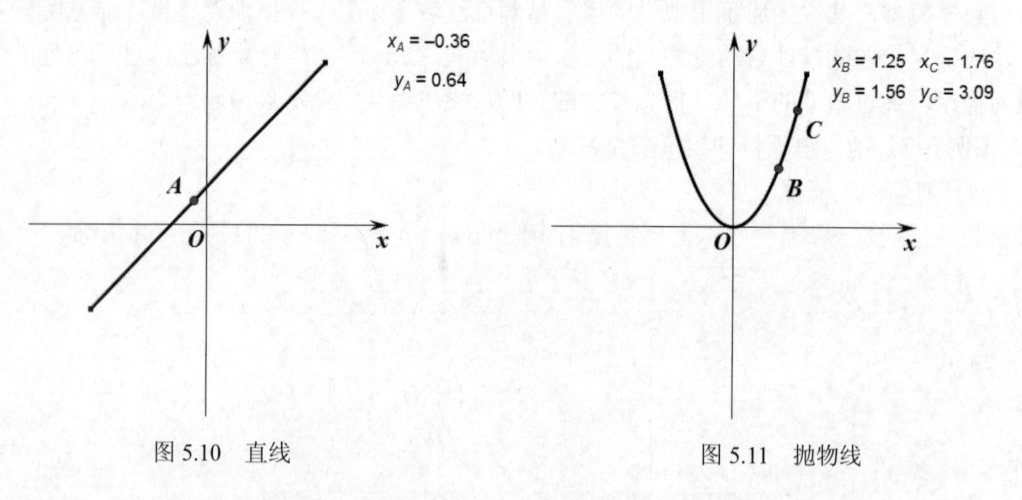

图 5.10　直线　　　　图 5.11　抛物线

学生：图像上升意味着随着 x 值的增大，y 值也增大，即 $x_B<x_C$，则 $y_B<y_C$。

教师：也就是说如果函数 $y=f(x)$ 在区间 (a,b) 是上升的，用数学符号表述就是“对于 $x_1,x_2\in(a,b)$，且 $x_1<x_2$，则有 $y_1<y_2$”。

【设计意图】从动态的图像表征过渡到静态的符号表征，一直是函数单调性学习的难点，如何用静态的符号去刻画图像单调性这一动态特点，如果只是观察静态的函数图像，或者教师直接给出这个假设，学生很难理解。因此需要细化函数单调性概念的要素：自变量 x 和函数值 y，以及其之间存在的关系。利用信息技术让图像上点运动，同时度量点的坐标值，学生就可以观察到上升的本质：随着 x 值的增大，y 值也增大，通过数据变化的对比，学生也容易得出"$x_B < x_C$，则 $y_B < y_C$"。教师只需要呈现概念要素信息并用一定方式直观呈现其之间的关系，让学生自己去提出概念的假设。

教师：我们把函数 $y = f(x)$ 在 (a, b) 上是上升的这个特点称为函数 $y = f(x)$ 在某个区间 (a, b) 上是增函数，或者说函数 $y = f(x)$ 在 (a, b) 上单调递增。根据刚才的假设，我们是否可以给增函数下个定义。

学生：(增函数定义)对于 $x_1, x_2 \in (a, b)$，且 $x_1 < x_2$，如果有 $y_1 < y_2$，那么就称函数 $y = f(x)$ 在 (a, b) 上是增函数。

(3) 学习个体发现两个状态之间的差距

教师：观察图 5.12 所示图像，你们发现了什么？

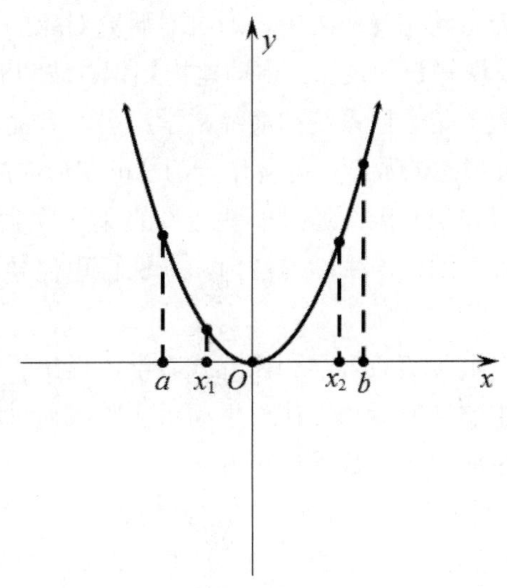

图 5.12　在图像上验证学生给出定义

【设计意图】通过图像直观去验证猜想，引发学生认知冲突，重新审视自己的猜想。要想说明总有上升这个特点，很明显只是取两个点，不足以说明情况，引发学生进一步的思考。

学生：只是取两个点，不足以说明总是上升这个特点。

教师：观察图 5.9(a)图，我们知道其函数图像在 $(-\infty, +\infty)$ 总是上升的，你能否找到两个数 x_1, x_2，使得当 $x_1 < x_2$ 时，有 $y_1 > y_2$ 吗？

学生：找不到，所以应该是对 $(-\infty, +\infty)$ 上任意两个 x_1, x_2，当 $x_1 < x_2$ 时，都有 $y_1 < y_2$。所以增函数定义：(增函数定义)对于任意 $x_1, x_2 \in D$，且 $x_1 < x_2$，如果有 $y_1 < y_2$，那么就称函数 $y = f(x)$ 在 D 上是增函数。

【设计意图】概念要素的辨析。弄清楚哪些可变，哪些不可变，从而把握概念的本质。采用反例变式是概念辨析常用的方法。通过拖动、转换等功能，可以改变概念的某个属性，如果与结论相违背，说明是本质属性，如果改变不影响结论就不是概念的本质属性。

【评析】函数单调性的概念一直是教学的难点，学生很难从静态的图像跨越到精确的数学符号表述。如果利用信息技术环境下的问题发现这种模式来学习这节课，首先现实生活气温变化、静态图像、动态图像的相继呈现，让学生对概念有总体的了解——某个区间上的上升或下降；其次图像上点的运动也启发学生用数值去准确描述上升，即得到概念的“雏形”——随着 x 增大 y 也增大；最后利用反例去刺激学习个体发现“差距”——少了任意二字，会出现矛盾，进而得到概念。

5.3.2　操作性情境下的问题发现

1. 操作性情境及其设计

操作性情境，是指在一定动态操作之中，通过对研究对象的控制、操作，强化数学对象的特征，引导学习个体发现知识的规律，主动建构知识。波利亚说过：数学有两个侧面，一方面，已严格提出来的数学是一门系统的演绎科学；另一方面，正在形成的数学却是一门实验性的归纳科学、教育形态的数学，可看作一门“正在形成的实验性的归纳科学”，即引导学生自己去发现和获得知识。因此通过一些适当的课堂教学操作，让学生参与归纳数学知识，学生在操作中发现问题，产生学习心向，新课标也倡导“数学活动”的教学，让学生在“做中学”。

虽然现有许多研究针对数学实验教学和探究式教学，提出了相应的教学策略：教师通过设计“问题串”推动学生的探究活动；让学生动手实验或通过教师演示实物模型获得直接体验，发现问题；让学生应用一些数学思想方法，如类比、转化、数形结合等去设计问题进行自主探究等[1]。教师通过设计层层递进的“问题串”引导学生进行探究，由浅入深，但这种数学策略不足之处在于，问题是给定的。这些问题怎样来的？为什么这个问题解决了，下一个问题是这个样子的？无法引起学生思考的兴趣。让学生动手实验，实验流程的设计很重要，不然只能表面上看起来“热热闹闹”，学生“忙得不亦乐乎”，好像对此很感兴趣，但是一旦操作结束了，学生对于为什么要进行那些操作，原理是什么全都不明所以。此外传统课堂中对数学对象的操作，一般通过制作实物模型或者利用教具，通过对实物模型或者教具的操作，从而发现或者解决问题，但是这种方法只能呈现数学知识静态的结果和间断的变化过程，无法让学生感受数学知识形成的动态过程。

利用信息技术创造操作的情境可以弥补以上不足，通过制作、干预、控制数学对象，使之产生连续性的变化，引导学生观察发现变化中的规律或者变化中不变的性质，发现

[1] 宁宏智．数学问题提出的方法论分层探讨[J]．中学数学研究，2006(8):1-5.

问题，提出结论的猜想，以深刻理解概念或者命题。利用信息技术创设操作性情境，即通过对研究对象的操作，如参数的控制、动态展示概念或者命题的形成过程，强化其特征，帮助学生选择信息，通过观察变化中不变的规律，编辑信息间的关系，发现问题，提出猜想。

例如在学习指数函数的图像与性质时，如果只是让学生通过列表、描点等操作画出 $y=\left(\frac{1}{2}\right)^x$ 和 $y=2^x$ 的图像，通过这两幅函数图像去总结指数函数的图像与性质，学生很难理解对 a 所做的分类；让学生应用数学思想方法去提出问题更是一件极为困难的事情，因为数学思想方法本身是个很抽象的知识，必须引发学生的认知冲突，激发问题意识，并刺激回忆起先前习得知识，同时在经过理解、转换、选择、编辑的过程(这些过程中需要用到数学思想方法)中，才能发现问题。

2. 信息技术应用于操作性情境发现问题的策略

利用信息技术创设操作的情境，引导学生从观察中选择、理解相关的信息，通过对信息的转换、编辑，发现变化的规律，提出猜想。具体策略如下。

策略 1：通过改变参数值(选中参数，用键盘的“+”“-”增加或减少其值或通过点运动控制参数值)使图像产生连续的变化，构成数形之间的关系，让学生从动态变化中去思考哪些信息的变化引起另外哪些信息的变化，信息与信息之间存在着何种关系？针对操作引起的变化，通过对信息的选择，编辑发现变化中的规律。

策略 2：对几何对象操作，如拖动几何图形中的自由点或者线，通过动画、变换、分离、合并、追踪等操作使之产生连续变化，但其设定的几何性质不变，学生通过观察发现变化中不变的性质；通过度量其边、角等值，从数据变化中发现规律(从数的角度研究形的性质)。信息技术呈现的几何图形，是含有几何意义的图形，这种几何图形中一旦定义了某种几何性质，它就不会因为其中的某些元素发生改变，使其原来设定的性质也发生改变。

如果是代数问题，可以转换成几何的图形、图像来研究。例如，我们可以对带字母参数的函数图像进行操作，通过控制字母参数，呈现图像的连续形成过程，引发学生去发现变化中的规律，归纳图像的性质；在几何概念建构过程中，对几何对象的操作，如动画、变换、分离、合并、追踪、任意改变图形的位置或者形状等。信息技术这种强大的图形功能，可以提供给学生研究对象的外部表征的丰富变式，因为在动态变化过程中其几何性质始终保持不变，学生能够理解几何现象，发现几何规律。

【例 5-4】不同类的指数函数的发现。

如图 5.13 所示，打开几何画板，在 y 轴上任取一点 A，度量 A 的纵坐标并改为标签 a，通过拖动点 A 控制底数 a 的取值，在 x 轴上取点 B，度量 B 的横坐标，设为 x，计算 a^x 的值，绘制点 (x, a^x)，生成点的轨迹，得到函数 $y=a^x$ 函数图像。拖动 A 点，教师提问：在点 A 运动过程中，你观察到函数图像(如图 5.14 所示)有什么变化？

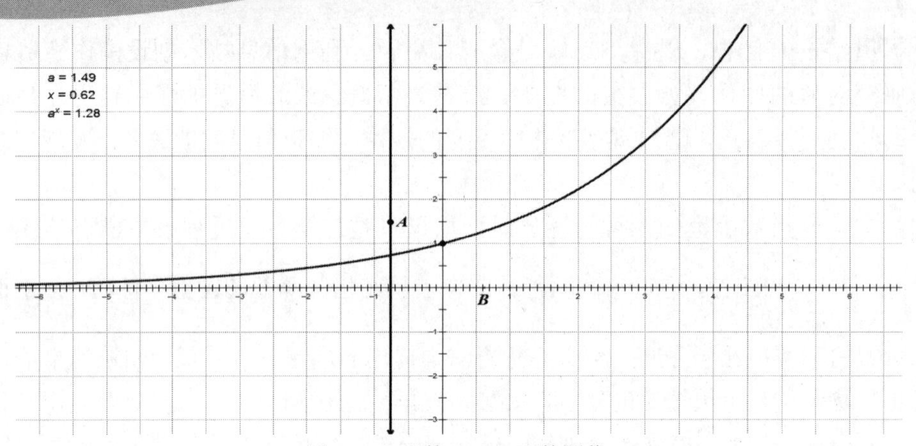

图 5.13　函数 $y=a^x$ 函数图像

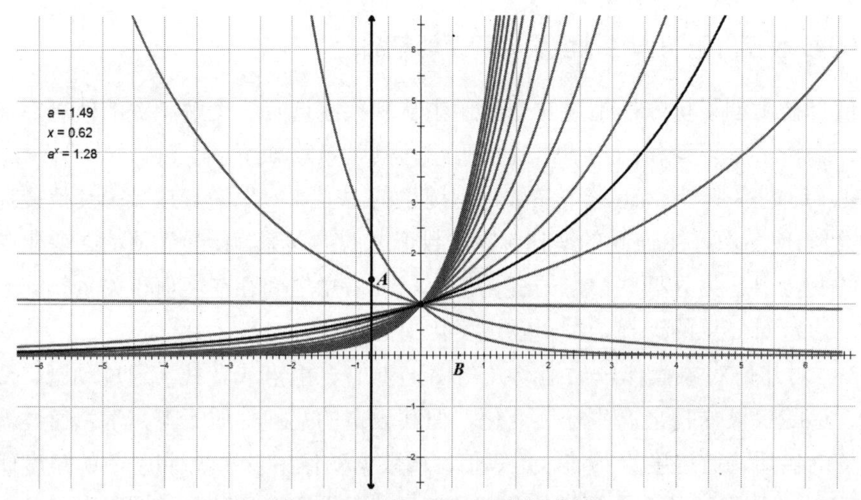

图 5.14　函数 $y=a^x$ 函数图像族

【设计意图】《普通高中数学课程标准》明确提出要求，学习者要能“用信息技术具体做出函数图像，探索并理解函数的性质”。几何画板自带的欧氏几何性质，在变化中能保持几何性质不变的功能，能让学生操作或者教师操作(适当说明操作过程)，学生观察得出性质。在函数作图的过程中，学生潜移默化熟悉函数的要素，体会对应关系在作图中的作用；在动态操作过程中，能给学生的比较和抽象思维创造一种活动的空间和条件，学生能在活动中进行反省抽象，获得、理解和掌握抽象的概念，这样学生获得真正的数学经验而不是容易忘记的结论。信息技术不应当只是充当教师的教学工具，也应该成为学生的认知工具。这个环节，教师可适当设问，引导学生观察。

明确问题的初始状态和目标状态、发现差距。

学生从观察中发现：点 A 的运动带动函数图像翩翩起舞，并且在特定的范围和临界值处有很大的区别。

学生提出疑问：

(1) 为什么无论 a 怎么变化，图像始终都过点(0, 1)？

(2) 当$a=1$时，为什么图像就退化成一条平行于x轴并经过点(0, 1)的直线？

(3) 当$a=0$和$a<0$时，为什么图像消失了，这两者之间又有什么差别存在？

(4) 在众多条曲线中，好像存在两两对称的曲线对？

【设计意图】教师无须过多言语，学生在观察的基础上会自觉运用分类思想探究问题，这是信息技术的教学效率高的体现，接下来不需要教师提问，学生已经充满了疑问。

【评析】本节课的难点之一就是对底数a的分类讨论，为什么要限制“$a<0$，且$a\neq1$”，然后还要区分为“$0<a<1$和$a>1$”两种情况，教材中也未说明原因，对于学生来说这些“外来之物”抽象难懂，有疑问却也说不出问题在哪里？信息技术营造的操作情境，让学生有疑，并知道疑在何处。常规教学中，通常只作出有限几个特殊函数的图像，让学生观察来讨论函数的性质，学生对于为什么要画这几个函数的图像，为什么这几个函数图像就可以代表一般，都是不得而知的，所以对结论的正确性也不一定完全相信，学习过程比较被动。然而，通过师生共同构建的数学操作平台，可以轻松地解决了教学的难点，而且更为可喜的是有的学生还通过自己的“实验”得出一些课本上没有提及的结论。如指数函数图像和y轴的远近受底数a的影响，底数互为倒数的指数函数的图像关于y轴对称等。

【例 5-5】三角形内角和定理发现教学片断。

如图 5.15 所示，利用几何画板绘制三角形ABC：度量三角形的三个内角的角度，并计算其和，通过拖动顶点改变三角形的形状；用多媒体的直观性动态展示折叠后构成平角；利用几何画板平移旋转等功能将两个角“拼接”在第三个顶点处。

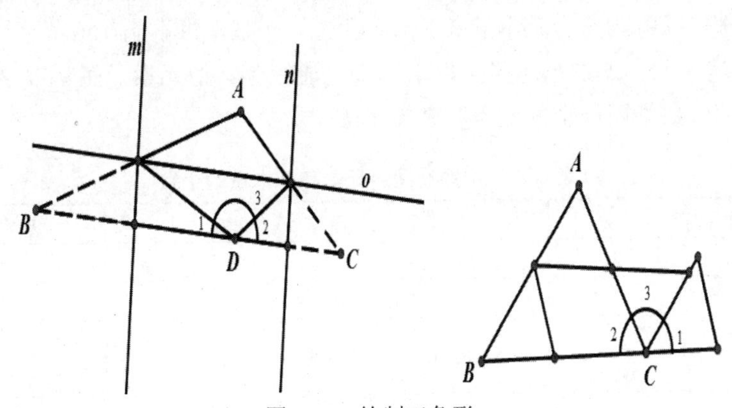

图 5.15　绘制三角形

【设计意图】通过测量、折叠、多媒体演示等操作，让学生明确定理的初始状态：“任意三角形三个内角$\angle A$、$\angle B$、$\angle C$”和目标状态$\angle A+\angle B+\angle C=180°$，通过多媒体的动态操作，实际上是提供学生定理证明的“路标”，让学生发现，要达到目标状态，就要通过“转化”，使得$\angle A$、$\angle B$、$\angle C$构成一个平角。

明确问题的初始状态和目标状态、发现差距。

要证明$\angle A+\angle B+\angle C=180°$，必须使得$\angle A$、$\angle B$、$\angle C$构成一个平角。

【评析】“化归”是数学中一个非常重要的思想。要达到化繁为简、转难成易，往往是教学、学生学习的难点。而繁-简、难-易通过“问题”建立联系，可以帮助我们解决这一矛盾。通过一定的操作，启发学习个体发现这一差距。

5.3.3 变式性情境下的问题发现

1. 变式性情境及其设计

变式性情境是指围绕变式的产生来设置的情境，本节主要探讨的是“一题多变”的问题变式。信息技术环境下的问题变式情境是指利用信息技术对原问题系统进行有层次的操作，启发学生改变问题的属性来产生变式的情境。

虽然布朗(Brown)和沃尔特(Walter)提出的“否定假设法(what-if-not)”[1]已经非常详尽阐述了产生问题变式的过程，但是要达到这个过程却也不是照搬就可以的。有研究表明，学生在属性列举、选择新的属性和属性否定方面表现不佳，而且相当多的学生在否定属性时未能考虑新旧属性的兼容性问题，从而提出了无效的问题。究其根源，其一，学生无法准确列举问题属性和选择新属性；其二，缺乏对改变问题属性的方法掌握[2]。

数学习题是一个系统$\{Y,O,P,Z\}$，其中 Y 表示习题条件，O 表示解题依据，P 表示解题的方法，Z 表示习题的结论。学生对这个系统的重新描述和习题在头脑中的内部表征，即形成问题空间[3]。所以要引导学生在原题的基础上进行一题多变，首先要给学生充分表征原问题的机会，使得学生能够准确列举问题属性，明确问题系统的基本量。问题系统的基本量是指问题系统中独立取值的量，即在一个问题系统中，若有 n 个基本量：$a_1,a_2,\cdots,a_n$，则其余所有量都可以用这 n 个基本量来表示，且这 n 个基本量不能互相表示[4]。例如椭圆方程中基本量就是 a、b，通过基本量可以求 c、e、通径等其他元素，而 a、b 不能互相表示。表 5.3 所示是部分数学问题空间元素和基本量的个数。

表 5.3 问题空间中元素和基本量的个数

问题系统	元素	基本量的个数
三角形	三边、三内角、三高、内切圆半径等	3
等比数列	a_1，n，q，a_n，S_n	3
二次函数：$y=ax^2+bx+c$	a，b，c，顶点坐标，极值等	3
正弦曲线：$y=A\sin(wx+\varphi)$	A，w，φ，T 等	3
椭圆	a，b，c，离心率 e，通径等	2

值得一提的是，明确问题系统的基本量，对于学生来说也并非易事，因此可利用信息技术来启发引导学生发现基本量及由基本量确定的其他量。在几何问题中，首先要确定基

[1] 斯海霞．高中生数学问题提出能力发展进程研究[D]．上海：华东师范大学，2014．
[2] 汪晓勤，柳笛．使用否定属性策略的问题提出[J]．数学教育学报，2008, 17(4).
[3] 汤慧龙．关于数学“问题空间”的研究[J]．数学教育学报，2009，18(2):23-24.
[4] 聂必凯．数学变式教学的探索性研究[D]．上海：华东师范大学，2004.

本量，要看哪些量能确定图形的形状和大小，函数图像性质的基本量确定亦是如此。因此可通过拖动或者改变参数，让学习者明确基本量。

其次进行问题的变式。无论简单地改变问题的条件元素或结论元素，还是改变问题结构，新的条件或结论都是在问题系统的那些元素中选取。

最后是掌握对问题进行变式的有效方式，如普遍化、特殊化、类比等。普遍化就是将问题的条件和结论变成更一般的形式。

2. 信息技术应用于变式情境发现问题具体策略

问题变式情境下的问题发现具体策略如下。

策略 1：利用信息技术将问题空间直观地呈现给学生，通过拖动、动态生成点的运动、度量等操作，让学生明确问题的基本量和由基本量引申出的其他量，从而正确列举问题属性，对问题空间的理解与转换是为了“改变问题属性”和产生变式做准备，甚至有些问题空间中的基本量或者元素还被隐藏起来，需要通过一定的推理才能显示出来；必要时还要转换问题空间，如化抽象的数为具体的形或表格，使之变得更容易理解，甚至会产生新的问题。信息技术强大的作图功能，可以将抽象的数转换成直观的形，通过数形的转换来转换问题空间是常见的手段。例如，对于问题“若不等式$0\leqslant x^2+px+5\leqslant 1$恰好有一个实数解，求实数 p 的值”，若能将其转化为“抛物线$y=x^2+px+5$在两直线$y=0$和$y=1$之间恰有一个对应的x值，求实数p的值”，这样实际上也产生了一个新的问题。本书将这种提出问题的方法称为“关系映射反演的方法”，即首先确定原问题所在的数学关系结构，然后再探寻与之有关的另一个数学关系结构及其两个关系结构间的同构或者同态映射[1]。对于高中生来说，很难理解同构或者同态，于是利用信息技术帮助学生转换问题空间，更加事半功倍。在理解和转换的基础上，尽可能多地得到问题空间的属性。

策略 2：对原问题系统元素的操作，启发学生改变问题属性来产生变式。问题属性(元素、结构关系等)的改变要遵循一些科学的方法，例如普遍化，即将问题的条件和结论一般化。利用信息技术的拖动功能，改变具体的值或者点的位置使条件一般化，进而得到一般化的结论，不妨将这个产生变式的机会交给学生，让学生从观察中提出变式。与之相应的就是特殊化，如数据的一般化与特殊化、原曲线的一般化与特殊化。波利亚曾说过：“一般化与特殊化不仅是问题解题的重要方法，而且也是提出问题的重要来源。”

习题变式的范围要在学生的“最近发展区”，最好让学生在问题解决之后尝试提出新的变式。因为解决原问题之后，学生对问题的属性把握更加彻底，有利于学生提出问题。策略 1 和策略 2 可穿插进行，通过不断引申新的量，发现变式。

【例 5-6】“椭圆中焦点三角形的性质”问题发现教学。

(1) 创设变式情境

在椭圆$\frac{x^2}{45}+\frac{y^2}{20}=1$上求一点$P$，使得它与椭圆两个焦点的连线互相垂直。

[1] 宁宏智．数学问题提出的方法论分层探讨[J]．中学教学研究，2006(8):1-5.

【设计意图】本题把椭圆的焦点、椭圆上的点、垂直等几何性质联系在一起，椭圆的几何性质一览无余，问题变式情境中的原问题的选取常常选在知识的交汇处，让学习者有更多发挥的空间，通过引导学习者发现问题，提出更多变式，巩固训练。

(2) 理解问题系统，明确问题各个属性

利用信息技术将问题各个属性在图形中表征出来，培养学生数形转换的意识，如图 5.16 所示，原问题中基本的量是"$a=3\sqrt{5}$，$b=2\sqrt{5}$"，点 P 和 $\angle F_1PF_2$ 是椭圆问题系统中的元素，点 P 的运动造成 $\angle F_1PF_2$ 大小的改变(特殊地，$\angle F_1PF_2=90°$)和三角形 PF_1F_2 面积大小的改变，由基本量还可以确定椭圆系统中其他元素："4 个顶点，焦点 F_1、F_2，离心率，通径"等，并在观察数据中发现此题满足与椭圆两个焦点的连线互相垂直的点 P 有 4 个，且都在以椭圆中心 O 为圆心，焦半径 c 为半径的圆上。

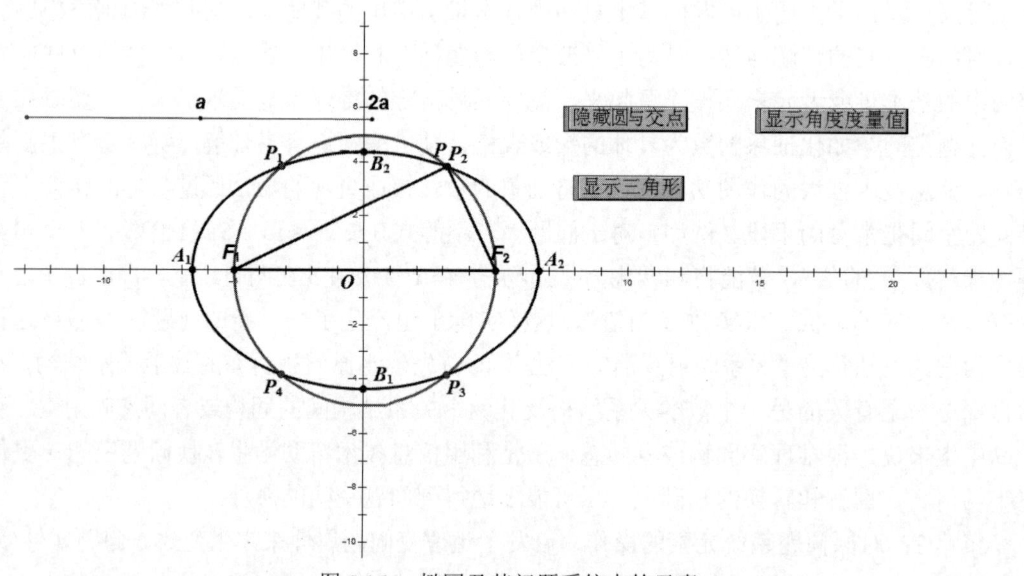

图 5.16　椭圆及其问题系统中的元素

【设计意图】教师用几何画板将问题各个属性在图形当中表示出来，符号语言转换成图形语言，具体直观；通过度量、拖动等操作，让学生进一步理解问题的系统中各个属性及其之间的关系。

(3) 改变问题属性

① 模仿原问题，仅改变条件或结论中的元素。

学生提出变式：

在椭圆 $\dfrac{x^2}{45}+\dfrac{y^2}{20}=1$ 上求点 P，使之与长轴两个端点或者通径两端连线垂直。

在椭圆 $\dfrac{x^2}{45}+\dfrac{y^2}{20}=1$ 上求一点 P，求 $\angle F_1PF_2$ 为锐角(钝角)时，点 P (横坐标或纵坐标)的取值范围。

教师操作：度量 $\angle F_1PF_2$ 大小，拖动点 P 运动，如图 5.17 所示。

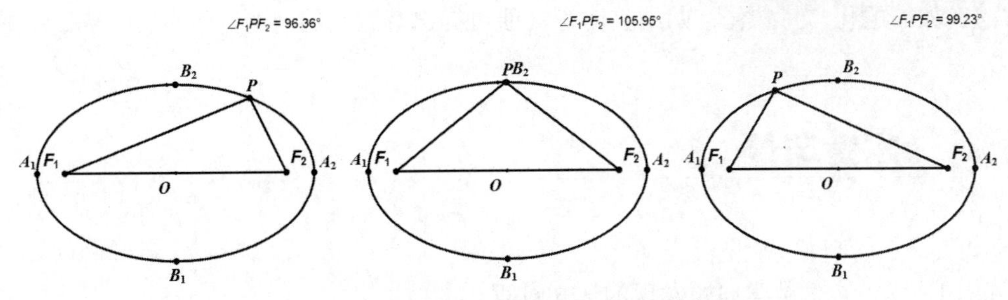

图 5.17　椭圆上点 P 运动时 $\angle F_1PF_2$ 的变化

当点 P 在椭圆 $\frac{x^2}{45}+\frac{y^2}{20}=1$ 上运动时，点 P 在什么地方三角形 F_1PF_2 面积最大？三角形 F_1PF_2 面积最大值是多少？

当点 P 在椭圆 $\frac{x^2}{45}+\frac{y^2}{20}=1$ 上运动时，$\angle F_1PF_2$ 的变化范围，点 P 在什么地方 $\angle F_1PF_2$ 最大？

② 将基本量取值一般化。

教师操作：拖动改变 a 值，得到图 5.18 所示几种状态。

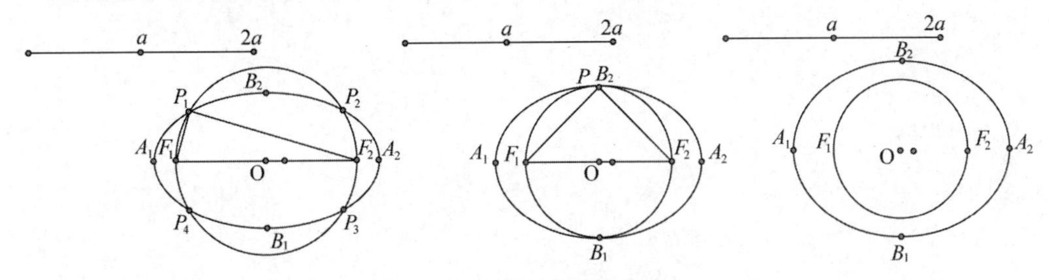

图 5.18　长轴变化时问题变式

学生提出变式：

椭圆 $\frac{x^2}{a^2}+\frac{y^2}{b^2}=1(a>b>0)$ 上与焦点的连线垂直的点满足什么样的条件？

设椭圆 $\frac{x^2}{a^2}+\frac{y^2}{b^2}=1(a>b>0)$，$F_1$ 和 F_2 是其两个焦点，若已知椭圆上存在点 P，使得 $\angle F_1PF_2=90°$，求离心率 e 的取值范围。

在椭圆 $\frac{x^2}{a^2}+\frac{y^2}{b^2}=1(a>b>0)$ 上的点 P，说明当点 P 运动时，$\angle F_1PF_2$ 如何变化？何时 $\angle F_1PF_2$ 最大，并加以证明。

设椭圆 $\frac{x^2}{a^2}+\frac{y^2}{b^2}=1(a>b>0)$ 焦点为 F_1 和 F_2，P 为在椭圆上的点，设 $\angle F_1PF_2=\theta$，求三角形 PF_1F_2 面积与 θ 之间的关系。

【评析】明确原问题系统是发现新问题的必要前提，再掌握一定的改变问题属性的思想方法，如一般化与特殊化、归纳类比等，便可提出有意义的问题。

5.4 本章习题

1. 阐述学习个体数学问题发现的认知过程。
2. 利用信息技术创设操作的情境具体策略有哪些？请举例说明这些策略的应用。
3. 问题变式情境下数学问题发现的具体策略有哪些？请举例说明这些策略的应用。

第6章

信息技术与数学教学整合的教学设计案例

本章中，我们将以前几章阐述的信息技术与数学教学整合有关理论为指导，在具体整合策略指导下，通过案例形式呈现如何将信息技术有效地融合于数学概念、命题与问题探究的教学过程，营造一种新型教学环境，实现一种既能发挥教师主导作用又充分体现学生主体地位的以“自主、探究、合作”为特征的教与学方式，从而把学生的主动性、积极性、创造性较充分地发挥出来，改变传统的以教师为中心的课堂教学结构。

6.1 整合信息技术的数学概念教学设计案例

6.1.1 “椭圆及标准方程”教学设计

1. 教学目标

(1) 知识与技能

理解椭圆定义，掌握椭圆标准方程的两种形式及其推导，并会根据条件求椭圆的标准方程。

(2) 过程与方法

引导学生亲自动手尝试画图、发现椭圆的形成过程进而归纳出椭圆的定义，掌握解析法研究几何问题的一般方法，培养学生观察、辨析、归纳问题的能力。

(3) 情感、态度与价值观

通过参与课堂活动，激发学生学习数学的兴趣，经历将几何关系转化成代数关系的过程，感受“数”与“形”的内在联系，体会数形结合的方法。

2. 重点与难点

重点：椭圆的定义，椭圆标准方程的形式。

难点：椭圆标准方程的推导。

3. 教学过程

(1) 设置情境，问题导入

【问题 1】“神舟十号”飞船绕地球旋转的轨迹是什么图形？(如图 6.1、图 6.2 所示)

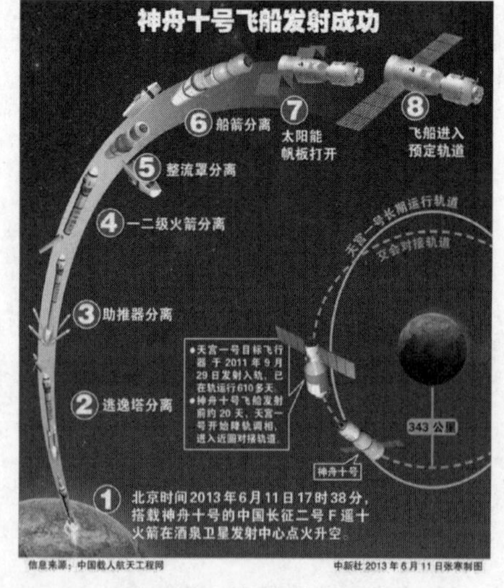

图 6.1　飞船绕地球旋转

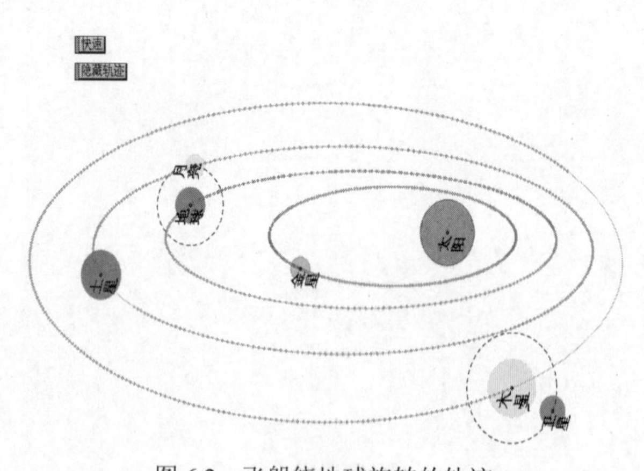

图 6.2　飞船绕地球旋转的轨迹

[引出“神舟十号”飞船，介绍相关背景知识，并进行爱国主义教育，再动画演示一些天体转运行的画面(见图 6.2)，让学生描绘出运行轨迹图。]

(学生根据已有知识，从物理知识可知，卫星绕着地球运行的轨迹是椭圆，从这里引出课题。教师板书：椭圆)

【设计意图】用学生关注的事件引出，借助几何画板生动、直观地演示天体的运行轨迹，在学生心里产生椭圆的表现，以引入新课。这样，学生情感上容易接受这一知识点，使学生明确学习椭圆的重要性和必要性，并且愿意进行深入的研究学习。

【问题 2】生活中你们见过的椭圆有哪些？

(先与学生互动交流，再向学生展示生活中椭圆的图片。)

可见椭圆在实际生活中是很常见的，学习椭圆的有关知识也是十分必要的。

【设计意图】由生活实例引入，让学生形成椭圆的感性认识，进一步丰富椭圆表象，感受数学的应用价值，明白生活实践中有许多数学问题，数学来源于实践，同时培养学生学会用数学的眼光去观察周围事物的能力。

(2) 动手实践，归纳概念

【问题 3】你们能准确地画出椭圆吗？想一想你们可以采取怎样的办法画出椭圆呢？

- 先让学生谈谈自己的看法，接着教师介绍书上画椭圆的方法。
- 安排学生实验：按课本上介绍的方法，学生用一块纸板、两个图钉、一根无弹性的细绳尝试画椭圆，与同桌合作完成。
- 教师用课件演示上述椭圆形成动态过程。

【设计意图】让学生感到新奇，引起学生的好奇心，激发学生获取知识的求知欲，充分调动学生的学习积极性。发散学生的思维，提高学生解决问题的能力。以活动为载体，让学生在“做”中学数学，通过画椭圆，经历知识形成过程，积累感性经验。

【问题 4】在画图的过程中，哪些量发生了变化，哪些量没有发生变化？

(学生根据自己的实验，可以观察出笔尖在动，但是绳子的长度没有变，绳子两端被固定住，因此两点间的距离没变。)

【设计意图】利用几何画板展示，为学生提供一个自主探索学习的机会，让他们通过观察、讨论，发现变量之间的关系，形成动态的作图过程，学生可以清晰地看到椭圆的形成过程和规律，初步概括出椭圆图形的一些特征。

【问题 5】你们能不能根据刚才画椭圆的过程以及观察的结果，归纳概括出椭圆的定义？

(先让学生自主归纳出椭圆的定义，教师再补充。引导学生使用课本再次理解椭圆的定义，并介绍焦点与焦距的概念。)

【设计意图】按学生的认识规律与心理特征，设置递进的问题，通过反思画图，让学生通过观察、讨论，归纳概括出椭圆的定义，培养学生抽象思维、归纳概括的能力。

【问题 6】进一步观察椭圆上点的形成过程，你能否用尺规作出椭圆上的点？

经过启发、引导，发现椭圆上的点可以由分别以两个焦点为圆心，半径之和为定长的两个圆的交点得到。用几何画板软件画出椭圆，如图 6.3 所示。

【设计意图】加深对椭圆轨迹的理解，为椭圆找到另一种合理画法，利用动态软件的优势动态演示椭圆轨迹的形成过程，进一步渗透交轨法的思想。

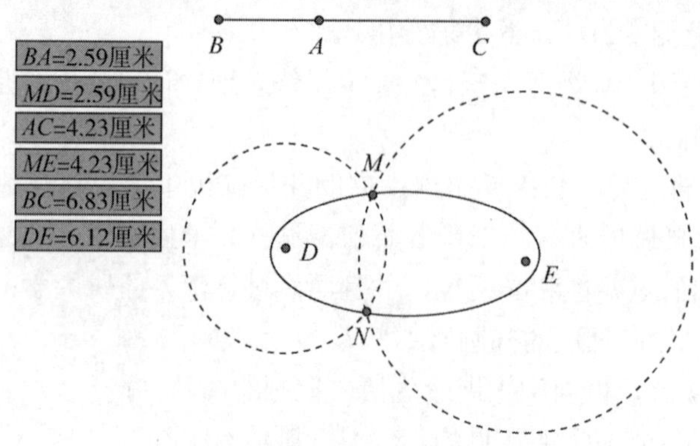

图 6.3　用几何画板软件绘制椭圆

【问题 7】为何“常数”要大于两定点间的距离呢？等于、小于又如何呢？

(先让学生动手操作，教师再用课件演示三种情形并进行说明。)

【设计意图】在问题的引领下，学生通过动手操作，深刻理解椭圆定义的内在条件，强化重点，使得学生对椭圆的定义留下深刻印象，形成椭圆概念比较完整的表象。

(3) 启发引导，推导方程

【问题 8】类比之前我们学习圆的过程以及学习定义后研究圆的标准方程。我们能不能建立椭圆的标准方程呢？我们先一起来回顾上节求曲线方程的一般方法是什么？

【设计意图】引导学生通过回忆旧知识，类比圆的学习方法，建立探索椭圆方程的方法，培养学生勇于探索的精神。

【问题 9】类比利用圆的对称性建立圆的方程的过程，探索如何利用椭圆的几何特征建立直角坐标系？

(启发学生建立坐标系尽可能使方程的形式简单、运算简单；一般利用对称轴或已有的互相垂直的线段所在的直线作为坐标轴。)

① 立直角坐标系，设出动点坐标。

学生可能会有如下几种建系方案：

- 以定点 F_1 为原点，两定点的连线为 X 轴，如图 6.4 所示；
- 以定点 F_2 为原点，两定点的连线为 X 轴，如图 6.5 所示；
- 以两定点的连线为 X 轴，其垂直平分线为 Y 轴，如图 6.6 所示；
- 以两定点的连线为 Y 轴，其垂直平分线为 X 轴，如图 6.7 所示。

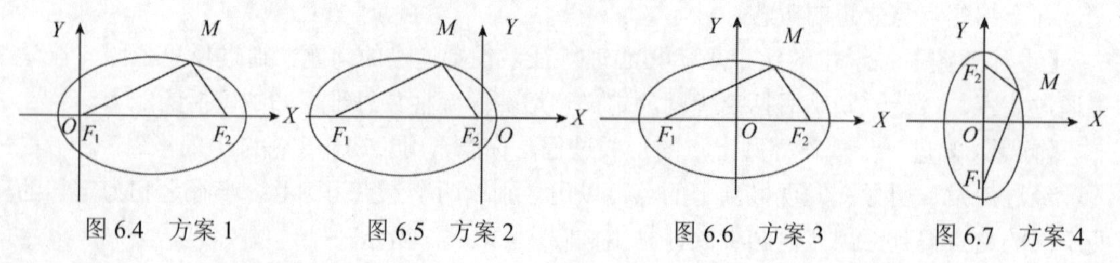

图 6.4　方案 1　　图 6.5　方案 2　　图 6.6　方案 3　　图 6.7　方案 4

(经过讨论，大多数学生可能会选择方案 3 或方案 4 来推导椭圆的标准方程，教师表示赞同。接下来选择方案 3 建系：以 F_1、F_2 所在的直线为 X 轴，线段 F_1F_2 的垂直平分线为 Y 轴，建立直角坐标系。)

【设计意图】放手让学生自主探究，培养学生独立思考的能力以及解决问题的能力。

② 写出动点 M 满足的集合。

教师启发学生根据椭圆的定义，写出动点 M 满足的集合，即：

$$p=\{M/|MF_1|+|MF_2|=2a,2a>2c\}$$

如果学生有困难，可以安排进行小组讨论交流。

③ 列式——坐标化。

引导学生在设点的基础上，将前面得到的关系式用坐标表示出来。这里学生不会有太大的困难，绝大多数学生都能得到方程：$\sqrt{(x+c)^2+y^2}+\sqrt{(x-c)^2+y^2}=2a$。

④ 化简。

【问题 10】如何化简方程：$\sqrt{(x+c)^2+y^2}+\sqrt{(x-c)^2+y^2}=2a$。

带根式的方程的化简，学生会感到困难，这也是教学的一个难点。特别是由点适合的条件列出的方程为两个二次根式的和等于一个非零常数的形式，化简时要进行两次平方，且方程中字母多，次数高，初中代数中没有做过这样的题目，教学时，要注意说明这类方程的化简方法。

(4) 拓展引申，对比分析

【问题 11】刚才我们得到了焦点在 X 轴上的椭圆方程，如何推导焦点在 Y 轴上的椭圆的标准方程呢？

学生可能不假思索地回答：“按方案 4 建系再推一遍”。当学生推导到

$$\sqrt{x^2+(y+c)^2}+\sqrt{x^2+(y-c)^2}=2a$$

这时教师引导学生，与焦点在 X 轴列出式子进行对比，学生经过观察思考会发现，只要交换坐标轴就可以了，从而得到了焦点在 Y 轴上的椭圆的标准方程：$\frac{y^2}{a^2}+\frac{x^2}{b^2}=1$ $(a>b>0)$。接下来，通过表格的形式，让学生对两种方程进行对比分析，强化对椭圆方程的理解。

【设计意图】通过填表进行对比总结，不仅使学生加深了对椭圆定义和标准方程的理解，有助于教学目标的实现，而且使学生体会和学习类比的思想方法，为后边双曲线、抛物线及其他知识的学习打下基础。

(5) 应用实例，巩固练习

【例 6-1】判断下列方程是否表示椭圆，若是椭圆方程写出 a、b，说明焦点在哪个坐标轴上，并写出焦点的坐标。

① $x^2+\frac{y^2}{5}=1$　　② $x^2+y^2=1$　　③ $4x^2+9y^2=36$

④ $\frac{x^2}{16}-\frac{y^2}{9}=1$　　⑤ $x^2=2y$　　⑥ $\frac{x^2}{m^2}+\frac{y^2}{m^2+1}=1$

解：①是，$a=\sqrt{5}, b=1$，焦点在 Y 轴上，焦点坐标分别为(0, 2)、(0, −2)。

② 不是。

③ 原方程可变形为 $\frac{x^2}{9}+\frac{y^2}{4}=1$，是，$a=3, b=2$，焦点在 X 轴上，焦点坐标分为 $(\sqrt{5},0)$、$(-\sqrt{5},0)$。

④ 不是。

⑤ 不是。

⑥ 是，$a=\sqrt{m^2+1}, b=|m|$，焦点在 Y 轴上，焦点坐标分别为(0, 1)、(0, −1)。

(教师先讲解第①题，接下来让学生独立完成，然后与学生核对答案，最好教师总结规律：椭圆方程中哪个的分母大，焦点就在哪条轴上。)

【设计意图】考查学生识别椭圆的标准方程的形式，分清类型，掌握椭圆方程中 a、b、c 三者之间的关系，并且会判断焦点位置及求焦点坐标。

【例 6-2】已知椭圆焦点的坐标分别是(−2, 0)、(2, 0)，椭圆上一点 P 到两焦点的距离的和等于 10，求椭圆的标准方程。

解：因为椭圆的焦点在 X 轴上，所以设它的标准方程为 $\frac{x^2}{a^2}+\frac{y^2}{b^2}=1(a>b>0)$，

由椭圆的定义知：$2a=10$，即 $a=5$，

又 $\because c=2, \therefore b^2=a^2-c^2=25-4=21$，

所以椭圆的标准方程为：$\frac{x^2}{25}+\frac{y^2}{21}=1$。

(先留时间让学生自己做，然后教师再讲解，最好向学生展示完整解题过程。)

【设计意图】掌握从椭圆的定义出发求椭圆标准方程，并且引导学生求方程时注意类型，培养学生运用知识解决问题的能力。

(6) 小结

最后进行课堂小结，先由学生小组讨论，再个别提问，然后集体补充，最后教师引导和完善。师生应共同归纳本节所学内容、知识规律以及所学的数学思想方法。

① 一个定义：$p=\{M/|MF_1|+|MF_2|=2a, 2a>2c>0\}$。

② 两个方程：$\frac{x^2}{a^2}+\frac{y^2}{b^2}=1\ (a>b>0)$ 与 $\frac{y^2}{a^2}+\frac{x^2}{b^2}=1\ (a>b>0)$。

③ 三种思想方法：换元思想、分类讨论、数形结合。

【评析】在圆锥曲线的教学中，椭圆是最先接触的圆锥曲线，椭圆概念的理解程度直接影响到后面双曲线、抛物线概念的理解，因此椭圆概念至关重要。

而在传统的教学中，教师通过动手操作展示椭圆的制作过程，无法对过程中的绳长、两点之间的距离给予量化，无法对椭圆上的点给予具体化，对于椭圆标准方程的理解更是牵强，只能从代数式上进行推导，无法从图形上给予验证与支持。这样的教学使学生的心象具有间断性、不完善性，导致了教学中的常见现象：学生头脑中只存在椭圆的整体形状或实体椭圆，对于整体内部的结构不清楚，不知道椭圆内部的重要元素、关系是什么；对

于动点到两定点距离之和 $2a$ 以及两定点距离 $2c$ 的关系理解片面，当 $2a<2c$ 或 $2a=2c$ 时，仍认为轨迹为椭圆，这是椭圆表象不完整的结果。而信息技术的介入，通过软件的动态功能，可以从椭圆的内部结构的角度来理解椭圆的概念。具体操作见 4.2.2 节例 4-4。

6.1.2 “函数单调性”教学设计

1. 教学目标

(1) 知识与技能

理解增函数和减函数的定义，了解函数单调区间的概念，并能根据函数图像说出函数的单调区间，能根据定义证明函数的单调性。

(2) 过程与方法

经历函数单调性定义的形成过程的探究，渗透数形结合数学思想方法，培养学生观察、归纳、抽象的能力和语言表达能力；通过函数单调性的证明，提高学生的推理论证能力。

(3) 情感、态度与价值观

通过对单调性的研究，培养学生主动探索、勇于发现科学的精神，培养学生的创新意识和创新精神，使学生认识事物的变化形态，养成细心观察、认真分析的良好思维习惯，同时，培养学生对数学美的艺术体验。

2. 重点与难点

重点：函数单调性的概念形成及应用。

难点：函数单调性的概念形成。

3. 教学过程

(1) 创设情境，提出问题

【问题 1】请举出图 6.8 中描述变化趋势的成语。

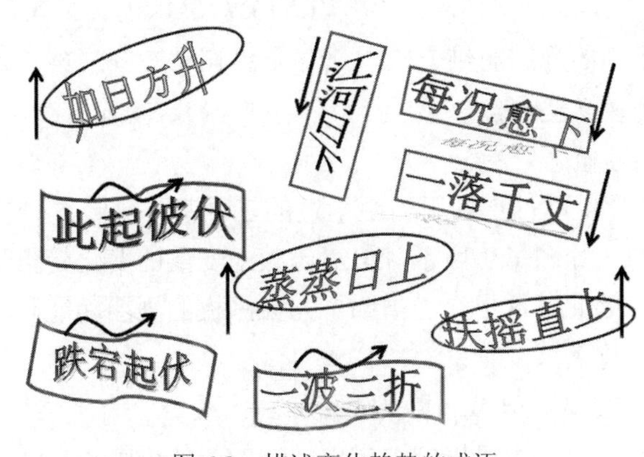

图 6.8　描述变化趋势的成语

【设计意图】结合 PPT 的艺术字功能，把具有代表性的成语呈现出来。这里使用信息技术的作用有两个：其一是利用了艺术字的视觉效果，吸引学生的学习注意力和积极性；其二是结合成语的意义，从艺术字的字体和摆放位置下功夫，为下一步成语的分类做铺垫。

(2) 师生互动，深化问题

【问题 2】如何用学过的函数图像表示上述成语？

如图 6.9 所示，首先，把这三个函数的主动点都设置在 x 轴上，目的在于更好地让学生理解自变量的意义，从而理解函数的依赖关系，为进一步探究函数的性质打下坚实的基础。同时，对“任意”的概念有了初步的认识。

其次，设置“点到点”的动作按钮，让“y 随着 x 的变化而变化”这个过程动起来，从形的角度丰富学生的视觉效果和直观体会，从而初步探究出 x 与 y 之间的变化关系。

最后，让 x 回到初始位置，使用“数据的制表”功能，并选择“添加表中数据”项，动态地生成 x 与 y 的坐标值，引导学生从数的角度认识变量之间的变化关系。

三幅图采用同样的操作功能，一次次加深学生对变量之间变化关系的理解。

【设计意图】上述步骤主要体现了以下几个功能：

- 动态教学软件的应用在很大程度上调动了学生的学习积极性和探索的欲望，并结合老师的教学设计，有利于突出重点，突破难点——变量之间的变化关系是本节课的重难点。
- 动态教学软件的绘图功能和强大的计算功能，使数形结合贯穿课堂，让学生能够从多角度理解数学的本质概念。
- 几何画板的课件制作能够在课前完成，不仅增加了课堂容量，提高效率，而且能够让学生对概念的认识经历一个多次接触，产生表象的过程，加深学生对概念的理解。
- 动态教学软件的动态演示功能，为师生的交流提供了交互式、探究式的学习环境，并不断改变学生的静态思维方式，培养学生在动态中观察、探索、归纳的能力，体现新课标的教学理念。

(3) 合理归纳，构建概念

【设计意图】这里学生不难想到用初中学过的三种基本函数：一次函数、反比例函数和二次函数来描述趋势，如图 6.9 所示。但对函数中变量的变化趋势认识程度还不足以引出函数单调性的概念，因此，这里笔者借助了几何画板的画图功能和动态效果，进一步引导学生理解变量间的变化关系。

【问题 3】如何描述函数上升或下降的特征。

从几何画板的演示中，学生可以归纳出单调性的图像语言和自然语言，构建浅层心象码与言语码。但对于符号语言的刻画，深层心象码的构建，学生还有一定的距离，这就需要老师借助几何画板等软件进一步引导。因此，可结合教学目标，在图 6.9 呈现的三幅图基础上进行修改，如图 6.10、图 6.11、图 6.12 所示，主要体现在以下几个方面。

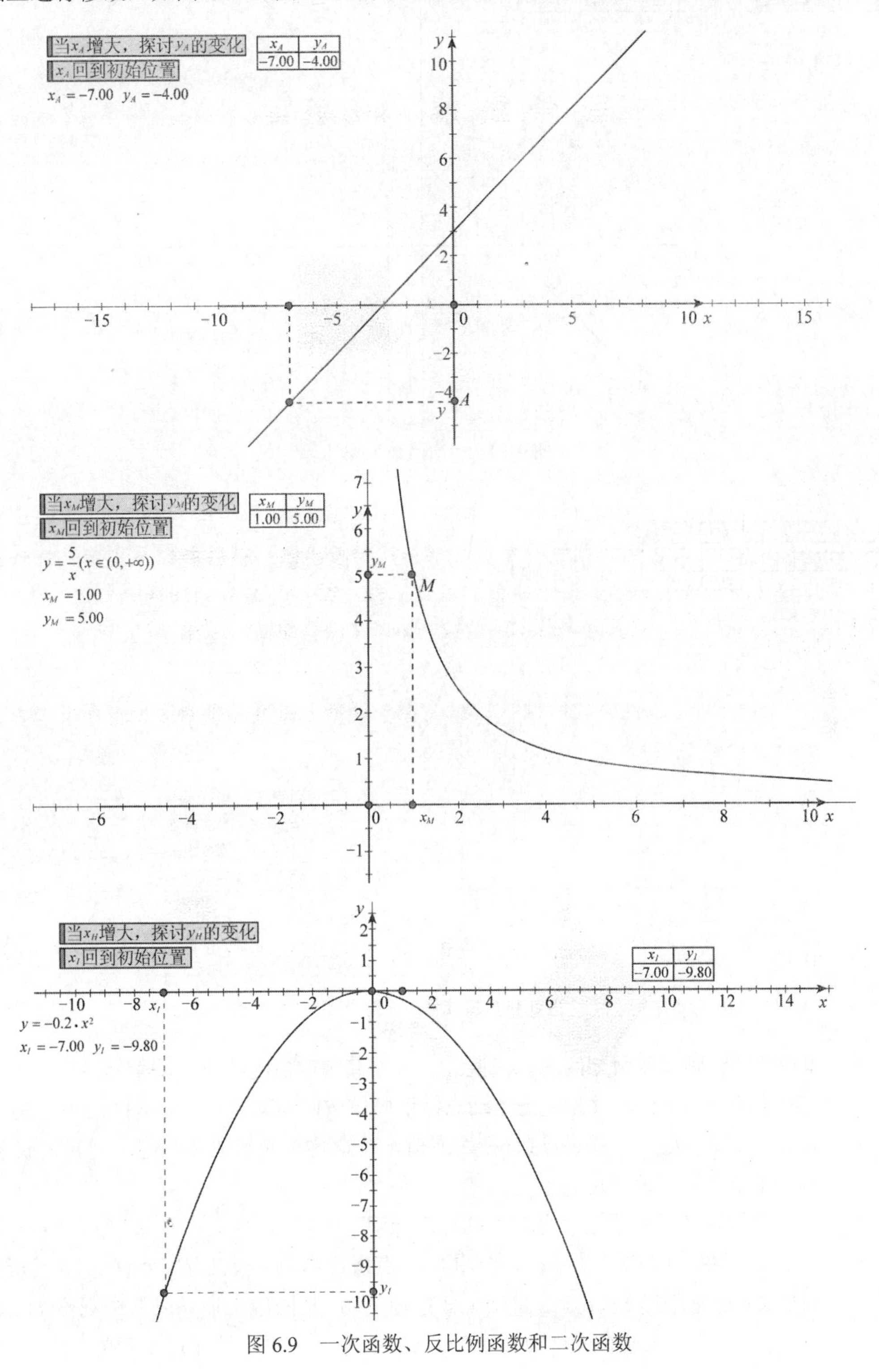

图 6.9　一次函数、反比例函数和二次函数

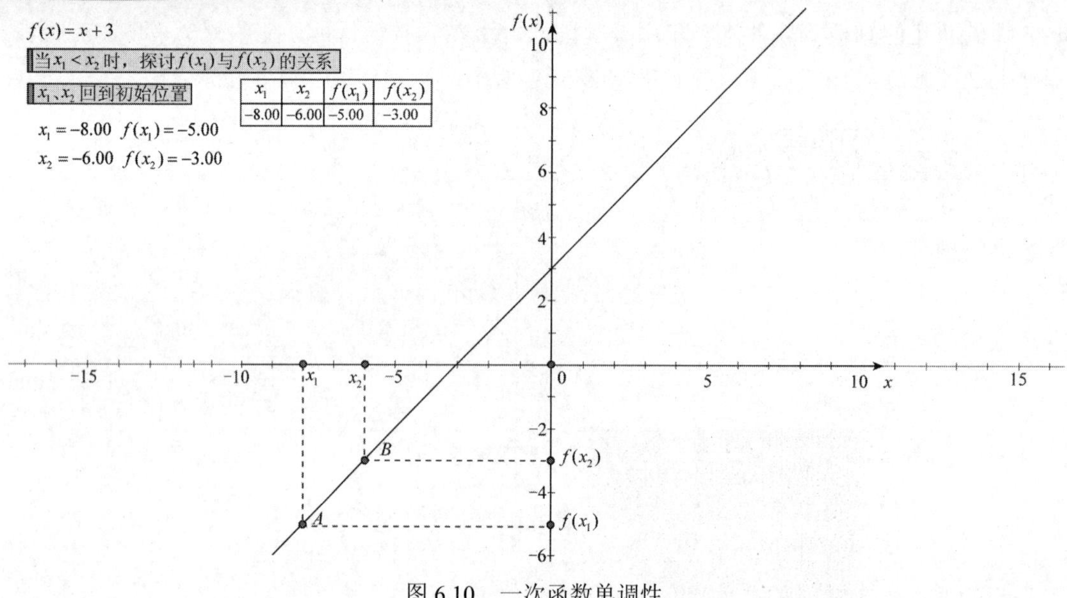

图 6.10　一次函数单调性

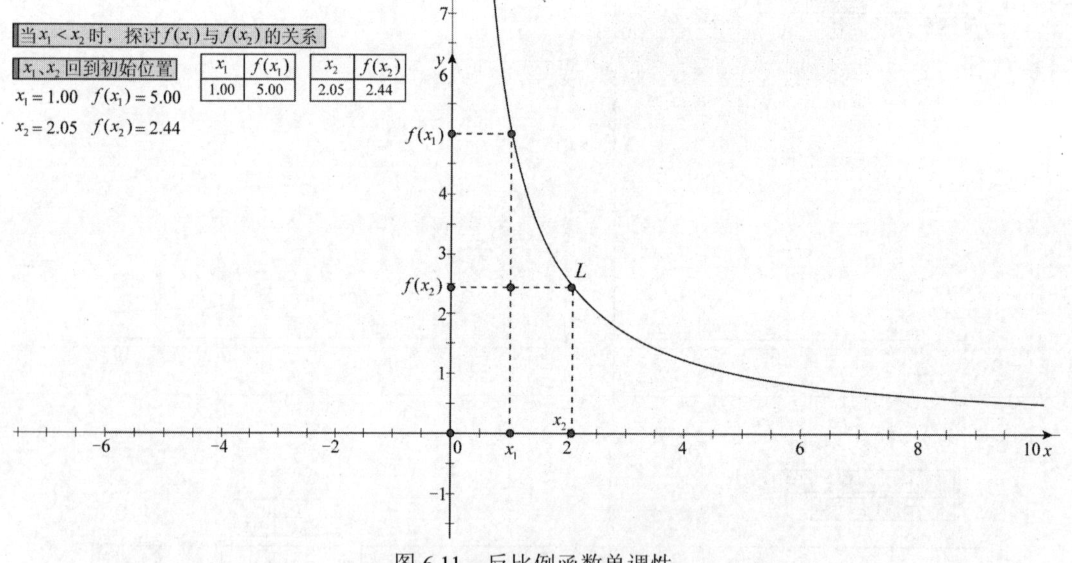

图 6.11　反比例函数单调性

- 单调性的刻画需要用到两个自变量x_1、x_2及其函数值间的不等关系，因此，在x轴上取了两个不等值，并设置为主动点，用操作按钮动态显示二者之间的不等关系。
- 对x_1、x_2、$f(x_1)$、$f(x_2)$进行列表取值，有意将自变量放在一起，因变量放在一起，让学生更好地发现它们之间的不等关系。
- 动态的移动过程能够取“足够多的点”，让学生进一步体会“任意”的含义。
- 图 6.10 与图 6.11 的手法一样，但图 6.12 有所不同，主要凸显了“任意”一词的深刻含义。首先保持$x_1<x_2$，在x轴上任意的变动，从图像上以及表格中观察$f(x_1)$和$f(x_2)$的关系，发现它们的$f(x_1)$和$f(x_2)$不等关系并不是保持不变的，这就需要

进一步的细化探讨，此时利用几何画板的操作按钮功能，引导学生分别对图像的上升和下降部分进行探讨，并观察表格中的数据关系。至此，学生对单调性的任意有了深入的理解，从而构建函数单调性的概念，见表 6.1 与图 6.13。

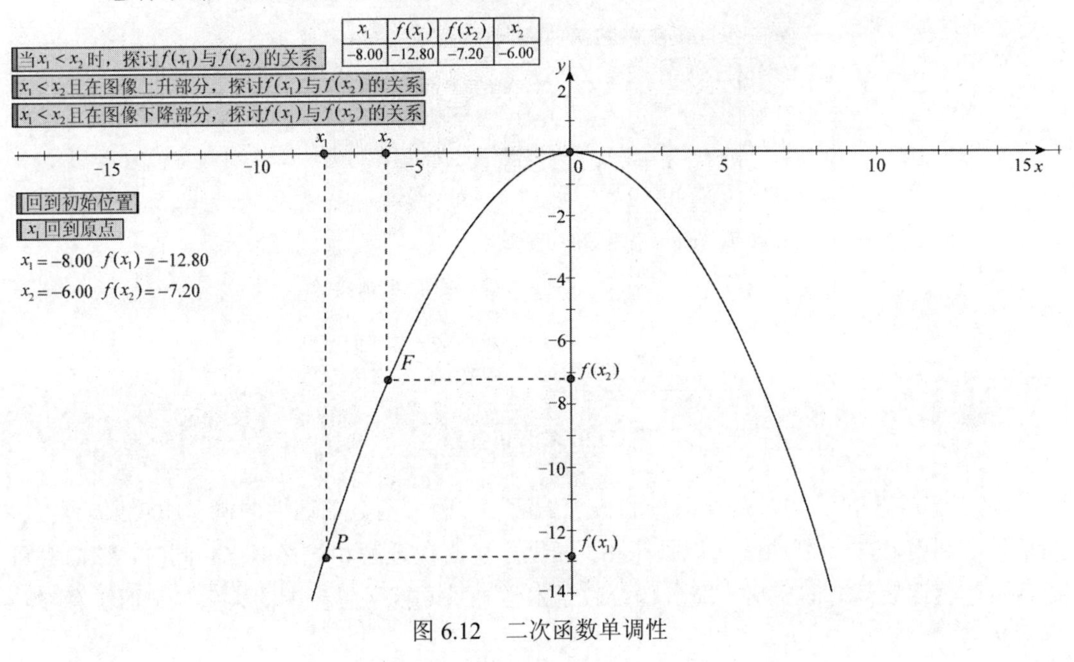

图 6.12　二次函数单调性

表 6.1　函数单调性概念的构建

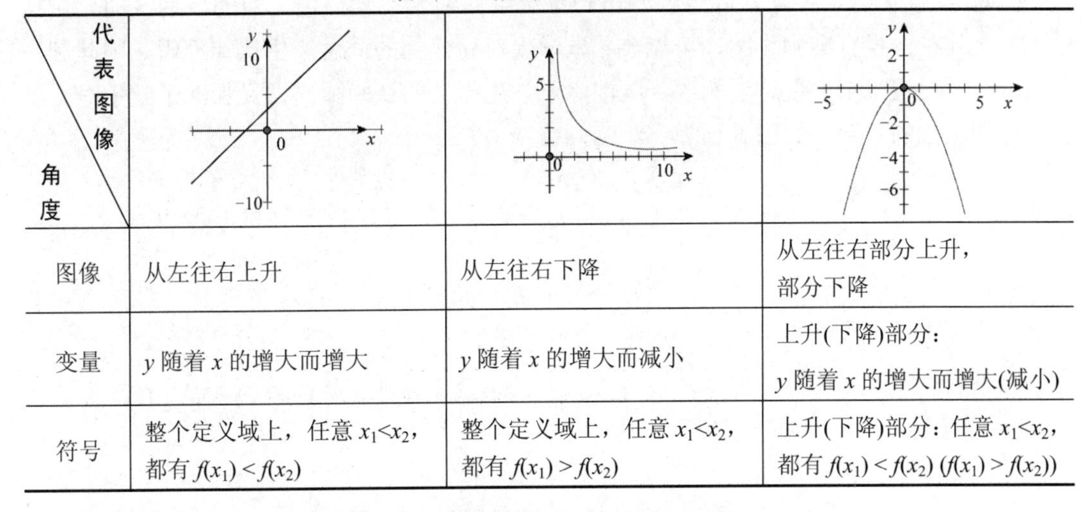

代表图像 / 角度	（一次函数图像）	（反比例函数图像）	（二次函数图像）
图像	从左往右上升	从左往右下降	从左往右部分上升，部分下降
变量	y 随着 x 的增大而增大	y 随着 x 的增大而减小	上升(下降)部分：y 随着 x 的增大而增大(减小)
符号	整个定义域上，任意 $x_1<x_2$，都有 $f(x_1)<f(x_2)$	整个定义域上，任意 $x_1<x_2$，都有 $f(x_1)>f(x_2)$	上升(下降)部分：任意 $x_1<x_2$，都有 $f(x_1)<f(x_2)$ ($f(x_1)>f(x_2)$)

【设计意图】这里需强调是信息技术相对于传统教学的一些优势：

- 通过几何画板多种操作的结合，体现了概念的形成过程。在以往的传统教学中，黑板加粉笔往往不能突出动态的效果，只能用“说”的方式来表达，又限于课堂的时间，教师常常只注重教结果而忽视教过程、教本质，几何画板在数学课堂上的应用很好地改变了这一现状。

- 学生对概念的理解过程呈现螺旋式的上升，并有效地强调了“发现学习”。课上让学生的多种感官协同参与，从不同角度一次次地理解概念的构建过程，同时让学生的精力和注意力放到更高层次上的学习环节，探索发现概念的本质。

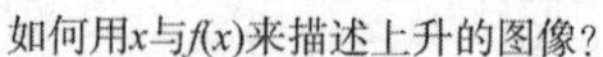

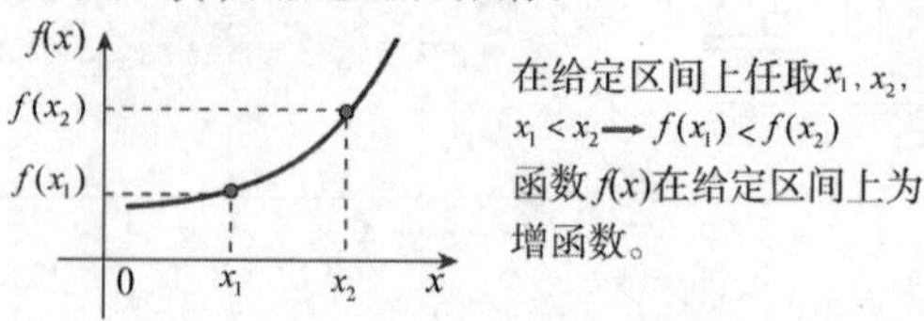

如何用x与$f(x)$来描述下降的图像?

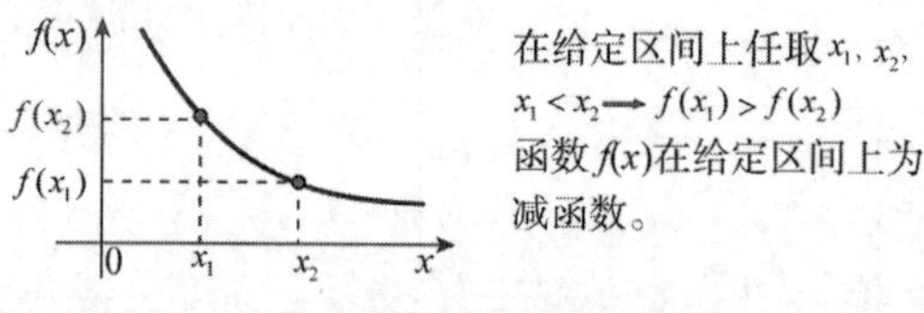

图 6.13　符号语言描述

【设计意图】利用 PPT 进行总结和概念的解读。因为函数单调性的概念比较烦琐复杂，所以笔者利用 PPT 绘制曲线功能画简图，帮助学生再次理解和记忆概念。同时，该内容可以作为学生课后复习的材料，避免传统教学中学生只顾抄写黑板上的大量笔记而没有参与课堂思考。

(4) 练习巩固，深化理解

【设计意图】教材中通常随意地画出一条温度曲线来设置描述函数的单调区间，这样做不妥之处在于没有准确作图，可能会导致学生对新建构的概念产生认知障碍。因此利用分段函数绘图技术来呈现这道例题，既消除了学生无关的认知障碍，又加深了学生对上一堂课分段函数的理解。如图 6.14 所示。

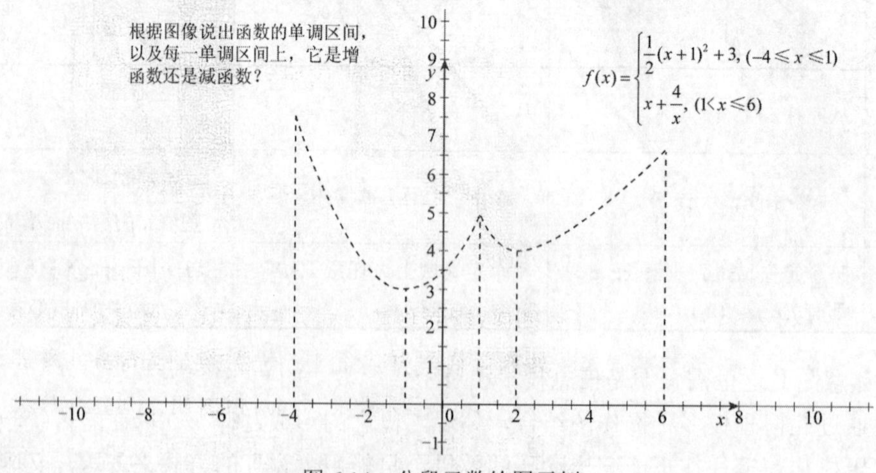

图 6.14　分段函数绘图示例

【问题 4】判断函数 $f(x)=\dfrac{1}{x}$ 在 R 上的单调性。

函数 $f(x)=\dfrac{1}{x}$ 在 R 上既不单调递增，也不单调递减。

函数 $f(x)=\dfrac{1}{x}$ 在 $(0,+\infty)$ 上单调递增，在 $(-\infty,0)$ 上单调递减。

【问题 5】函数在定义域内的两个区间 A、B 上都是增(减)函数，能否说 $A\cup B$ 上也是增(减)函数？——否

【设计意图】设置了第 4 个和第 5 个问题加深学生对“任意”的理解。通过几何画板的手动过程，随时掌握学生的理解情况，从图像的角度让学生理解单调区间不能“并”。

【问题 6】证明函数 $f(x)=\dfrac{1}{x}$ 在 $(0,+\infty)$ 是减函数。

证明函数单调性的步骤：

- 取值。即任取区间内的两个值，且 $x_1>x_2$。
- 作差。作出 $f(x_1)-f(x_2)$。
- 变形。将 $f(x_1)-f(x_2)$ 通过因式分解、配方、有理化等方法，向有利于判断差的符号的方向变形。
- 定号。确定差的符号，适当的时候需要进行讨论。
- 判断。根据定义作出结论。

即：取值—作差—变形—定号—判断五个步骤。

【设计意图】让学生学会运用函数单调性的概念证明问题。这个过程会在黑板上呈现，然后利用 PPT 的“自定义动画功能”，对每一步进行回顾和小结，获得证明函数单调性的一般步骤，即“取值、作差、变形、定号、判断”，这里同样体现了师生多次双边交流、及时总结的教学理念。

6.1.3 “简单的线性规划问题”教学设计

1. 教学目标

(1) 知识与技能

了解线性规划的意义以及线性约束条件、目标函数、可行解、可行域、最优解等基本概念；理解线性规划的图解法，会应用图解法求解二元线性规划问题。

(2) 过程与方法

① 经历从实际问题抽象出线性规划问题的过程，提高学生的抽象概括能力，增强学生用数学语言描述现实世界的本领。

② 提供“观察、探索、交流”的机会，引导学生独立思考，经历从“数”到“形”，以“形”辅“数”探索线性规划问题求解的过程，促进学生更好地理解数形结合的方法。

(3) 情感、态度与价值观

① 在动手操作的过程中，体会“做数学”的乐趣，感受动态几何的魅力，养成勤于

动手、善于思考、勇于探索、乐于交流的习惯。

② 在探究活动中培养学生严谨的科学态度和勇于探索的科学精神；在师生、学生与学生的交流活动中，学会与人合作，学会倾听、欣赏和感悟。

2. 重点与难点

重点：求线性目标函数的最值问题。

难点：求线性目标函数的最值问题；如何将目标函数的最值问题转化为经过可行域的一组平行直线在坐标轴上的截距的最值问题。

3. 教学策略

本节课以观察、实验、启发、引导为主，适当辅之以自主探索和合作交流，充分体现“以学生为主体，教师为主导”的教学理念。注重引导学生充分体验“从实际问题到数学问题”的抽象过程；应用“数形结合”的思想方法，结合“从具体到一般”的过程，给出线性规划问题求解方法。

4. 教学过程

(1) 创设情境，提出问题

撒贝宁主持的《挑战不可能》是大家非常喜爱的娱乐节目，为了提高收视率，央视准备为《挑战不可能》播放两套宣传片：宣传片甲播放时间为 3 分钟，其中，广告时间 1 分钟，收视观众为 40 万；宣传片乙播放时间为 2 分钟，其中，广告时间 1 分钟，收视观众为 20 万。广告公司规定每周至少要有 6 分钟广告，而电视台每周只能为该栏目宣传片提供不多于 16 分钟的节目时间，如表 6.2 所示。电视台每周应播放两套宣传片各多少次，才能使收视观众最多？

表 6.2　两套宣传片有关数据

宣传片	甲	乙	要求
播放时间 (单位：分钟)	3	2	不超过 16
广告时间 (单位：分钟)	1	1	至少 6
收视观众 (单位：10 万)	4	2	最多

【问题 1】如何将上述实际问题转化为数学问题？

如同列方程解应用题，必须首先确定变量。

设每周宣传片甲播放 x 次，宣传片乙播放 y 次，收视观众为 z(单位：10 万人)，则 $z=4x+2y$，我们称 $z=4x+2y$ 为目标函数。

由已知条件可得，x、y 满足下列二元一次不等式组：

$$\begin{cases}3x+2y\leqslant 16,\\ x+y\geqslant 6,\\ x\geqslant 0,\\ y\geqslant 0.\end{cases} \tag{1}$$

考虑到实际意义，x、y 均为正整数。

【问题 2】当 x、y 是满足约束条件(1)的正整数时，如何求目标函数 $z=4x+2y$ 的最大值？

根据上节课所学的知识，我们可以用几何画板先画出二元一次不等式组(1)所表示的平面区域(可行域)，如图 6.15 所示。问题转化为当(x, y)取区域中整数点时，$z=4x+2y$ 何时最大。

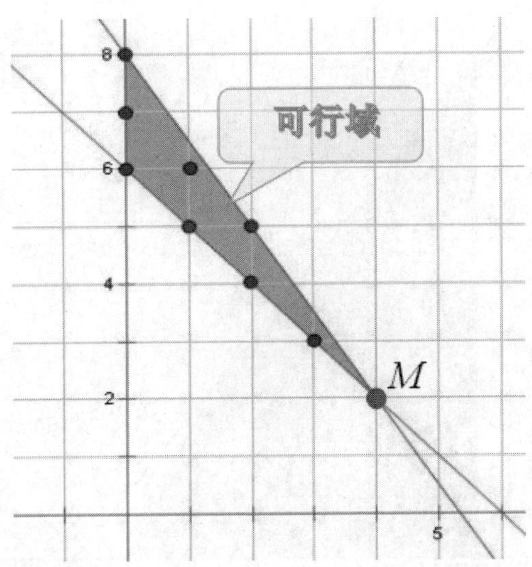

图 6.15　二元一次不等式组(1)所表示的平面区域

由于这些点的个数有限，所以通过列举法可以确定使目标函数 $z=4x+2y$ 最大的点。当取点 $M(4，2)$时，$z=4x+2y$ 最大，$z_{\max}=20$。即每周宣传片甲播放 4 次，宣传片乙播放 2 次，收视观众最多为 200 万。

【设计意图】选择与现实生活密切相关的问题引入课题，提出问题，体现数学源于生活又服务于生活，突出了新课程中培养学生数学应用意识的理念。让学生经历了如何从实际问题中抽象为数学问题整个模型建立过程，既引起学生对优化问题的注意和兴趣，激发学生的探究欲望，又提出了本节课的关键问题：求目标函数在满足约束条件下的最值问题。考虑实际情况，此问题中变量 x、y 只能取整数，这为接下来的一般规划问题求法做好铺垫。

(2) 实验操作，探究新知

【问题 3】上述方法有什么局限性？

用列举法只能解决可行解有限个的情况。

在现实生活中，线性规划问题变量的取值不一定总是整数。

例如，对于下面的二元一次不等式组(2)，如何求目标函数 $z=180x+120y$ 的最大值？

$$\begin{cases}6x+5y\leqslant 60,\\5x+3y\leqslant 45,\\x\geqslant 0,\\y\geqslant 0.\end{cases}\tag{2}$$

画出相应的平面区域，如图 6.16 所示。

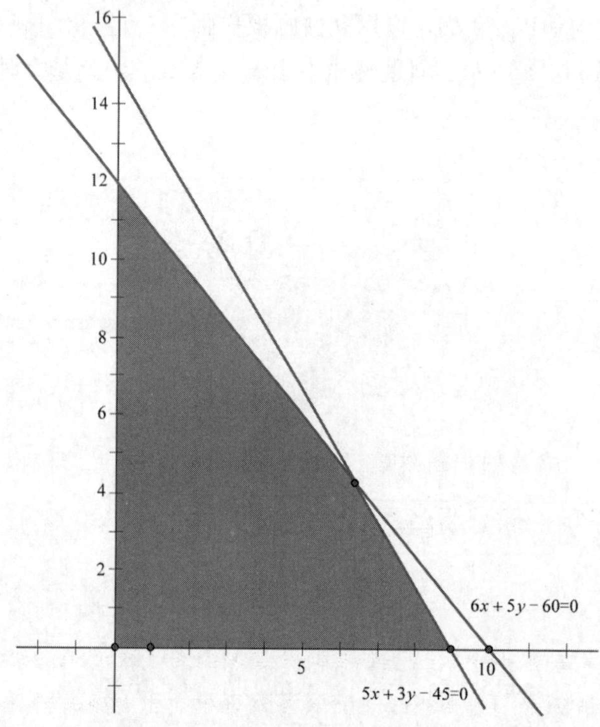

图 6.16　二元一次不等式组(2)所表示的平面区域

【问题 4】在图 6.16 所示的可行域内，如何确定一个点 $(x，y)$，使得 $z=180x+120y$ 取最大值？

先通过任意取点，求出对应 z 的值，发现这样的方法较为盲目，无规律可循。考虑转变角度，思考 z 的取值有何规律。

【问题 5】给定一点 $(x，y)$ 唯一确定一个 z 的值。比如取 $(x，y)=(3，3)$，得到 $z=900$。还有哪些点 $(x，y)$ 也能使得 $z=900$？这些点有何规律？

经过探索可以发现，对于给定的 $z=900$ 的值，可行域中在线段 l_1：$z=180x+120y$ 上的点 $(x，y)$ 对应 z 值均为 900，如图 6.17 所示。

【问题 6】改变 z 的取值(如 $z=1200$)，还有这个规律吗？

我们同样可以得到与 $z=1200$ 对应的点 $(x，y)$ 分布在可行域的另一线段 l_2：$180x+120y=1200$ 上，如图 6.18 所示。

【问题 7】不同的 z 值，可行域中对应的线段 l_1，l_2 有什么关系？由此，你能得到什么启示？

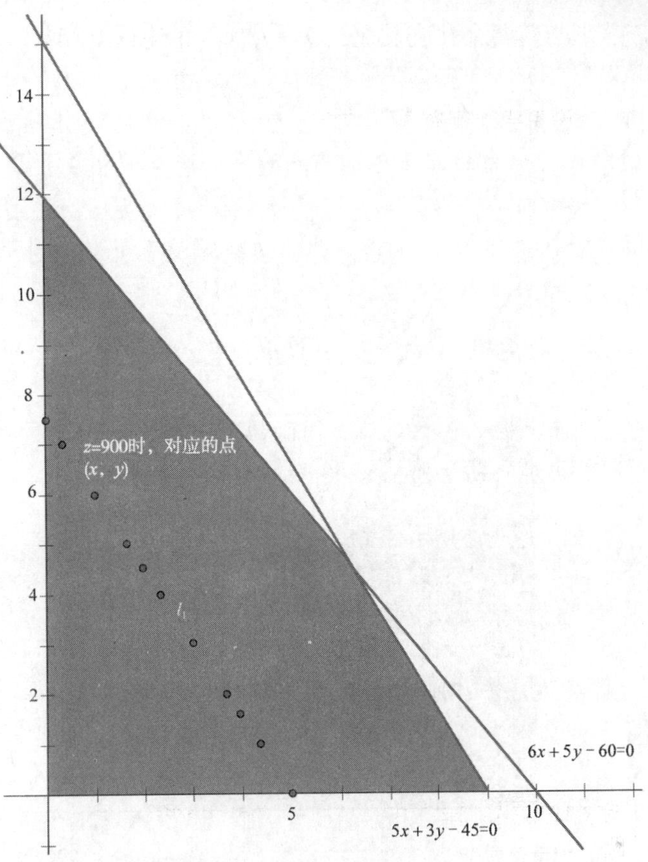

图 6.17　可行域中在线段 l_1： $180x+120y=900$ 上的点．

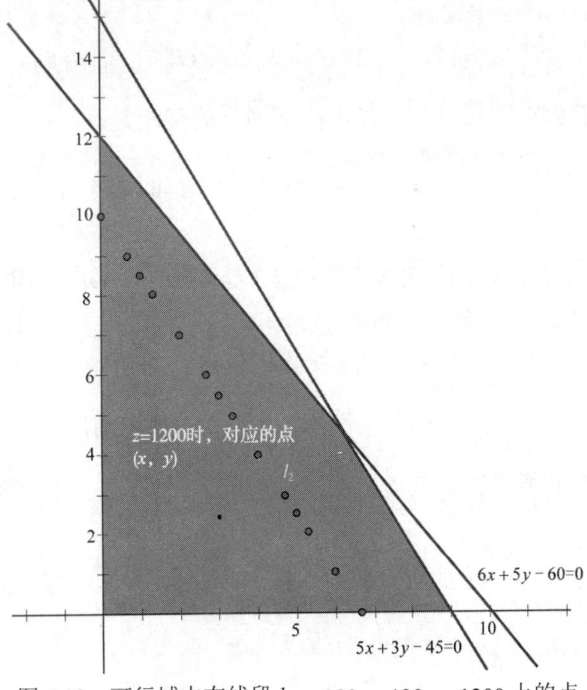

图 6.18　可行域中在线段 l_2： $180x+120y=1200$ 上的点

观察图 6.19，从形与数两个角度发现，l_1、l_2 所在的直线互相平行，斜率相等，截距由 z 的取值确定。

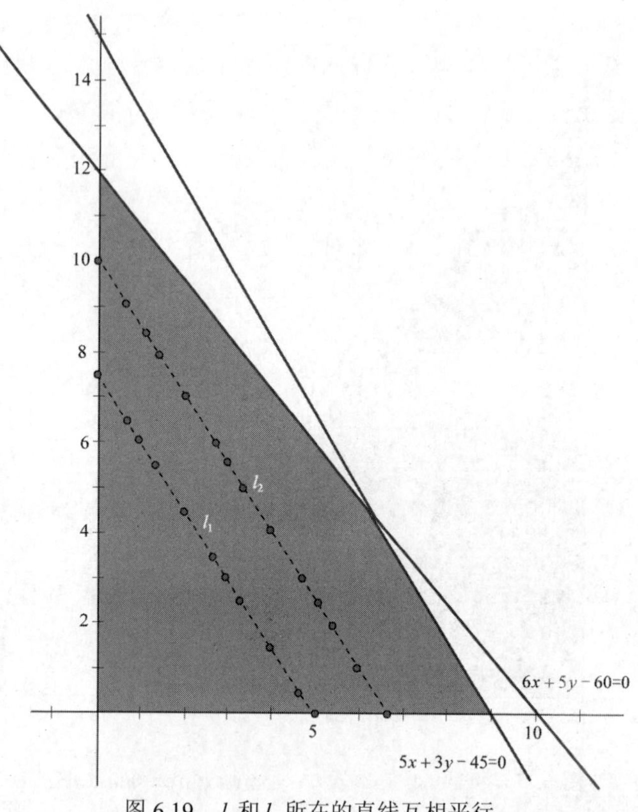

图 6.19　l_1 和 l_2 所在的直线互相平行

一般地，将目标函数 $z=180x+120y$ 看成是 XOY 平面直线，该直线的斜截式为 $y=-\frac{3}{2}x+\frac{1}{120}z$，直线斜率 $k=-\frac{3}{2}$，直线在 y 轴上的截距是 $\frac{1}{120}z$。

【问题 8】可以将目标函数 $z=180x+120y$ 的最值问题转化为求与直线有关的什么问题？

当 z 变化时，可以得到一组互相平行的直线(如图 6.20 所示)，用几何画板动态操作演示，学生观察 z 值变化与直线纵截距的关系。

由于 $(x,\ y)$ 只能在可行域内取值，这样我们就把目标函数 $z=180x+120y$ 的最值问题转化为求直线 $y=-\frac{3}{2}x+\frac{1}{120}z$ 在区域中平移时纵截距的最值问题。

观察图 6.20，通过动态操作过程可以看出，当直线 $y=-\frac{3}{2}x+\frac{1}{120}z$ 经过直线 $6x+5y=60$ 与直线 $5x+3y=45$ 的交点 $P\left(\frac{45}{7},\frac{30}{7}\right)$ 时，截距 $\frac{1}{120}z$ 最大，最大值为 $\frac{195}{14}$，此时 $z=180x+120y=\frac{1170}{7}\approx 1671$。

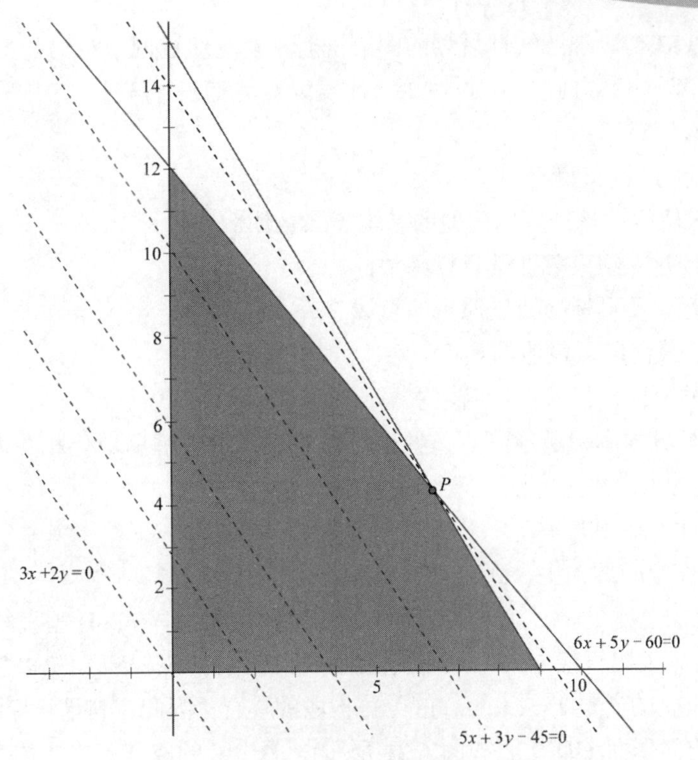

图 6.20 当 z 变化时，得到一组互相平行的直线

【设计意图】用图解法求解时，如何将求目标函数最值问题转化为经过可行域的平行直线在 y 轴上的截距的最值问题？如何想到要这样转化？这是本节的重点也是难点。本节设计采取了从形的特征观察，探索目标函数中 z 的取值规律入手[与 (x, y) 的对应关系]，再观察不同 z 值对应的不同线段之间的关系，从特殊到一般，从静态到动态层层递进，借助于几何画板等信息技术突破难点，探索 z 的取值规律与几何解释，抓住解决问题的关键，为图解法思路的发现铺平道路，意在深刻理解与领悟图解法的思想。

(3) 变式训练，巩固新知

【例 6-3】已知实数 x、y 满足二元一次不等式组：

$$\begin{cases} x-y+2\geqslant 0, \\ x+y-4\geqslant 0, \\ 2x-y-5\leqslant 0。\end{cases}$$

求 $z=|x+2y-4|$ 的最大值。

解：本题有如下三种解法：

方法 1 分 $x+2y-4\geqslant 0$ 与 $x+2y-4<0$ 两种情形进行讨论，将问题转化为线性规划问题求解。

方法 2 引导学生考虑 $z=x+2y-4$ 的最大值与最小值，取其中绝对值最大者即为所求。

方法 3 启发学生思考 $z=|x+2y-4|$ 的几何意义，问题化归为在可行域内找一点 (x, y)，使其到直线 $x+2y-4=0$ 距离最大。

【设计意图】在初步理解线性规划的图解法后，及时通过例子帮助学生巩固解题思路，灵活运用图解法解决相关问题，通过讨论交流发现本例有三种解法，打开学生思维的空间，进一步深入理解图解法。

(4) 总结评价，深化理解

【问题 9】求解线性规划应用问题的基本步骤是什么？

① 设变量，建立约束条件及目标函数；

② 作出可行域及目标函数过原点的直线 l_0；

③ 平移 l_0，找出取得最值的点；

④ 求出点的坐标，代入目标函数求最值。

【设计意图】巩固本节所学知识，并通过作业进一步理解和消化相关内容，形成处理和解决此类问题的数学思想方法。

(5) 拓展延伸，知识升华

【问题 10】在空间结构上，还可以如何理解线性规划问题？

对于平面上的直线 $y=kx$，可以视为与过原点的向量 $\boldsymbol{A}=(k,-1)$ 垂直的向量 $\boldsymbol{B}=(x,y)$ 的全体构成集合。类比直线 $y=kx$，可以得到目标函数 $z=ax+by$，可以理解为与空间向量 $\boldsymbol{S}=(a,b,-1)$ 垂直的向量 $\boldsymbol{T}=(x,y,z)$ 的全体构成的集合。因此，满足目标函数 $z=ax+by$ 的点 (x,y,z) 在空间平面 ODE 上(如图 6.21 所示)，$(x,\ y)$ 的取值范围为约束条件所确定的可行域 OGH。这样可以更好理解为什么目标函数最优解总是在可行域边界取得。

【设计意图】从函数的角度理解线性规划的模型，将线性规划问题纳入函数体系中，使线性规划知识与旧有知识(函数)对接，实现知识的同化，帮助学生从更高的角度认识线性规划模型的实质，也使学生对函数有更深层次的理解，加深各知识点之间的联系。

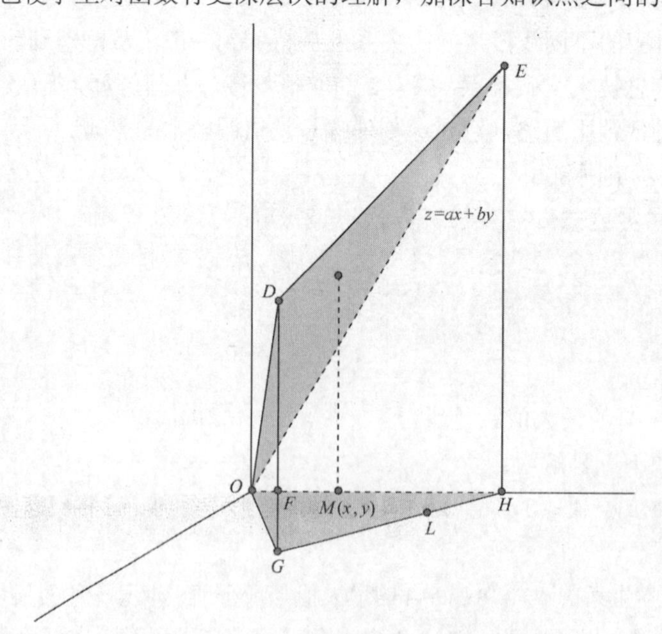

图 6.21　从空间的角度理解线性规划问题

6.2 整合信息技术的命题教学案例

6.2.1 “柱体、锥体、台体的表面积与体积”(第2课时)教学设计

1. 教学目标

(1) 知识与技能

① 通过对柱体、锥体、台体的研究，掌握柱体、锥体、台体的体积的求法(不要求记忆公式)。

② 能运用公式求解柱体、锥体和台体的体积，解决有关简单的实际问题，并且熟悉台体与柱体和锥体之间的转换关系。

(2) 过程与方法

引导学生通过类比和比较，梳理柱体、锥体和台体三者之间的体积的关系，提高空间想象能力、分析问题与解决问题的能力。

(3) 情感态度与价值观

在探究活动中，通过独立思考与合作交流，发展思维，养成良好的思维习惯，体会数学学习兴趣。

2. 重点与难点

重点：运用公式解决问题。

难点：理解三棱锥体积公式的推导以及公式之间的关系。

3. 教学手段

多媒体辅助教学。

4. 教学过程

(1) 回顾旧知

前面我们已经学习了特殊棱柱——正方体、长方体，以及圆柱的体积公式。它们的体积公式为：$V=Sh$ (S为底面面积，h为高)(如图6.22所示)。那么一般柱体的体积公式是什么呢？

【设计意图】

从学生已经熟悉的知识经验入手。学生已经知道特殊的柱体体积公式，产生初步了解，然后提出问题：一般柱体的体积公式是什么，激发学生的学习兴趣，引导学生从特殊的柱体去思考一般柱体，在头脑中产生一般柱体的表象，并产生联想，为之后学习柱体体积一般公式打下基础。

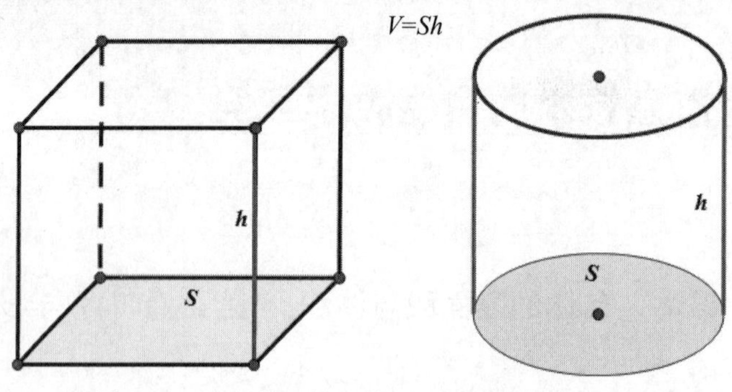

图 6.22　正方体、长方体，以及圆柱的体积公式

(2) 探究新知

① 柱体的体积公式。

【问题 1】等底、等高的一般的棱柱、圆柱的体积关系是什么？

如图 6.23 所示，用平行的截面截得的三角形和圆形面积相等，运用祖暅原理(夹在两个平行平面间的两个几何体，如果被平行于这两个平面的平面所截得的两个截面的面积都相等，那么这两个几何体的体积相等)，可知等底、等高的柱体体积相等。

这个原理不难理解，例如，取一摞书堆放在桌面上组成一个几何体(如图 6.24 所示)，将它改变一下形状，这时几何体形状发生了改变，得到了另一个几何体，但两个几何体的高度没有变化，每页纸的面积也没有变化，两个几何体的体积相等。

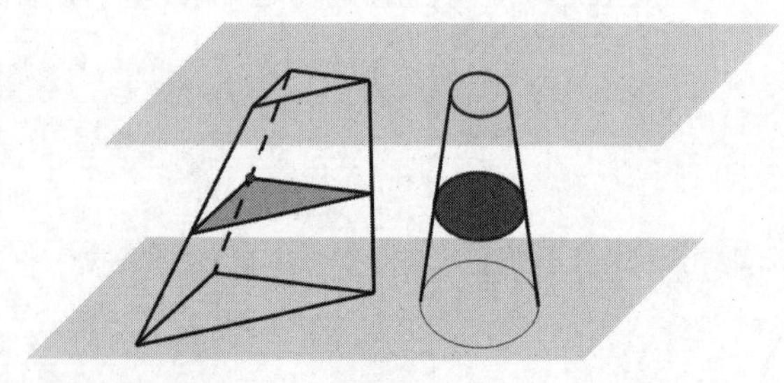

图 6.23　等底、等高的棱柱、圆柱

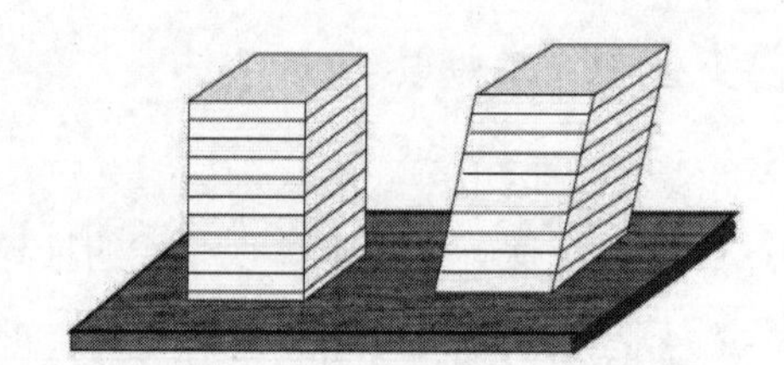

图 6.24　改变几何体形状的实例

【设计意图】

通过几何画板，将祖暅原理动态展示出来，吸引学生的注意力，让学生直观感受用平行面截柱体的过程，加深学生对祖暅原理的认识。动态的演示以及绚烂的色彩，将抽象的原理直观显现，既激发了学生学习的积极性，又帮助学生理解柱体体积公式的由来。在这个过程中，学生将先前的个别、特殊柱体表象组织起来，形成一般柱体的表象，用一般的表象替代先前个别的表象，进而运用一般表象来思考问题(形成表象)，猜测一般柱体体积公式为 $V_{柱}=Sh$ 。

【问题 2】根据正方体、长方体、圆柱的体积公式以及祖暅原理，推测一般柱体的体积公式？

给出柱体的体积公式：$V_{柱}=Sh$ (S 为底面面积，h 为高)，推导出 $V_{圆柱}=Sh=\pi r^2 h$ (r 为底面圆的半径)。

运用割补法探究斜棱柱体的体积公式为 $V_{柱}=Sh$ (如图 6.25 所示)。

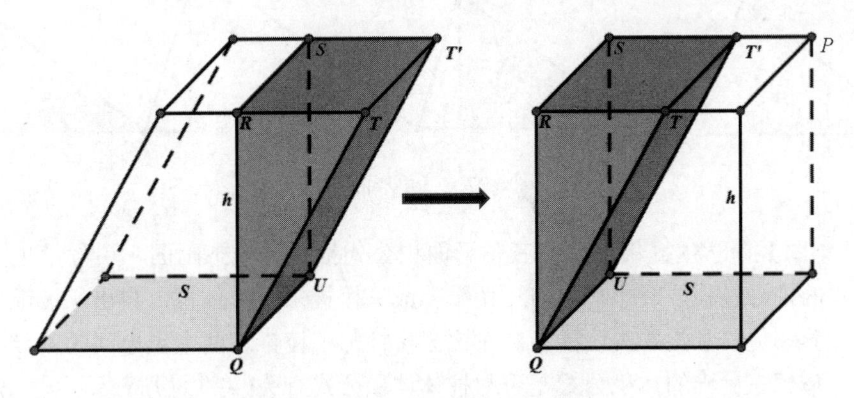

图 6.25　割补法探究斜棱柱体体积公式

【设计意图】

运用几何画板动态展示柱体的割补过程，既有助于学生直观感知，又有助于三棱锥体积公式推导过程中可以类比柱体的割补过程，为之后探究三棱锥的体积公式埋下铺垫。在形成一般柱体表象后，学生对比一般柱体与特殊柱体间的差异，寻找共性(关注性质)，这个动态展示过程运用一般柱体表象进行割补，检验了猜测，最终学生结合表象间的差异和联系，建立一般柱体“形式化”体积公式。

通过几何画板动态环境，将棱柱割补成特殊的长方体，直观地将问题转化为已知的内容来求解，培养化归与转化思想、特殊与一般思想等，形象生动地动态展示有助于学生建构浅层心象码。

② 锥体的体积公式。

【问题 3】观察图 6.26，猜想同底等高的三棱柱与三棱锥之间有什么关系？

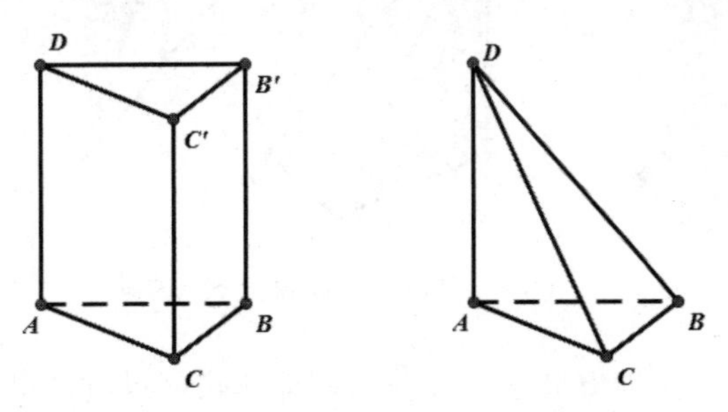

图 6.26　同底等高的三棱柱与三棱锥

在解决问题 3 之前，我们先来看看这样一组画面，如图 6.27 所示，同时这也是解释推导三角形面积公式的过程：

- 将三角形补成平行四边形，从而把求三角形的面积转化成求平行四边形的面积；
- 将平行四边形又割补成矩形，从而将问题转化为求矩形的面积。

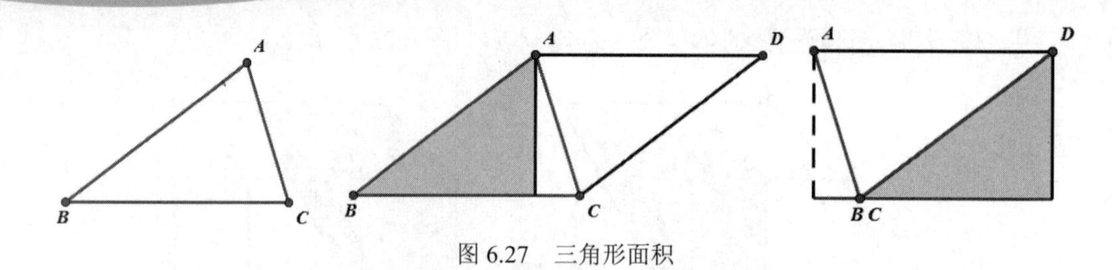

图 6.27　三角形面积

【设计意图】向学生提供形象的三角形面积公式推导的动态画面，引导学生类比三角形面积公式的推导过程，联想可以将三棱锥补成三棱柱来求解体积，得出三棱锥与三棱柱的关系，培养和提高学生的类比能力。对比三棱柱与三棱锥这两个表象间的差异，共性是等底等高，猜想三棱锥的体积公式是否与柱体体积公式有关(关注性质)。

回到问题 3，在观察图 6.27 后，让学生明确在解决数学问题的过程中，要经常将求知的转化成已知的来求解。那么对底面积是 S，高为 h 的三棱锥 $D-ABC$ 的体积，该用什么办法来求解？

同样地，也可以运用割补法来求解三棱锥的体积(如图 6.28 所示)。

首先，应用动态几何软件让学生观察三棱柱分割成 3 个三棱锥过程；然后，运用特殊软件度量体积或制作磨具通过装水验证 3 个三棱锥体积关系，提出猜想；最后提出能否严格证明这 3 个三棱锥体积关系，显然三棱锥 $D-ABC$ 与 $B-B'C'D$ 体积相同，通过观察另外两个三棱锥 $B-B'C'D$ 与 $D-BC'C$，把它们拼接成四棱锥，观察底部与公共的高，得出它们体积相等，因此这 3 个三棱锥体积相等，所以三棱锥的体积公式为 $V_{锥}=\frac{1}{3}Sh$。

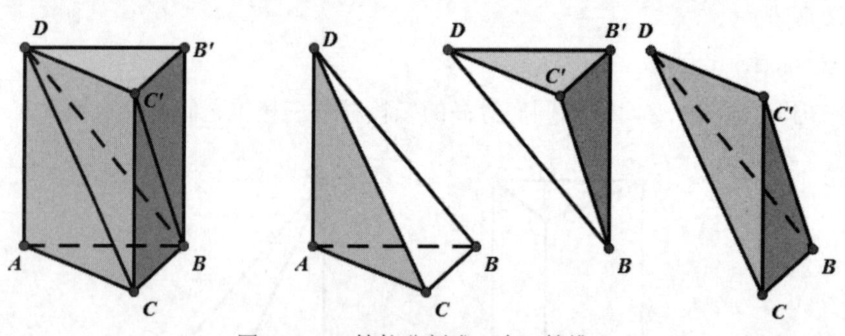

图 6.28　三棱柱分割成 3 个三棱锥

【设计意图】通过几何画板展示三棱柱的割补与拼接过程，既形象生动又直观，学生也能感知到三棱柱与三棱锥间的关系，从而真正理解三棱锥的体积等于三分之一的同底等高的三棱柱的体积，进而建构深层心象码。

圆锥的体积公式同理于棱锥的体积公式为 $V_{锥}=\frac{1}{3}Sh$。

③ 台体的体积公式。

【问题 4】类比棱台、圆台的侧面积的求法，试解决棱台、圆台的体积问题？如图 6.29 所示，设圆台的上、下底面积分别为 S' 和 S，高为 h，试求圆台的体积。

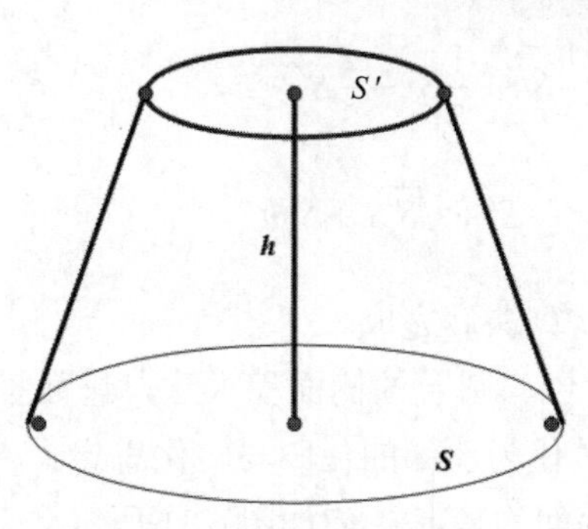

图 6.29　台体的体积

学生已经有了经验，圆台可以看成一个大圆锥减去一个小圆锥剩下的部分，将问题 4 的求解转化为圆锥的体积差问题求解。

应用几何画板制作课件，把大圆锥去掉小圆锥的过程动态展示出来，得到圆台，将学生在头脑里空间想象的过程通过几何画板展示出来，加深学生的印象，帮助学生对已经建构的浅层码进行加工、操作。可以得到如下求解过程

如图 6.30 所示，设 $O'O''=x$，上下底面的半径分别为 r' 和 r .

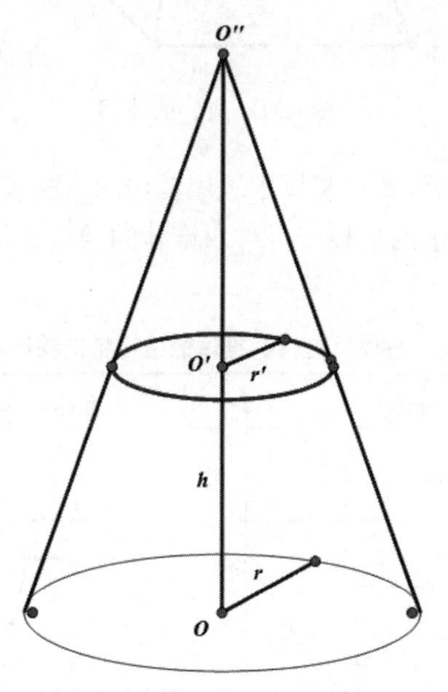

图 6.30　大圆锥减去小圆锥

$$\because \frac{x}{x+h}=\frac{r'}{r}=\frac{\sqrt{\frac{S'}{\pi}}}{\sqrt{\frac{S}{\pi}}}=\frac{\sqrt{S'}}{\sqrt{S}},$$

$$\therefore x=\frac{h\sqrt{S'}}{\sqrt{S}-\sqrt{S'}},$$

$$\therefore V_{台}=\frac{1}{3}S(h+x)-\frac{1}{3}S'x=\frac{1}{3}Sh+\frac{1}{3}Sx-\frac{1}{3}S'x$$

$$=\frac{1}{3}(S'+\sqrt{S'S}+S)h$$

只给学生思路，具体的计算课后完成。

【设计意图】通过类比棱台、圆台的侧面积求法，进而推导棱台、圆台的体积，培养学生的类比思想以及将未知转化为已知的化归与转化思想。

【问题 5】四棱台的上下底面均是正方形(如图 6.31 所示)，边长分别为 3cm 和 5cm，高是 6cm，求此棱台的体积。

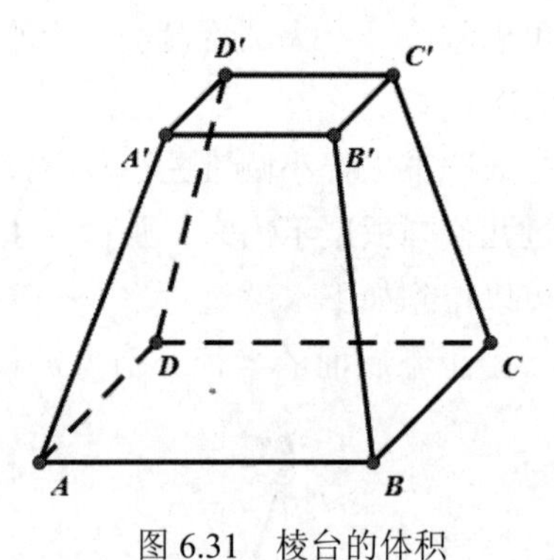

图 6.31　棱台的体积

【设计意图】检验学生是否真正掌握了运用转化的方法求解台体体积。

【问题 6】结合表 6.3 所示的柱体、台体、锥体的结构特征，观察它们的体积公式，你能发现什么？

表 6.3　柱体、台体、锥体的结构特征和体积公式

几何体	柱体	台体	锥体
图形			
体积公式	$V=Sh$	$V=\frac{1}{3}(S'+\sqrt{S'S}+S)h$	$V=\frac{1}{3}Sh$

【参考解答】

当 $S'=S$ 时，台体的体积公式等于柱体体积公式；

当 $S'=0$ 时，台体的体积公式等于锥体体积公式。

【设计意图】引导学生独立思考，从运动变化的观点分析三者之间的关系，并运用几何画板动态展示，有助于学生加深对几何体积公式的理解，帮助学生将思考的结果与先前的想法组织起来，纳入一个数学结构中，将这三个体积公式统一起来。

(3) 及时巩固

【例 6-4】正三棱锥的底面边长为 3cm，侧棱长为 $2\sqrt{3}$ cm，则这个正三棱锥的体积是多少？

【解析】可得正三棱锥的高 $h=\sqrt{(2\sqrt{3})^2-(\sqrt{3})^2}$ =3cm，于是，$V=\frac{1}{3}\times\frac{\sqrt{3}}{4}\times 3^2\times 3$ $=\frac{9\sqrt{3}}{4}(\text{cm}^3)$。

【例 6-5】如图 6.32 所示，两个平行于圆锥底面的平面将圆锥的高分成相等的三段，求圆锥被分成的三部分的体积之比。

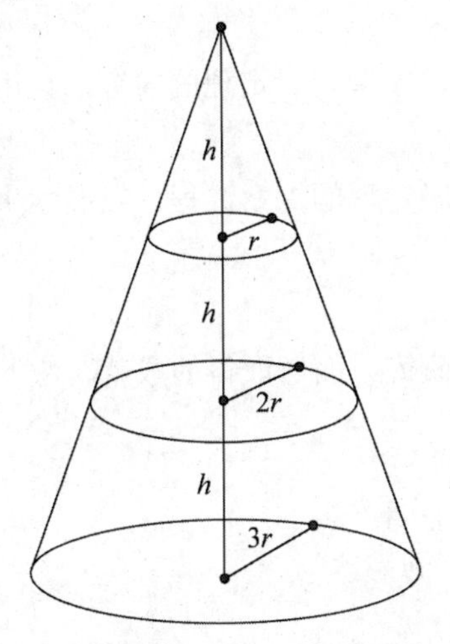

图 6.32　圆锥被分成的三部分的体积之比

【解析】因为圆锥的高被分成的三部分相等，所以两个截面的半径与原圆锥底面半径之比为 $1:2:3$，于是自上而下三个圆锥的体积之比为 $\left(\frac{\pi}{3}r^2h\right):\left[\frac{\pi}{3}(2r)^2\cdot 2h\right]:\left[\frac{\pi}{3}(3r)^2\cdot 3h\right]$ $=1:8:27$，所以圆锥被分成的三部分之比为 $1:(8-1):(27-8)=1:7:19$。

【例 6-6】如图 6.33 所示，仓库一角有谷一堆，呈 $\frac{1}{4}$ 圆锥形，量得底面弧长 2.8m，母线常 2.2m，这堆谷多重？(这堆谷密度为 $20\text{kg}/\text{m}^3$)

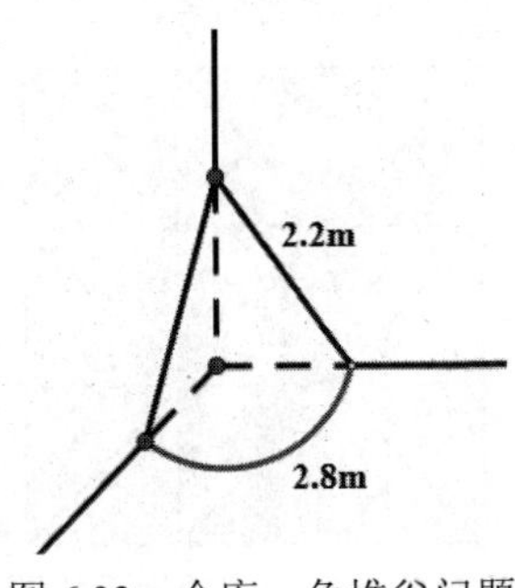

图 6.33　仓库一角堆谷问题

【设计意图】通过练习巩固和习题讲解，加深学生对公式的理解和掌握，练习难度层层递进，有助于强化学生对公式运用的熟练程度，学会灵活运用公式。

(4) 课堂小结

- 柱体、锥体、台体的体积公式及相互关系；
- 应用体积公式解决有关问题；
- 四种思想：化归与转化思想、特殊与一般思想、类比思想、数形结合思想。

6.2.2 “勾股定理”教学设计

1. 教学目标

(1) 知识与技能

了解勾股定理的发现过程，掌握勾股定理的内容，会用面积法证明勾股定理。

(2) 过程与方法

经历从特殊到一般发现勾股定理的探索过程，发展学生合情推理的能力，渗透数形结合的思想。

(3) 情感、态度与价值观

介绍我国古代在勾股定理研究方面所取得的成就，激发学生的数学学习兴趣。

2. 重点与难点

重点：勾股定理的内容及证明。

难点：勾股定理的证明。

3. 教学手段

利用多媒体、几何画板辅助教学，提高课堂的教学效率。

4. 教学过程

(1) 创设情境，引入课题

相传 2500 多年前，毕达哥拉斯有一次在朋友家做客时，发现朋友家用砖铺成的地面图案(如图 6.34 所示)反映了直角三角形三边的某种数量关系。我们也来观察一下地面的图案，看看能从中发现什么数量关系？

【问题 1】三个正方形 A、B、C 的面积有什么关系？

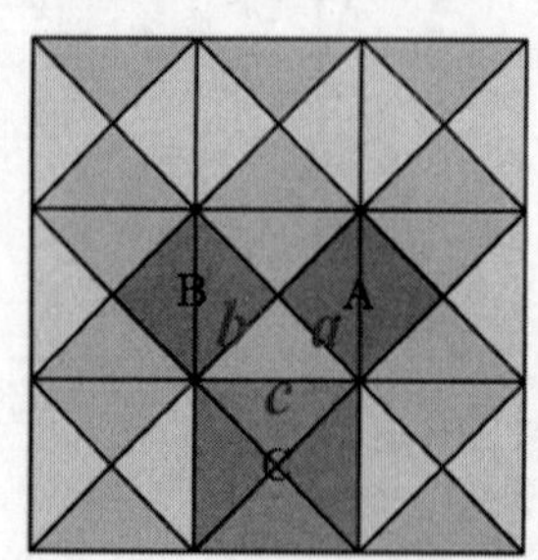

图 6.34　用砖铺成的地面的图案

【追问】由这三个正方形 A、B、C 的边长构成的等腰直角三角形三条边长度之间有怎样的特殊关系？

【设计意图】从故事中引出问题，激发了学生的兴趣，特殊的图形为研究定理的一般性做好铺垫。

(2) 探究新知，发现结论

【问题 2】在几何画板直角坐标网格中的一般的直角三角形(如图 6.35 所示)，以它的三边为边长的三个正方形 A、B、C 是否也有类似的面积关系？

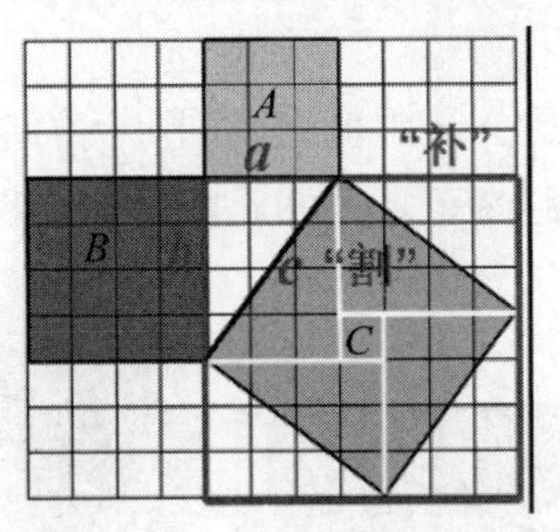

图 6.35　一般的直角三角形

【追问】正方形 A、B、C 所围成的直角三角形三条边之间有怎样的特殊关系？

【设计意图】从等腰直角三角形延伸到一般的直角三角形，渗透从特殊到一般的思想。

问题：通过前面的探究活动，猜一猜，直角三角形三边之间应该有什么关系？

猜想：如图 6.36 所示，如果直角三角形两直角边边长分别为 a、b，斜边长为 c，那么 $a^2+b^2=c^2$。

(猜想并用几何画板验证直角三角形三边之间的关系，即分别由三边向外作出的三个正方形面积之间的关系)

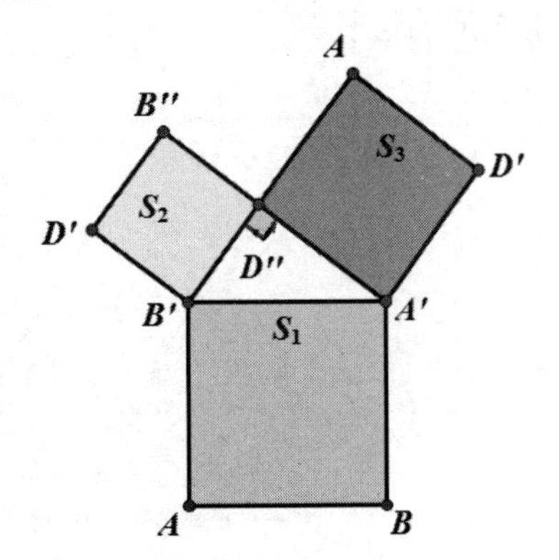

图 6.36　三个正方形面积之间的关系

【设计意图】对于直角三角形三边之间的关系，看似简单，却又是个很开放的问题，有些学生开始猜测，还有些学生不敢确定结果，所以放弃猜测，但通过几何画板的使用，发现由直角三角形两条直角边引出的正方形面积之和等于由斜边引出的大正方形面积，从而在一定程度上验证直角三角形三边之间的关系。这是传统教学中的黑板无法做到的。

利用几何画板，呈现学习对象的直观表象，动态地操控表象内部的元素，也就是直角三角形的边长，在这些变与不变中引起学生的注意，让学生观察到变化过程中结构内部元素之间的关系，达到对内部结构的了解，完成浅层心象码的精致化。

(3) 借助直观，证明结论

如图 6.37 所示，这个图案是公元 3 世纪我国汉代的赵爽在注解 《周髀算经》时给出的，人们称它为“赵爽弦图”，赵爽正是根据此图证明了我们刚刚的猜想。

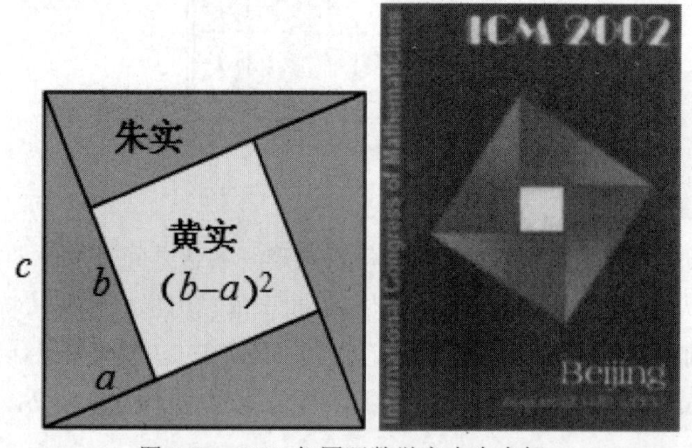

图 6.37　2002 年国际数学家大会会标

在北京召开的 2002 年国际数学家大会(ICM 2002)的会标，其图案正是“弦图”，它标志着中国古代的数学成就。

利用赵爽弦图中三角形与正方形面积关系可以证明勾股定理，设计过程如下：

剪 4 个全等的直角三角形，拼成图 6.38 所示图形，其中直角三角形的两直角边分别是 a、b，则中间的小正方形的边长为________。

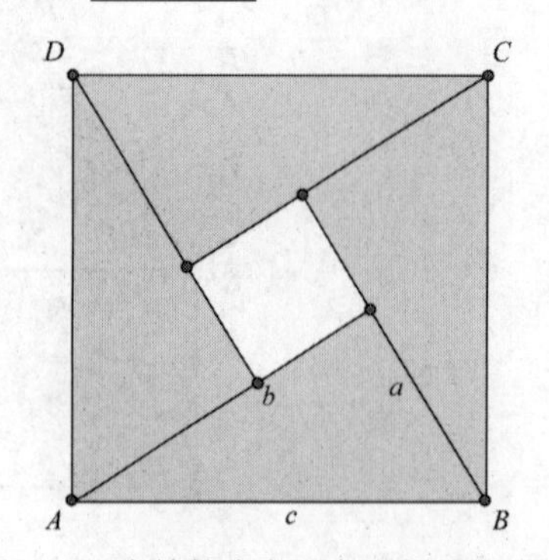

图 6.38　全等的直角三角形拼成正方形

$\because S_{大正方形}$

$=4S_{直角三角形}+S_{小正方形}$

$=4\times$______+(______)^2

=____________________

=____________________

又$\because S_{大正方形}=c^2$

$\therefore$______+______=______

【设计意图】学生通过自主探究，深入理解勾股定理，学会用面积法证明勾股定理。体验合作、交流学习的乐趣。

美国第20任总统伽菲尔德也对此定理进行了求证。人们为了纪念他对勾股定理直观、简捷、易懂、明了的证明，就把如下证法称为“总统证法”，如图6.39所示。

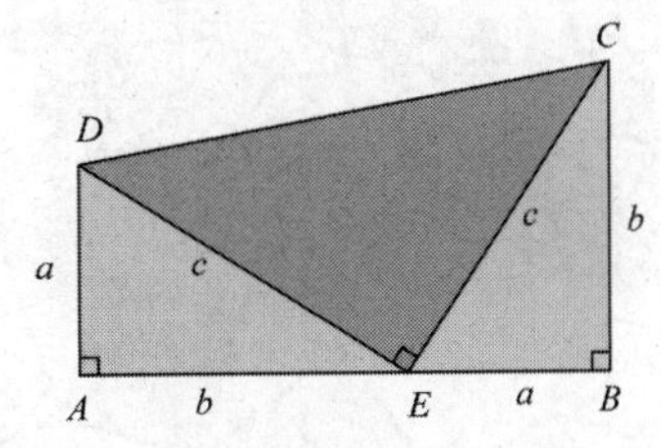

图6.39　勾股定理的“总统证法”

提示：3个三角形的面积之和=梯形的面积。

(4) 归纳提升，巩固运用

勾股定理：如图6.40所示，如果直角三角形两直角边分别为a、b，斜边为c，那么$a^2+b^2=c^2$。

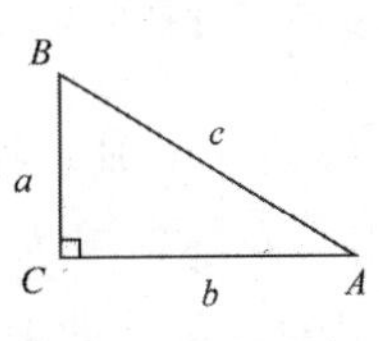

图6.40　勾股定理

即：直角三角形两直角边的平方和等于斜边的平方。

【例6-7】如图6.41所示，所有的三角形都是直角三角形，四边形都是正方形，已知正方形A、B、C、D的面积分别是12、16、9、12。则最大正方形E的面积为______。

【例6-8】设直角三角形ABC的两条直角边长分别为a和b，斜边长为c。

(1) 已知a=5，b=12，求c；

(2) 已知a=6，c=10，求b。

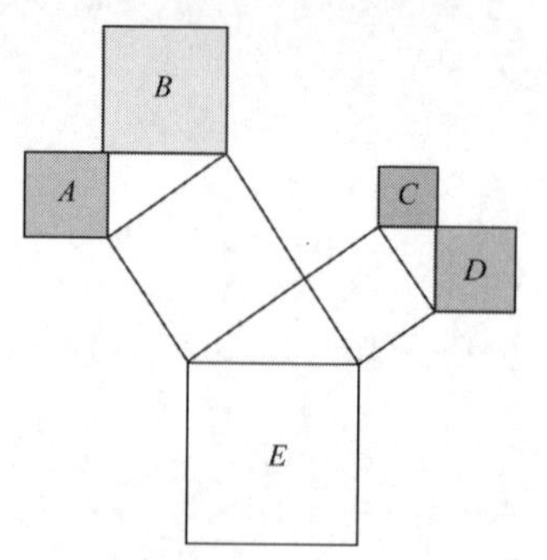

图 6.41 根据已知条件求最大正方形 E 的面积

【设计意图】通过练习进一步理解巩固新知识。

一个直角三角形，分别以它的每一边为边向外做正方形，可以把一个正方形的面积分成若干个小正方形的面积之和，不断地分下去，就可以得到一棵美丽的勾股树，如图 6.42 所示。

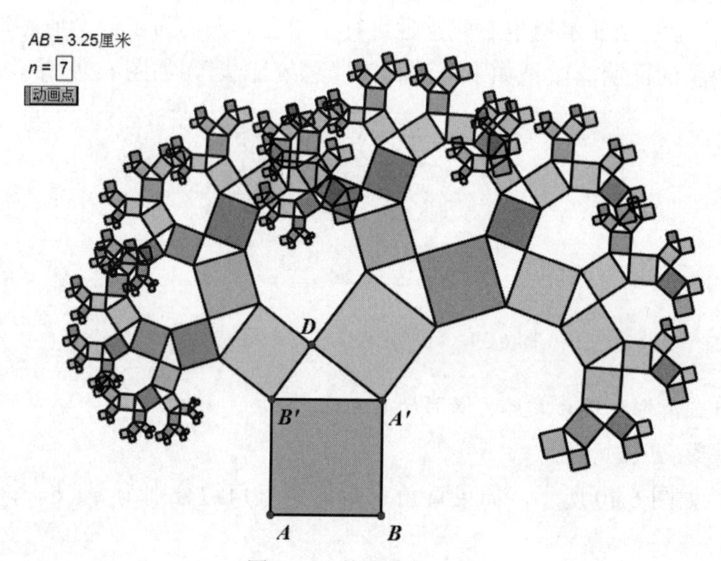

图 6.42 美丽的勾股树

(利用几何画板制作课件，展示勾股树的形成过程。)

【设计意图】通过几何画板的使用，向学生展示勾股树形成的过程，利用丰富的颜色以及动态变化的过程，引起学生知觉上的注意。动态展示过程中具有传统教学无法比拟的优势，直观的动态演示不仅可以给学生带来视觉上的冲击，同时也帮助学生加深对勾股定理的认识与理解，体会到数学中的美，提高学生学习数学的兴趣。

6.3 辅助数学结构理解的教学设计

数学的概念和命题都有其自身的结构，数学问题结构的理解属于理解较高层次。对一些比较难的数学概念与命题，比如带参数的函数、极限概念，许多学生要达到这样的理解层次是有一定的困难，本节我们选取一些案例探讨如何应用信息技术提高学生对问题结构的理解。

6.3.1 “函数 $y=A\sin(\omega x+\varphi)$ 的图像”教学设计

1. 教学目标

(1) 知识技能目标

找出由函数 $y=\sin x$ 到 $y=A\sin(\omega x+\varphi)$ 的图像变换规律，理解 $y=A\sin(\omega x+\varphi)$ 的图像及其性质。

(2) 过程与方法

通过对函数 $y=\sin x$ 到 $y=A\sin(\omega x+\varphi)$ 的图像关系的探索，体会由简单到复杂，由特殊到一般的化归思想。

(3) 情感态度，价值观目标

通过对问题的自主探究，培养学生独立思考能力；在小组交流活动中，体验合作学习的乐趣。

2. 重点与难点

重点：用参数思想讨论函数 $y=A\sin(\omega x+\varphi)$ 的图像变换过程；学习如何将一个复杂问题分解为若干简单问题的方法。

难点：参数 ω 对函数 $y=A\sin(\omega x+\varphi)$ 的图像的影响规律的概括。

3. 教学过程

(1) 创设情境

观察几何画板展示的“简谐运动”动画(如图 6.43 所示)，说出“简谐运动”所展示出的图像与所学的正余弦函数图像有何关系？图 6.44(a)图是某次实验测得的交流电的电流 y 随时间 x 变化的图像，图 6.44(b)图是(a)图放大后的一段图像，观察它们的图像与正弦曲线有什么关系？

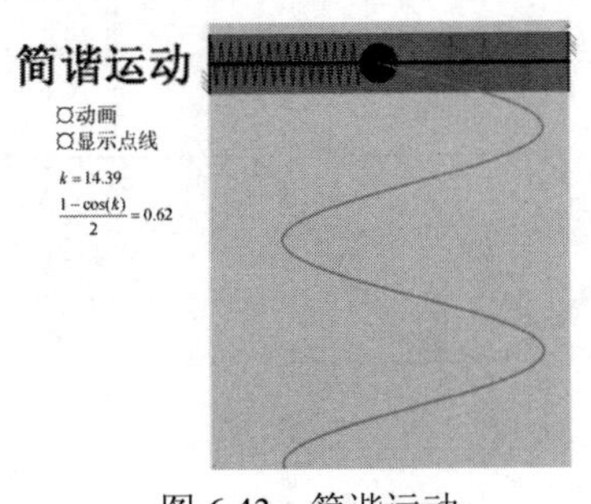

图 6.43 简谐运动

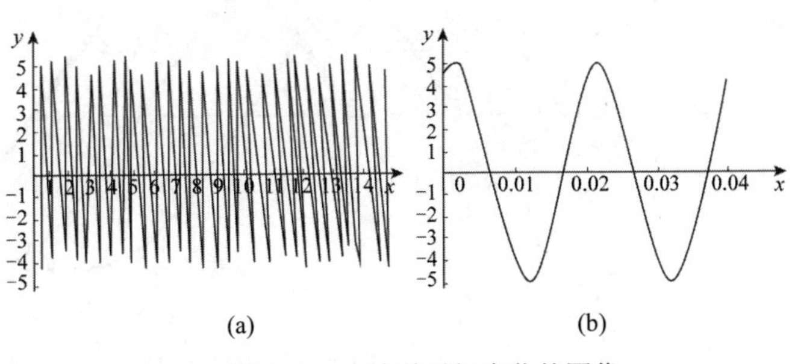

图 6.44 电流随时间变化的图像

经观察，它们的图像与正弦曲线很相似，从解析式来看，函数 $y=\sin x$ 就是

$y=A\sin(\omega x+\varphi)$ 在 $A=1,\omega=1,\varphi=0$ 时的情况。

在物理和工程技术的许多问题中都要遇到 $y=A\sin(\omega x+\varphi)$ 函数，解决问题的实际意义往往都可以从函数的图像上直观地看出，因此，我们有必要研究这些函数的图像。

【设计意图】通过用几何画板演示物理中的“简谐运动”的情境动画，引导学生构建浅层心象码，对三角函数的图像产生表象，激发学生学习的兴趣，体会函数的实际意义，从而体会学习此课题的必要性，并引出本节课的课题——函数 $y=A\sin(\omega x+\varphi)$ 的图像。

(2) 提出问题，探求未知

我们已经掌握了函数 $y=\sin x$ 图像，参数 A、ω、φ 变化对函数 $y=A\sin(\omega x+\varphi)$ 的图像会产生什么影响？

下面采用控制变量法分别讨论 A、ω、φ 对函数 $y=A\sin(\omega x+\varphi)$ 的图像的影响。

【问题 1】参数 φ 变化对 $y=\sin(\omega x+\varphi)$ 图像产生什么影响？

【例 6-9】在同一坐标系内，用五点作图法分别画出 $y=\sin x$、$y=\sin\left(x+\dfrac{\pi}{3}\right)$ 和 $y=\sin\left(x-\dfrac{\pi}{3}\right)$ 图像，并指出这两个图像之间的关系。

学生先独立作图，教师用几何画板展示在同一坐标内的三个图像(如图 6.45 所示)，并观察发现其关系：当把函数 $y=\sin x$ 图像上所有点向左平移 $\dfrac{\pi}{3}$ 单位长度时，可得到函数 $y=\sin\left(x+\dfrac{\pi}{3}\right)$ 的图像；当把函数 $y=\sin x$ 图像上所有点向右平移 $\dfrac{\pi}{3}$ 个单位长度时，可得到函数 $y=\sin\left(x-\dfrac{\pi}{3}\right)$ 的图像。

接着，教师利用几何画板动态功能引导学生观察图像的变化过程，发现其普遍性规律，如图 6.46 所示(点 C' 是点 C 向左平移 $|\varphi|$ 个单位所得到的点)。

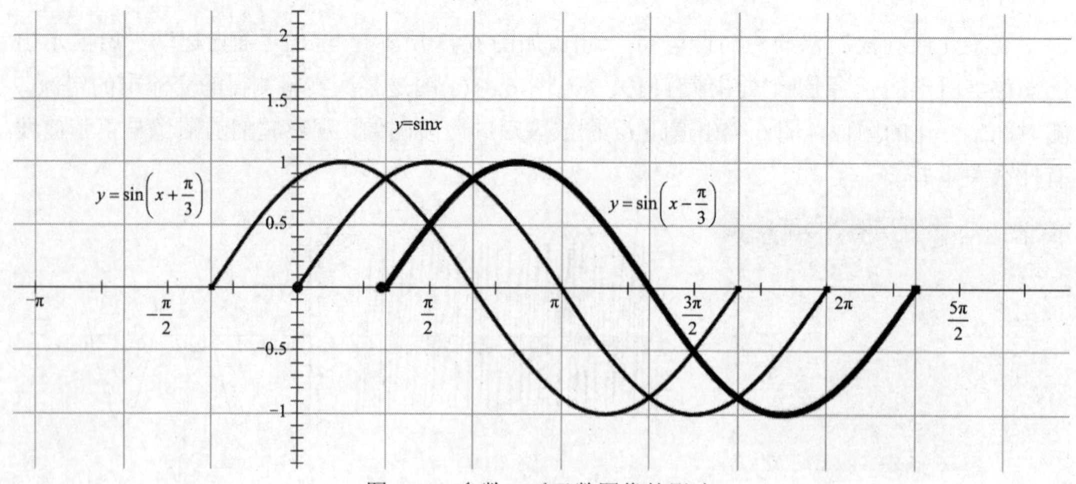

图 6.45 参数 φ 对函数图像的影响

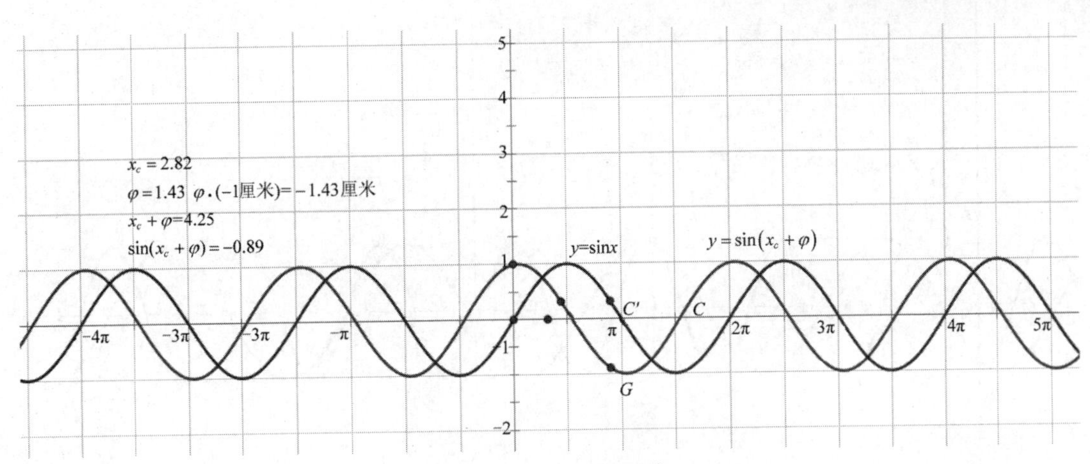

图 6.46 动态平移图像

进而，归纳出一般结论：当把 $y=\sin x$ 图像上所有点向左(当 $\varphi>0$ 时)或向右(当 $\varphi<0$ 时)平移 $|\varphi|$ 个单位长度时，可得到函数 $y=\sin(x+\varphi)$ 的图像。

【设计意图】学生通过作图产生三个函数图像间关系的表象，在认真观察讨论基础上，提出猜想；教师用几何画板进行演示，通过改变参数观察函数图像的变化，验证猜想，总结规律。在此过程中帮助学生不断完善心象，把握问题的内部结构，精致浅层心象码，体会从特殊到一般的思维方法。

【问题 2】(小组合作探究)参数 $\omega(\omega>0)$ 对函数 $y=\sin(\omega x+\varphi)$ 图像的影响。

【例 6-10】探讨下列两函数之间关系。

(1) 函数 $y=\sin\left(x+\dfrac{\pi}{3}\right)$ 和 $y=\sin\left(2x+\dfrac{\pi}{3}\right)$；

(2) 函数 $y=\sin\left(\omega x+\dfrac{\pi}{3}\right)$ 和 $y=\sin\left(x+\dfrac{\pi}{3}\right)$；

(3) 函数 $y=\sin(\omega x+\varphi)$ 和 $y=\sin(x+\varphi)$ (φ 为任意值)。

类比【例 6-8】，在同一直角坐标系中利用五点作图法画出函数 $y=\sin\left(x+\dfrac{\pi}{3}\right)$ 和 $y=\sin\left(2x+\dfrac{\pi}{3}\right)$ 的图像并讨论它们之间的关系，进而抽象到问题(2)、(3)。小组讨论结束后，请某小组代表提出探究结论，教师利用几何画板课件动态演示，进一步验证结论的准确性[如图 6.47 所示，点 G' 是点 G 的横坐标缩放为原来的 $\dfrac{1}{\omega}$，而纵坐标不变，G' 在函数 $y=\sin(\omega x+\varphi)$ 上]。

从而得出结论：当把 $y=\sin(x+\varphi)$ 图像上所有点的横坐标缩放到原来的 $\dfrac{1}{\omega}$，而纵坐标不变，可得到函数 $y=A\sin(\omega x+\varphi)$ 的图像。

【问题 3】(小组合作探究)参数 $A(A>0)$ 对函数 $y=A\sin(\omega x+\varphi)$ 图像的影响。

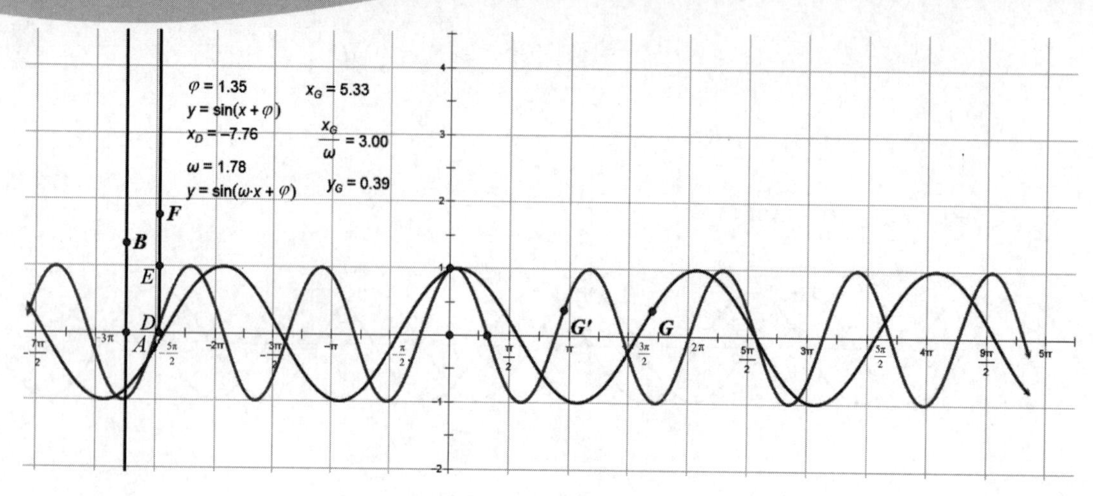

图 6.47　动态缩放图像

【例 6-11】探讨下列两函数之间的关系。

(1) 函数 $y=3\sin\left(2x+\dfrac{\pi}{3}\right)$ 和 $y=\sin\left(2x+\dfrac{\pi}{3}\right)$ 的图像间的关系；

(2) 函数 $y=A\sin\left(2x+\dfrac{\pi}{3}\right)$ 和 $y=\sin\left(2x+\dfrac{\pi}{3}\right)$ 的图像间的关系；

(3) 函数 $y=A\sin(\omega x+\varphi)$ 和 $y=\sin(\omega x+\varphi)$ 的图像间的关系(φ 为任意值)。

在同一直角坐标系中利用五点作图法画出函数 $y=3\sin\left(2x+\dfrac{\pi}{3}\right)$ 和 $y=\sin\left(2x+\dfrac{\pi}{3}\right)$ 的图像，并讨论它们之间的关系，进而抽象到问题(2)、(3)。讨论结束后请某小组代表提出探究结论，教师利用几何画板更进一步直观验证结论的准确性，如图 6.48 所示，点 H' 是点 H 的纵坐标拉长为原来的 A，而横坐标不变，H' 在函数 $y=A\sin(\omega x+\varphi)$ 上。

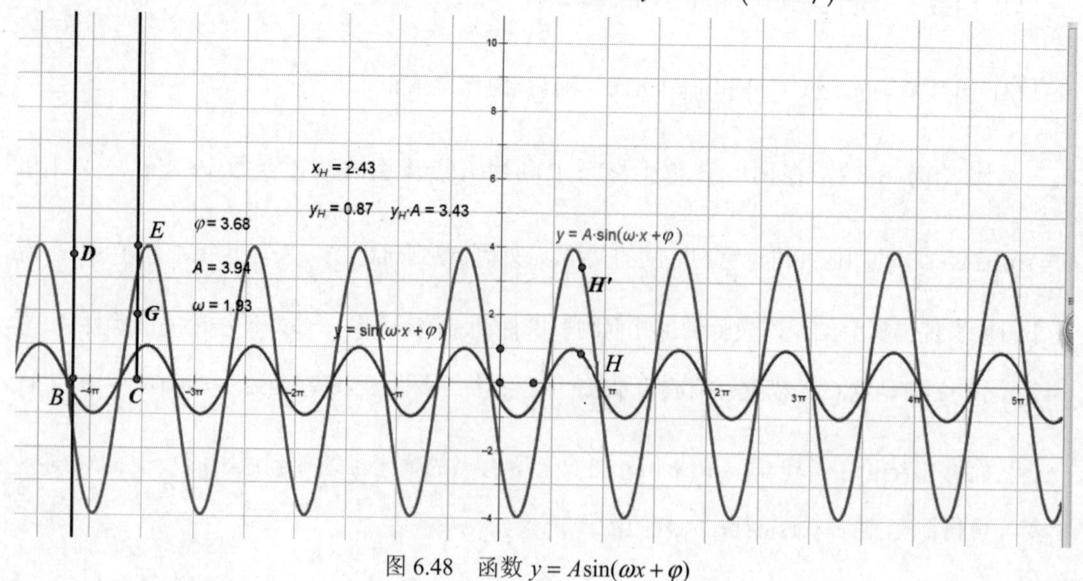

图 6.48　函数 $y=A\sin(\omega x+\varphi)$

从而得出结论：当把 $y=\sin(\omega x+\varphi)$ 图像上所有点的纵坐标缩短(当 $0<A<1$ 时)或伸长(当 $A>1$ 时)到原来的 A 倍时(横坐标不变)，可得到函数 $y=A\sin(\omega x+\varphi)$ 的图像。

【设计意图】学生在教师引导下动手画图操作，合作探究，通过与小组同学的交流进而完善自己的认识，从特殊到一般提出猜想，并通过教师几何画板的演示验证猜想，引导学生关注函数的性质，构建三角函数的深层心象码，不断加深对该三角变化过程的理解，通过改变参数观察图像，完善心象，体会对三角函数结构的理解。

(3) 归纳小结

【问题 4】请归纳函数 $y=\sin x$ 图像到函数 $y=A\sin(\omega x+\varphi)$ 图像的变化过程。

按照刚才的一系列探究我们可以得到：先对函数 $y=\sin x$ 进行平移变换后，再对得到的函数进行伸缩变换，即可得到函数 $y=A\sin(\omega x+\varphi)$，如图 6.49 所示。

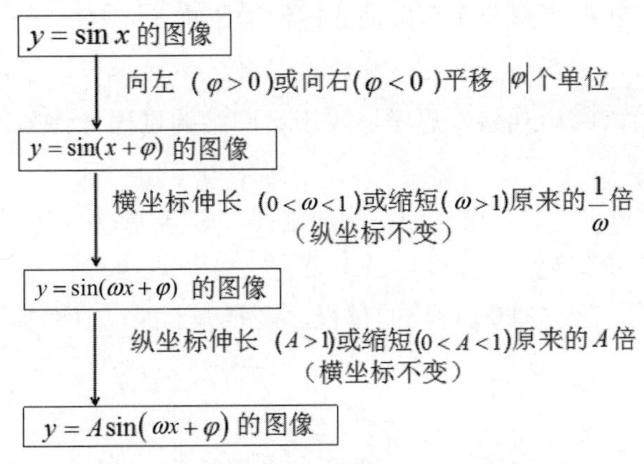

图 6.49 $y=\sin x$ 图像到 $y=A\sin(\omega x+\varphi)$ 图像的变化过程

(4) 课后思考

【问题 5】如果先对函数 $y=\sin x$ 进行伸缩变换，再对得到的函数进行平移变换能否得到函数 $y=A\sin(\omega x+\varphi)$？如果可以，那么具体是如何变换的呢？

(5) 课堂练习

① 为得到函数 $y=\sin\left(x-\dfrac{\pi}{5}\right)$ 的图像，需要把函数 $y=\sin x$ 上所有点向(　　)平移(　　)个单位长度。

② 函数 $y=\sin\left(x+\dfrac{\pi}{5}\right)$ 的图像经过怎样的变换可得到函数 $y=\sin\left(x-\dfrac{\pi}{5}\right)$ 的图像？

③ 函数 $y=\dfrac{5}{7}\sin\left(2x-\dfrac{\pi}{6}\right)$ 的图像怎么由函数 $y=\sin x$ 的图像得到？

【设计意图】设置不同形式的习题，有针对性地对所学新知识进行巩固。

【评析】函数 $f(x)=A\sin(\omega x+\varphi)$ 的结构，可视为由参数 A、ω、φ 所确定函数间关系的集合(代数结构)，学生画图时常会出现这样的情况，分不清“先平移后伸缩”还是“先伸缩后平移”。此问题的本质是，学生无法把握不同 ω、φ 确定图像间的关系，没有把握整个结构。

因此，可先让学生把握单个参数变化时的图像的关系，再进行展示双因素相互影响，从部分到整体，最终与代数符号连接把握整体结构。

通过以上步骤，信息技术支持的动态化表征展示了函数 $f(x)=A\sin(\omega x+\varphi)$ 中，A、φ、ω 和图像的周期、振幅、平移的关系，让学生通过观察数值及其对应图像变化，连接符号表征和图像表征，最终从整体上把握这个关系结构。

6.3.2 “正态分布”教学设计

1. 教学目标

(1) 知识与技能

① 理解正态分布密度曲线的特点及其所表示的意义。

② 理解参数 μ 和 σ 对正态分布密度曲线图像的影响。

(2) 过程与方法

① 通过课堂实验，经历观察、思考、发现、归纳的过程，体验统计的思想以及数学知识的生成过程。

② 经历探究参数对正态曲线图像的影响的过程，感知“数形结合”的思想方法的作用。

(3) 情感、态度与价值观

通过课堂实验和探究正态曲线特点的过程，培养勇于探究、积极思考、善于发现的创新品质。

2. 重点与难点

重点：

① 正态分布密度曲线及其表达式。

② 参数 μ 和 σ 对正态分布密度曲线的影响。

难点：正态分布密度曲线所表示的意义。

3. 教辅手段

PowerPoint、Fathom 动态数据软件、板书。

4. 教学过程

(1) 情境引入，渗透文化

【图片展示】图 6.50 所示为德国 10 马克钱币。

图 6.50　德国 10 马克钱币

通过对高斯的评价，结合纸币的纪念意义，引出后续教学内容——正态分布密度曲线。

【设计意图】高斯的伟大更衬托出正态分布的重要历史意义，渗透数学文化的同时激发学生的求知欲望。

(2) 观察探索，形成概念

① 操作实验，初步感知。

步骤一：提出问题“掷 5 颗骰子，其点数之和是否有什么规律呢？”

教师：在古典概型中，我们分析过掷 2 颗骰子，求其点数之和的问题。如果掷 5 颗骰子，如图 6.51 所示，其点数之和又会如何呢，会不会有什么不同寻常的发现呢？

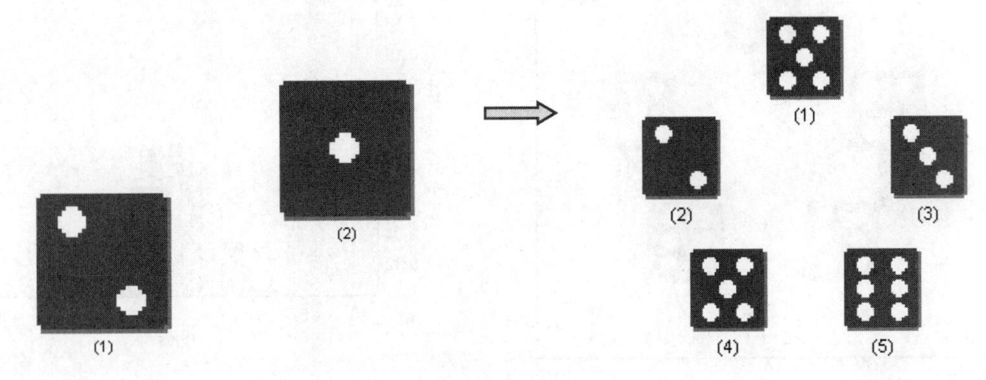

图 6.51　掷 5 颗骰子

【设计意图】从建构主义的思想出发，提出掷骰子的问题是建立在学生已有的理论知识和生活经验的基础之上。同时，这一既不陌生又很新鲜的问题也可以调动学生的探究兴趣。

步骤二：分组实验，每两人一组，每摇一次骰子，将点数记录在小纸片上，每张小纸片上可以记录 4 个数据。教师及时收取小纸片，将数据输入到计算机中，并通过 Fathom 动态数据软件画出数据的频率分布直方图，如图 6.52 所示。

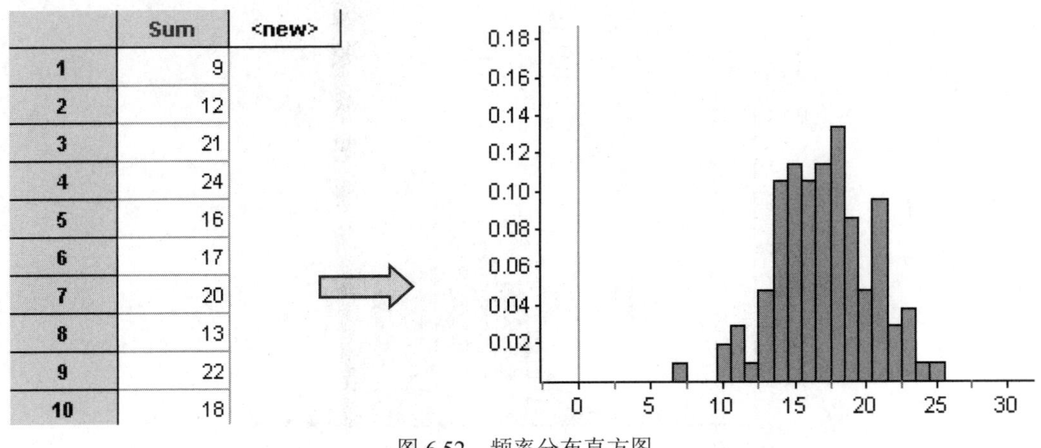

	Sum	<new>
1	9	
2	12	
3	21	
4	24	
5	16	
6	17	
7	20	
8	13	
9	22	
10	18	

图 6.52　频率分布直方图

教师：观察一下，你有什么发现呢？或者说，有没有什么地方引起了你的关注？

【设计意图】课堂实验、真实情境，符合统计教学“使用真实数据”的原则；过程生动有趣，增添课堂活力的同时激发学生的求知愿望。

② 观察发现、归纳总结。

步骤一：通过 Fathom 动态数据软件模拟实验次数为 1000 次时的情况，并画出相应的频率分布直方图，如图 6.53 所示。其中，动态演示 500 次，引导学生观察随着实验次数的增加，频率分布直方图是如何变化的。

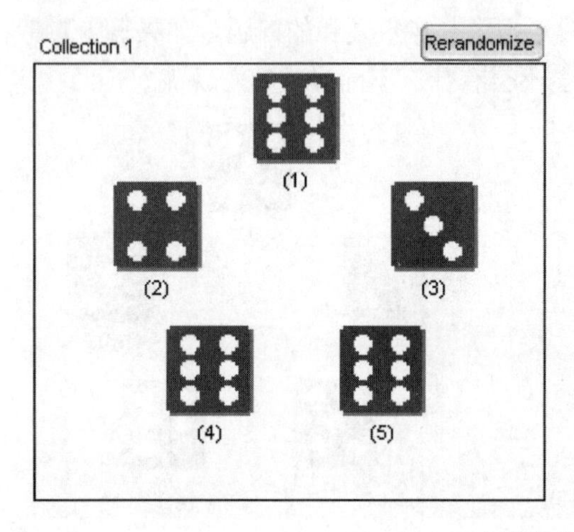

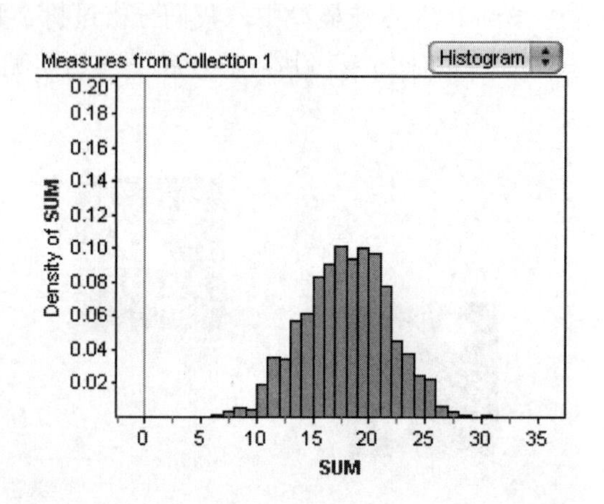

图 6.53　频率分布直方图(1000 次时)

教师：同学们，观察一下：频率分布直方图是如何变化的？你是否有什么新的发现呢？

【设计意图】通过频率分布直方图的变化，将实验次数不断增加的动态过程呈现出来，有助于学生发现频率分布直方图的特点。同时，吸引学生的注意力，调动学生的主观能动性。

步骤二：再次模拟实验次数为 5000 次时的情况，并画出相应的频率分布直方图，如图 6.54 所示。在模拟实验的过程中，鼓励学生积极猜想频率分布直方图可能出现的结果。

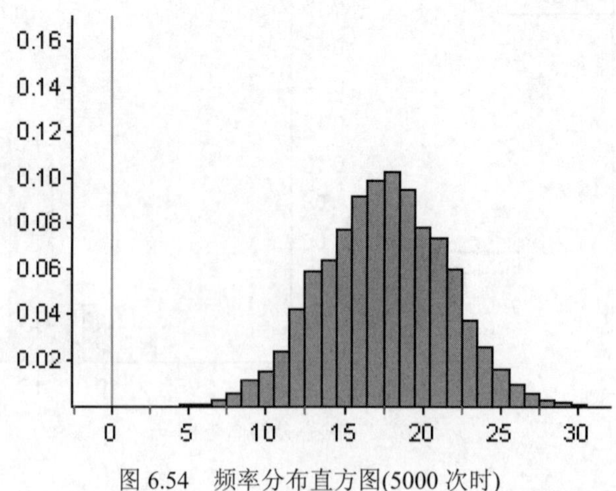

图 6.54　频率分布直方图(5000 次时)

【设计意图】在已有发现的基础上进行猜想是数学探究的基本思想，此处设计充分调动学生的课堂思维，培养学生大胆猜想、勇于探究的创新品质。

步骤三：结合三张频率分布直方图，如图 6.55 所示，引导学生通过观察类比，思考分析，发现频率分布直方图的特点。

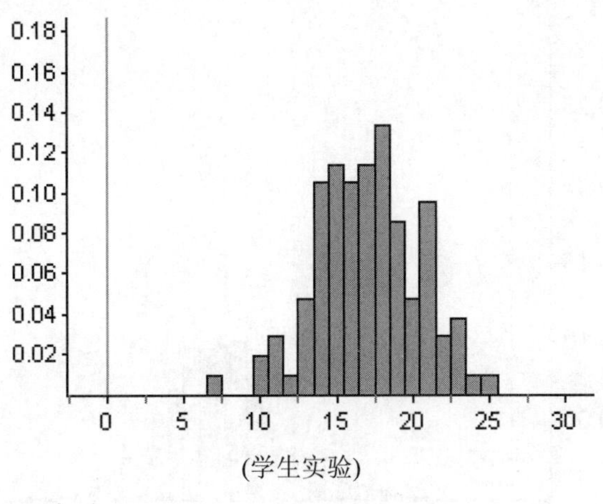

(学生实验)

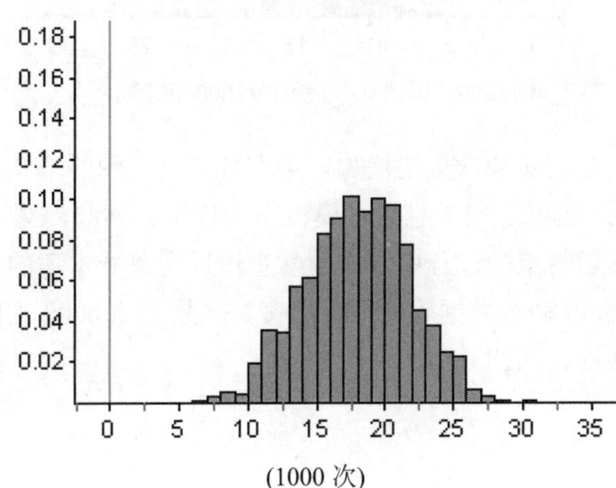

(1000 次)

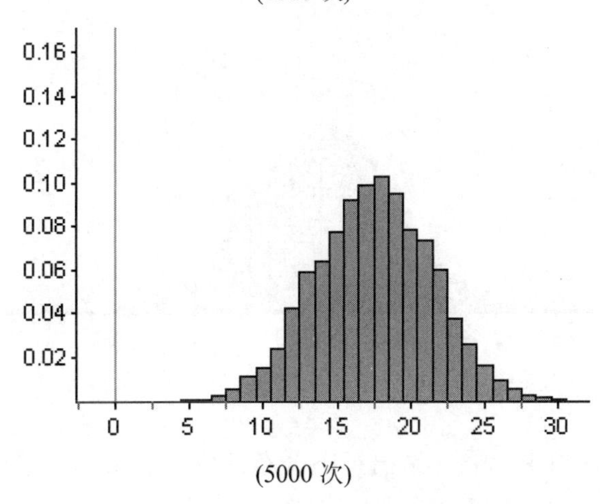

(5000 次)

图 6.55　三张频率分布直方图

教师：观察三张图，思考：频率分布直方图有什么特点？注意类比分析，找出共性！

【设计意图】经历直观感知、观察发现、归纳类比等思维过程，有助于学生对客观事物中蕴涵的数学模式进行思考和作出判断。

步骤四：教师给出课前完成的实验次数为 100000 次时，骰子点数之和的频率分布直方图，如图 6.56 所示。

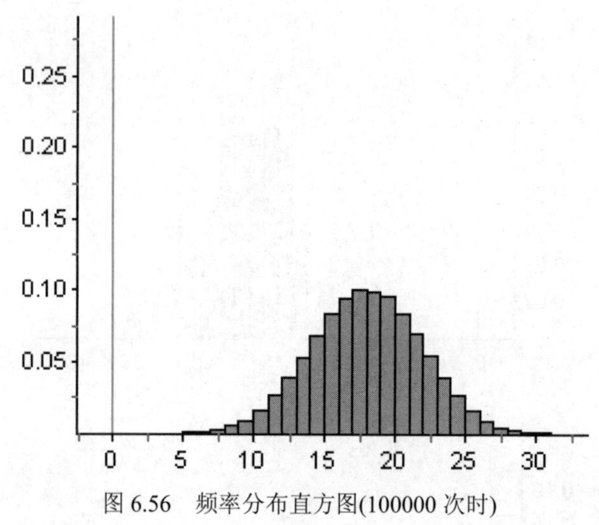

图 6.56　频率分布直方图(100000 次时)

教师：再次观察，随着实验次数的增加，频率分布直方图的形状有什么特点？

【设计意图】合理地运用现代信息技术模拟超大样本的实验结果，化抽象为形象。在引导学生用文字归纳图像特点的过程中，培养学生透过现象看本质的思维方法。

步骤五：通过 Fathom 动态数据软件拟合出实验次数为 100000 次时，频率分布直方图对应的正态分布密度曲线，如图 6.57 所示。

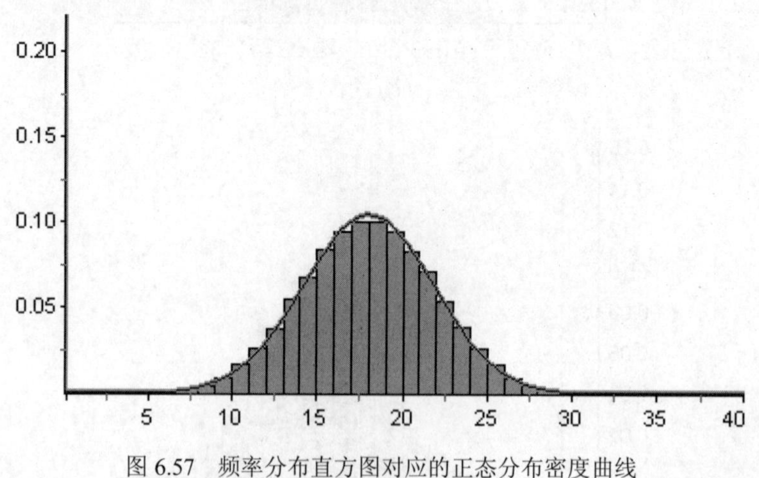

图 6.57　频率分布直方图对应的正态分布密度曲线

建立合适的平面直角坐标系，给出正态分布密度的定义，引导学生感受数学知识的美妙。

③ 形成定义。

定义：我们称 $\varphi_{\mu,\sigma}(x)=\frac{1}{\sqrt{2\pi}\sigma}\mathrm{e}^{-\frac{(x-\mu)^2}{2\sigma^2}},x\in R$ 的图像为正态分布密度曲线，简称正态曲线，其图像如图 6.58 所示。

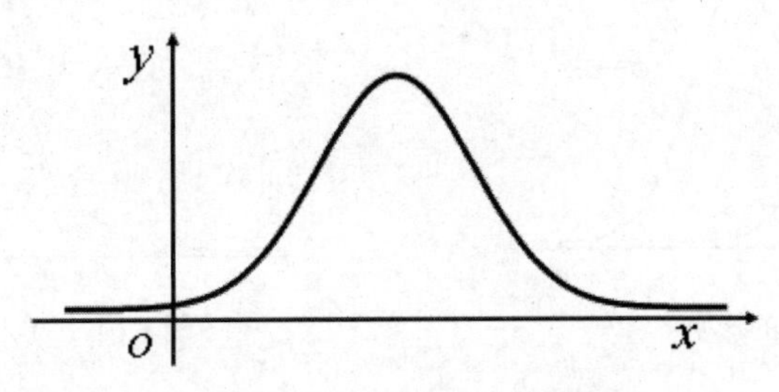

图 6.58 正态分布密度曲线

教师：同学们，当你看到正态曲线的定义时，有没有感觉到我们数学知识是多么美妙。正态曲线不仅可以刻画出一个 y 关于 x 的函数关系，而且这个函数还能用解析式来表示。

【设计意图】中学数学教材直接给出正态分布曲线的表达式，学生难以理解。本设计中利用计算机模拟投掷骰子点数之和的实验，使得学生对钟形曲线的来源有一个直观印象，从描述曲线形状的角度引入正态分布密度曲线数学表达式，帮助学生跨越知识内容间的跳跃。

(3) 动态演示，理解概念

借助 Fathom 动态数据软件，探究正态分布密度曲线中两个参数 μ 和 σ 对图像的影响，如图 6.59 所示。

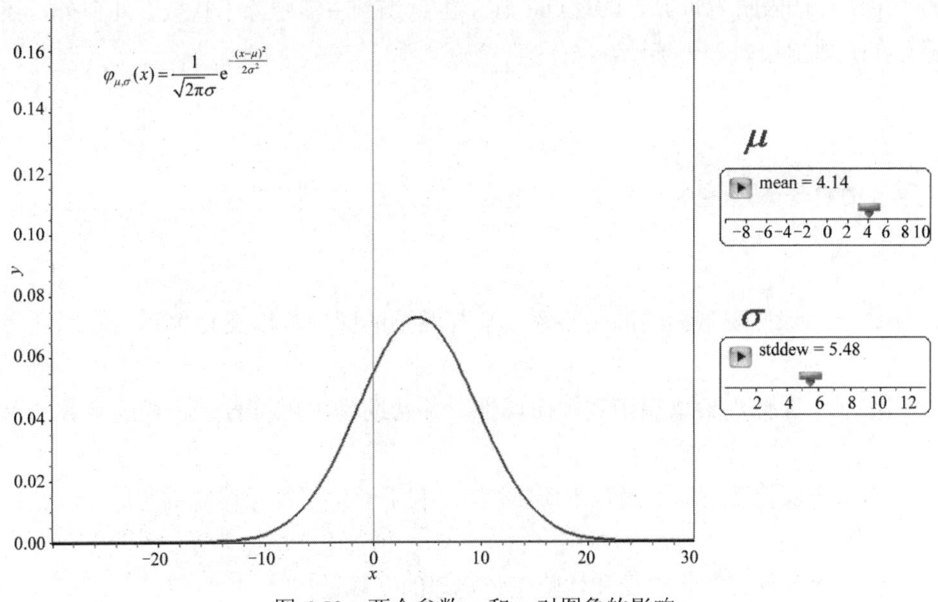

图 6.59 两个参数 μ 和 σ 对图象的影响

在静态的图像中，从参数所表示的意义的角度理解μ和σ对图像的影响，如图 6.60 和图 6.61 所示。

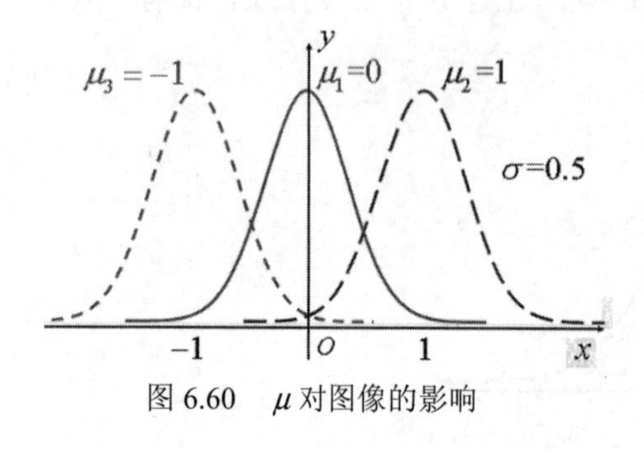

图 6.60　μ对图像的影响

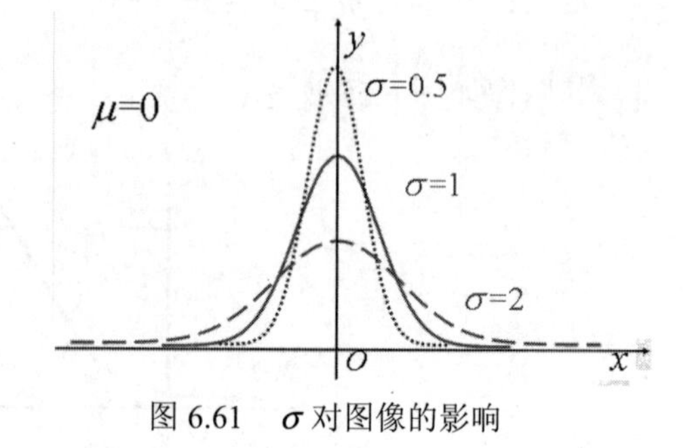

图 6.61　σ对图像的影响

μ：平均数—集中趋势—图像位置

σ：标准差—离散程度—图像形状

【设计意图】正态曲线所表示的意义是本节课的难点，先借助信息技术动态演示参数取值改变，图像相应发生变化的过程，帮助学生从直观上体验参数对正态曲线图像的影响；再结合参数所表示的意义，引导学生从理论的角度体会参数对正态曲线图像的影响。由此，加深学生对正态曲线所表示的意义的理解。

(4) 归纳小结，渗透思想

统计的思想：提出问题—收集数据—分析数据—解释数据。

教师："用统计的眼睛看世界"向我们传递着生活中处处有统计的思想，告诉我们要学会发现生活中的统计知识，学会用统计的思想和方法来分析问题、解决问题。

【设计意图】统计知识对于学生相对陌生，却是生活中应用最广泛的。此处设计向学生传递"用统计的眼睛看世界"的观点，让学生意识到生活中除了代数、几何外，还有一类普遍存在的数学知识——统计。

6.4 本章习题

1. 制作一个课件观察椭圆的离心率大小与椭圆的圆扁程度变化关系，并用文字语言描述。

2. 制作一个课件观察单调函数本质属性，并帮助学生用符号语言描述函数的单调性概念。

3. 制作一个课件观察周期函数本质属性，以利于学生用符号语言描述周期函数的概念(以 sin$x$ 为例)。

4. 制作一个课件使学生感受和体验正弦定理的发现过程。

附录　数学教学中常用的其他软件介绍

F.1 GeoGebra 软件简介

动态数学软件 GeoGebra 是开源软件且完全免费，支持多平台的应用，拥有 58 种语言版本。发展至今，已在欧洲与美国获得十余项大奖，在 190 多个国家得到使用，并有 30 多个国家把其写入教科书。GeoGebra 功能强大，几乎覆盖数学的所有领域，与几何画板相比面板更加丰富，更加易学易用。目前在我国台湾与香港地区应用广泛，并取得了丰硕的成果，虽然在中国内地的研究刚刚起步，但发展势头迅猛。因其源码开放，更新迅速，功能日趋完善，可以满足时代发展的需要，有着无限的发展潜力。GeoGebra 总部在全球设立了多个 GeoGebra 学院，致力于教育教学研究、教师教育培训和各种经验的分享。国内也相继成立了中国 GeoGebra 学院(北京师范大学)、南京 GeoGebra 学院和天津 GeoGebra 学院，为中国 GeoGebra 的研究与发展提供了更好的平台。

F.1.1　GeoGebra 软件的特点

GeoGebra 是一款融合了强大的代数运算、易用的几何作图、数据统计和处理等多种功能为一体的数学软件。一方面，GeoGebra 可以画出几何元素(如点、线、面)和几何图形(如平面多边形)，进行向量的作图与运算，解析几何中的图形和曲线方程同步显示。另一方面，可以直接输入函数和点坐标，也就是说，GeoGebra 也有处理变量的能力。这些特性解决了传统教学的难点，可以充分发挥教师的教学思想。下面从几个不同的方面讨论 GeoGebra 软件的特点。

1. 图形、代数和数据表动态结合

为了要达到各种功能的精准配合，GeoGebra 软件设置了三个不同的区域供使用者操作。代数区负责显示图形的曲线方程、点的坐标等功能，也可依据命令框的输入进行操作。绘图区负责绘制图形或图像的显示与变换。数据处理区负责统计数据并对数据进行各种综

合的分析，具有较全面的数据处理功能。

2. 操作简单，界面易用

GeoGebra 软件的基本操作是很好掌握的，几何方面的操作与几何画板软件有异曲同工之妙，代数及数据统计与处理也完全是在可视化的图形和文字的双重辅助下实现无障碍的自主操作，掌握基本功能是很容易实现的。

3. 易于交流和学习

GeoGebra 软件的官方网站上设有讨论区，关于 GeoGebra 软件的所有问题都可以进行专题讨论，也可以参与别人的讨论，从中学习与进步。如果对 GeoGebra 软件的程序设计、操作平台、功能改进等有建设性的意见或建议，设计者也会亲自与使用者互动交流，接纳全世界的不同意见，进行软件的完善。

4. 内置多种绘图工具，并可自定义工具属性

GeoGebra 软件还提供了工具的自定义功能，可以帮助使用者编辑个性化的工具，在工具栏中建立属于自己的各种工具，这种人性化的设计会让使用者根据个人习惯与需要进行设置，有助于提高工作的效率。在 GeoGebra 软件的官方网站中，也提供了丰富的新增工具供使用者下载共享资料。

5. 自由的开源软件，资源共享

GeoGebra 提供的是一种免费的教育资源，其价值已经远远超过软件本身的功能。GeoGebra 软件不仅给使用者提供了一个免费的平台，更多的是传递一种精神，一种与人分享的精神，一种合作交流共同进步的精神，这种精神会促使该平台不断地进步、完善。

F.1.2 GeoGebra 在中学数学教学中的功能

1. 简易的作图功能

利用 GeoGebra 所提供的直角坐标功能，可以轻松地绘制出点、直线、线段、向量、多边形、圆、函数图像、圆锥曲线等，它的作用可以看成用计算机完成的尺规作图，使用它可以画任意的几何图形，而且可以准确地描述几何对象。GeoGebra 还具有极坐标功能，可以利用 GeoGebra 来研究极坐标下的图形、方程，不仅可以讨论函数的根与零点、函数图像的特征，研究函数的性质，还可以把几个函数画在同一坐标系下进行比较研究，这些功能都为高中数学的教学内容提供了很多支持。

2. 强大的运算和测量功能

GeoGebra 所包含的测量与计算功能，能够对做出的几何各要素进行相应操作，如度量一段曲线的长度或是某个角度，也可以计算相应图形的面积，还可以对测量结果进行运算，包括基本的四则运算和函数的相关运算，并能把运算结果实时地显示在界面上。此外，

GeoGebra 也可以进行函数的导数与定积分运算，并能求方程或方程组的根、三次函数的极大(小)值等，为探究高中数学教学中的很多运算相关问题提供了有力的工具。

3. 动态的变换功能

在研究函数中的相关参数对其图像与性质的影响时(例如幂函数 $y=x^{\alpha}$)，可以用 GeoGebra 作出函数的图像，并控制其中参数 α 的动态变化，随 α 的变化图像的形状和性质也随之变化。对于立体几何中的一些问题，需要动态地改变图形的视角，使我们可以方便地观察各几何元素之间的关系。而且借助动态变换功能还可以作出中心对称图形和轴对称图形，也可以使其旋转一定的角度，满足高中数学教学中所涉及的许多变换的需要。

4. 易用的轨迹追踪功能

可操作几何对象如点、线段等，使这些几何对象在运动的过程中留下轨迹。例如，在圆锥曲线的教学中，可以利用此功能画出椭圆、双曲线、抛物线的轨迹，为平面解析几何的教学提供帮助。灵活运用这种功能可以让学生先对轨迹的形状进行推测，使学生经历轨迹的生成过程，引导学生在观察现象、发现结论、探索问题中形成对基本概念和基本性质的理解，为高中数学新课程所强调的探究式教学模式提供平台。

GeoGebra 软件可以全面地应用于高中数学的各个模块教学中，而且 GeoGebra 可以实现从各阶段教育中的所有的数学教学，为数学教学提供了更多的支持，给更多的教师和学生带来充满活力的教学，帮助每一位学生在数学学习中找到学习数学的乐趣与真谛。

F.1.3 GeoGebra 应用于中学数学教学的优势

1. 易用易学，操作简单

GeoGebra 是具有极端易用性的软件，在不阅读使用说明与帮助的情况下就可以利用绘图工具做出一些简单的几何图形，有一点数学软件基础的人经过简单的学习和熟悉便可熟练操作。GeoGebra 可替代几何画板的所有相关操作，而且学习时间和操作运用时间都缩短了，节省了时间，有助于改变教师应用教学软件费时费力，学生应用数学软件学习不利推广的局面。GeoGebra 使教育者在教学传递中对内容的展示负担变小了，精确度提高了，课堂效率和质量也更好了。同时对于学生而言，能够快速学习与使用该软件，可以帮助他们在有限的学习时间内对比较困难的问题进行初步探索，与单纯的苦思冥想相比，动态的画面和直观的操作不但可以启发思维，而且能够充分调动他们对于探索新知、未知的热情，丰富他们的创造性体验。

2. 数形结合、同步变化

GeoGebra 软件区域有以下三个：代数区、绘图区、数据处理区。新的更新版本中又增加了第二绘图区和触控区、CAS 区。代数区中显示绘图区中每一个图元的具体信息，在绘图区拖动对象变化时，可实时观察到代数区中的表达式、坐标等都发生了同步的变化，可使对图形的相关属性的研究更加得精细化和科学化。对于揭示图形的精微性质，解决代数与几何结合的相关问题，如讨论常数变化对函数图像和性质的影响、圆锥曲线的定义等的学习就需要图形与代数方程的同步变化、动态观察，使学生在概念获得的过程中对问题的分析更加精确、全面，更容易发觉数学情境中蕴含的概念的本质属性，减少概念学习过程中各种非本质属性的不利影响，提高学习效率。

另外，若主绘图区中的图形包含太多元素、过于烦琐时，想选中一个元素有一定的困难，GeoGebra 可以通过点选代数区中与图形中元素对应的代数元素进行间接选取，操作更加方便。

3. 功能强大、快速展示

GeoGebra 软件的命令框配备强大的命令集，可以在命令框中按照格式输入相关命令来实现对于图形的更改和各种计算功能。使用命令不但能够完成使用鼠标单击作图工具所能够实现的所有几何图形的绘制，而且还可以轻松实现诸如函数相关图像和性质的讨论、求函数的极值、对方程求根、多项式的因式分解、微积分、计算图形的面积和周长，求矩阵的行列式、逆矩阵、转置矩阵、向量运算、求曲率向量、方向向量、法向量、单位向量，还有统计计算、利用电子表格进行数据分析等功能。GeoGebra 也为命令的输入提供了极大的方便。首先，当输入命令时，GeoGebra 会自动联想补全，在下拉列表中显示与输入文字最接近的命令。其次，在输入框的最右边有指令说明区按钮，里面有按照功能分类的输入指令的说明，用鼠标单击其中一个指令，会出现此命令的格式说明，双击指令或单击粘贴按钮，指令会复制到剪切板，并立即在输入框中出现，如果想把指令说明区暂时收起来，单击相应按钮即可。学生在操作时，不必记住所有命令，只需查阅相关的命令集，并按照格式输入，便可以完成作图或计算。教师可以利用此功能在教学中快速展示各种图形和运算结果，学生也可以在需要的时候利用 GeoGebra 自主完成对问题结果的校对，省时省力。

4. 多重表征，建构理解

表征是一种在头脑中呈现和记录的方式，在对象不在的情况下，可以用这个对象的符号和符号集进行替代。表征可分为内在表征和外在表征，外在表征为内在表征的建立提供帮助。学生对某一概念或命题的理解需要呈现多重的内部表征，面对某种新概念的学习，可以在实物情境中体验内容，可以视觉化表征内容，也可以言语化、符号化表征内容，不同的表征可以在头脑中形成不同的心理图像，每一种表征都会深化学生对数学的理解。在接触新的知识时，学生建立对知识的各种表征间是松散的组合，不能进行表征系统内的相互转换或表征间的转译。借助 GeoGebra 的帮助，可以提供具有丰富联系的各种外部表征，可以帮助学生形成相关准确的内部表征。如在学习导数定义时，其自身经验和所学知识的联系不足，可以通过 GeoGebra 展示曲线、切线等导数几何意义的产生过程及其联系，为学生搭建多向联系的外部表征，帮助其建构对知识的理解。又如在学习圆锥曲线定义时，也可以通过 GeoGebra 数形结合同步变换的功能，使学生建立图形表征和符号表征间的联系，将多重表征有机地整合，使学生形成联系丰富的内部表征，有助于理解的深化。

5. 交流方便，深层共享

GeoGebra 软件的程序设计是在 java 系统中完成的，java 系统的各种优势自然融入 GeoGebra 软件中。首先，GeoGebra 既可以跨平台使用，也可以在不同的操作系统中灵活使用，如可以在 Linux、Windows、FreeBSD、Mac 等不同的操作系统中无障碍的执行，还可以在 Microsoft IE、Mozilla、Firefox 等不同的网络浏览器上轻松而顺畅地执行。其次，GeoGebra 拥有很好的网页支持功能，不但可以将制作完成的图形和动画保存在动态网页中，还可以将绘图工具同时保存在动态网页中。即使在没有安装 GeoGebra 的计算机上，只需打开网页文件同样可以浏览或修改图形，为技术的交流和资源的共享提供了极大的便利，更有利于远程交流和网上学习。同时，GeoGebra 支持多种语言，更方便国际间的交流和合作。因此，用 GeoGebra 软件绘制图形在网络上与全世界的使用者共同交流是明智的选择。再次，GeoGebra 有两种不同的图片保存格式，一种是普通的图片保存格式，可以用在网页和办公软件中，另一种是可以用在科学排版软件 Latex 中使用的图片格式。此功能使软件之间具有很好的兼容性，可以提高工作效率。最后，在 GeoGebra 网站的 wiki 上，提供了多种多样的图案和工具，配合 GeoGebra 特有对制作好的图形的操作过程进行自动演示的功能，可以再现图形的制作过程，为学习和研究提供了便利的途径。

6. 源码开放，潜力无限

与几何画板等软件相比，GeoGebra 不但使用时完全免费，而且软件的源码是开放的。所谓开源软件是指软件的源代码是公开的，任何的使用者都可以自由使用、下载、修改与发布软件的可执行程序及程序的源代码。这款免费的软件能更好地满足现状不同、程度不同、发展水平不同的高中数学教与学的需要，使数学教学软件的使用和更新不受任何相关因素的制约，使不同地区、不同层次学校的学生都共享最新版本的软件和资源，更有利于实现教育资源的公平分配。GeoGebra 软件今后的发展前景是非常广阔的，特别是对于数学教与学的辅助，为课程改革的深入进行提供了很好的技术支持。

F.2 超级画板简介

超级画板，全名是“Z+Z 智能教育平台——超级画板”，是由我国著名数学家张景中院士主持开发的，它把动态几何作为其最基本的功能，另外还增加了符号运算、自动推理、编程环境以及课件制作等功能。它能满足数学教学和学习的需求，同时比美国开发的几何画板更容易学习和使用，能够用于课堂教学、解题、复习知识、数学课外活动等各种环境。超级画板是一款很适用的软件，能够为中学数学教师进行课件制作、课堂演示提供帮助，也能够作为学生的学科实验室，让学生开展动手实践、自主探索和合作交流。超级画板安装成功后就会产生图 F-1 所示的一个快捷方式，点击该快捷方式就可以启动超级画板。

图 F-1　超级画板块捷方式

超级面板启动后界面如图 F-2 所示。

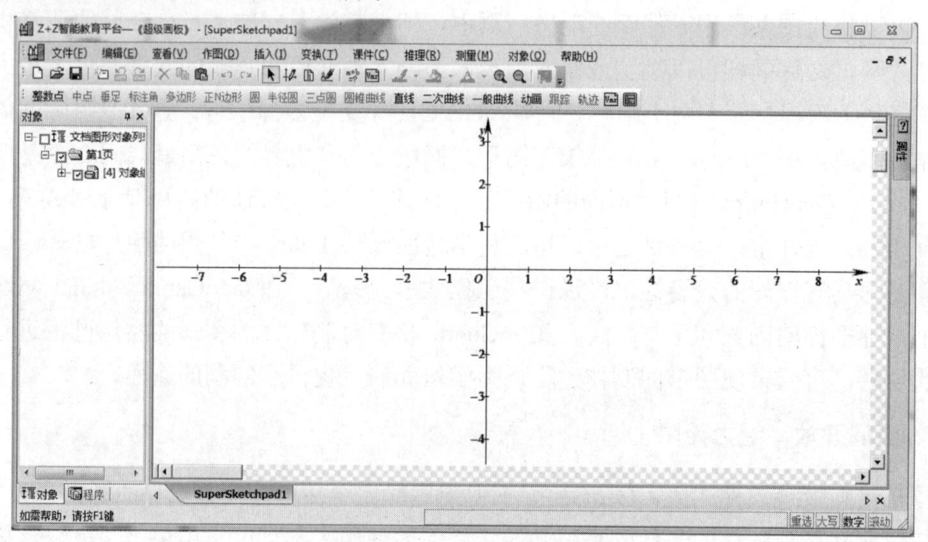

图 F-2　超级画板启动界面

F.2.1　作图功能

打开超级画板后，在界面上方的工具栏内有一个铅笔的图标，即画笔工具，点击这个图标，便可以进行作图。比如画一个任意多边形，如图 F-3 所示。

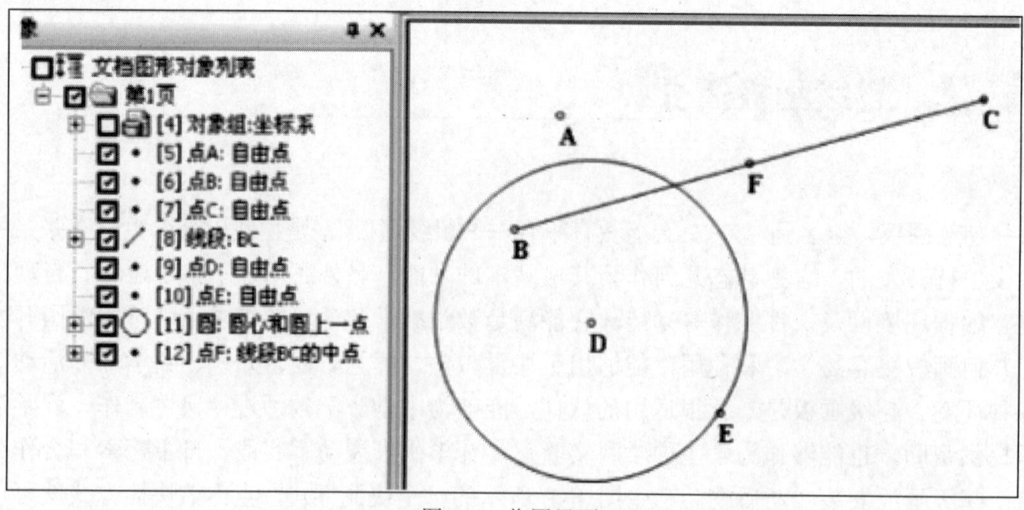

图 F-3　作图界面

F.2.2 文本功能

在画笔的右边有一个按钮就是文本按钮，单击此按钮弹出对话框，在此对话框里便可以输入我们需要的文本，如图 F-4 所示。

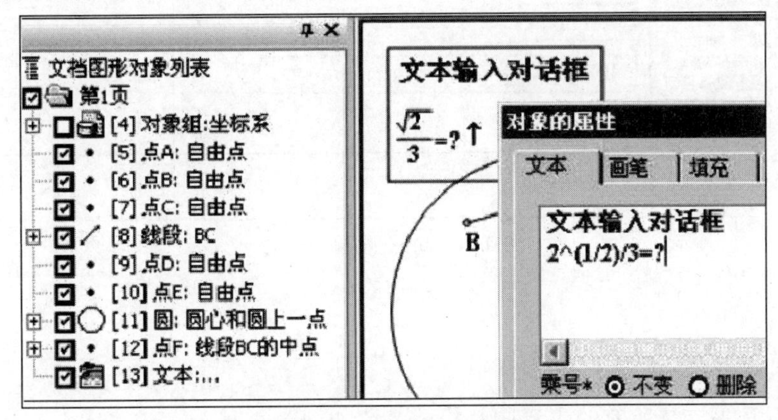

图 F-4 文本功能示意图

F.2.3 轨迹跟踪

超级画板的轨迹跟踪功能使用起来十分方便。使用时预先设置好主动点和从动点，然后让主动点进行变化，这时就可以看到从动点的运动轨迹。还可以对其参数进行设置，以达到不同的效果，比如运动的快慢、方向、动态颜色等。如图 F-5 所示，是点 *C* 的运动轨迹。

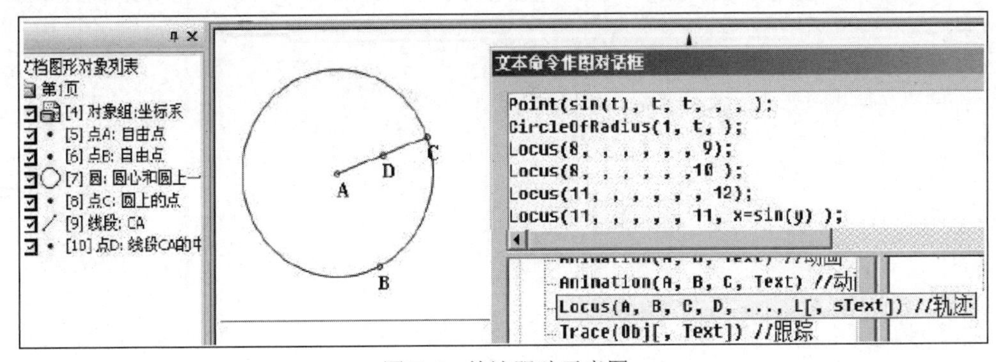

图 F-5 轨迹跟踪示意图

F.2.4 动态测算

在超级画板中的测量类文本命令的函数列表中，有很多用来测量的函数，能很方便对线段的长度、角的角度、多边形的面积等进行测算，如图 F-6 所示。

拖动相关的点，可以发现测量数据的变化。

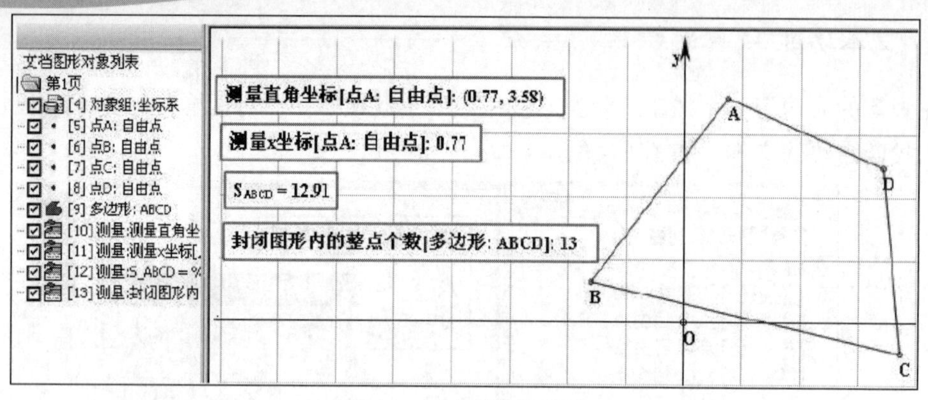

图 F-6　动态测算示意图

F.2.5　支持多种媒体插入

超级画板几乎支持所有的主流图片格式，比如 jpeg、bmp、gif、ico、exif、png 等；同时它也支持视频的插入，比如 avi、wmv、mpg 等格式的文件；还支持超级链接，可以比较全面地辅助数学的教学。

F.2.6　发布网页格式

超级画板具有发布网页格式功能，支持把课件发布成网页格式，这样制作成的超级画板课件可以上传到网上，为教学提供了很大的便捷性。总之，超级画板的功能十分强大，在一定程度上已经超越了几何画板，它更能满足中学教师的日常要求，很好地辅助中学数学教学。

参考文献

著作类

[1] 李士锜. PME：数学教育心理[M]. 上海：华东师范大学出版社，2001.

[2] 何小亚. 数学教与学的心理学[M]. 广州：华南理工大学出版社，2003.

[3] 喻平. 数学教育心理学[M]. 南宁：广西教育出版社，2004.

[4] 涂荣豹. 数学教学认识论[M]. 南京：南京师范大学出版社，2003.

[5] 中华人民共和国教育部. 普通高中数学课程标准(实验)[M]. 北京：北京师范大学出版社，2003.

[6] 中华人民共和国教育部. 义务教育数学课程标准(2011年版)[M]. 北京：北京师范大学出版社，2012.

[7] 张奠宙，李士锜，李俊. 数学教育导论[M]. 北京：高等教育出版社，2003.

[8] 何克抗. 教育技术学[M]. 上海：华东师范大学出版社，2009.

[9]〔美〕迈耶. 多媒体学习[M]. 牛勇，等译. 北京：商务印书馆，2006.

[10]〔英〕艾森克，〔爱尔兰〕基恩. 认知心理学第四版(上册)[M]. 高定国，肖晓云，译. 上海：华东师范大学出版社，2004.

[11] 徐斌艳. 数学教育展望[M]. 上海：华东师范大学出版社，2001.

[12] 徐利治. 数学方法论选讲[M]. 武昌：华中工学院出版社，1983.

论文类

[1] 张景中，江春莲，彭翕成.《动态几何》课程的开设在数学教与学中的价值[J]. 数学教育学报，2007(3)：1-5.

[2] 唐剑岚. 数学多元表征学习的认知模型及教学研究[D]. 南京：南京师范大学，2008.

[3] 唐剑岚，周莹. 认知负荷理论及其研究的进展与思考[J]. 广西师范大学学报(社科版)，2008(2)：75-83.

[4] 陶维林. 电脑辅助中学数学教学应“辅”在何处[J]. 中学数学教学参考，1999(3)：28-29.

[5] 陈先旦. 运用几何画板展示动态几何的魅力[J]. 中学数学教学参考旬刊. 2009(4): 23-25.

[6] 欧慧谋. 高中函数概念的教学策略研究[D]. 桂林：广西师范大学，2012.

[7] 林琳. 基于认知负荷理论的虚拟仿真培训系统设计[D]. 大庆：东北石油大学，2012.

[8] 王建，胡晋宾. 数学思维的虚拟实验室[J]. 中学数学教学参考，2001(8)：26-29.

[9] 刘玉德，王建中. 现代手持教育技术支持下的数学实验探究[J]. 数学通报，2006，45(10)：55-57.

[10] 鲍建生，等. 变式教学研究[J]. 数学教学，2003(1)：11-12.

[11] 鲍建生，等. 变式教学研究(续)[J]. 数学教学，2003(2)：6-10.

[12] 鲍建生，等. 变式教学研究(再续)[J]. 数学教学，2003(3)：6-12.

[13] 尚晓青，黄秦安. 关于技术与数学教学整合现状的调查与思考[J]. 数学通报，2005，44(5)：14-16.

[14] 尚晓青，黄秦安.现代教育技术条件下对数学证明的一些新认识[J]. 数学教育学报，2005(2)：82-85.

[15] 吴华，马东艳. 用多媒体技术创设数学教学的多元情境[J]. 中国电化教育，2007(4)：80-82.

[16] 袁智强，江玉军.从实验看信息技术与数学课程的整合[J]. 中学数学教学参考，2004(1/2)：28-30.

[17] 宁宏智. 数学问题提出的方法论分层探讨[J]. 中学数学研究，2006(8)：1-5.

[18] 何克抗. 如何实现信息技术与教育的“深度融合”[J]. 课程教材教法，2014，34(2)：58-62.

[19] 李善良. 数学概念学习研究综述[J]. 数学教育学报，2001(3)：18-22.

[20] 马复. 试论数学理解的两种类型——从 R. 斯根普的工作谈起[J].数学教育学报，2001, 10(3)：50-53.

[21] 李善良. 数学概念学习中的错误分析[J]. 数学教育学报，2002(3)：6-11.

[22] 李善良. 关于数学概念表征层次的研究[J]. 数学教育学报，2005(4)：35-37.

[23] 任明俊，汪晓勤.中学生对函数概念的理解——历史相似性初探[J]. 数学教育学报，2007(4)：84-87.

[24] 乔爱萍. 合理表征，把握本质[J]. 高中数学教与学，2010(4)：3-7.

[25] 张萍，宁连华.从联系的角度看数学理解[J]. 教学与管理，2006(11)：91-92.

[26] 郑毓信. 多元表征理论与概念教学[J]. 小学数学教育，2013(10)：73-75.

[27] 李渺. 试论个体 CPFS 结构与数学理解的关系[J]. 数学教育学报，2006(4)：29-32.

[28] 陈丽君，郑雪静. 问题发现过程认知阶段划分的探索性研究[J]. 心理学探新，2011，31(4)：332-337.

[29] 颜氏新. 简析高等数学中的数学结构与数学理解[J]. 思茅师范高等专科学校学报，2006(6)：54-55.

[30] 莫伟昌. 信息技术支持下的数学知识视觉化表征研究[D]. 福州：福建师范大学，2012.

[31] 肖雪. 信息技术支持下数学多元表征学习的研究[D]. 福州：福建师范大学，2013.

[32] 黄雪芳. 信息技术环境下高中生数学问题发现的教学研究[D]. 福州：福建师范大学，2013.